Die Anwendung der Nomographie in der Mathematik

Für Mathematiker und Ingenieure
dargestellt

von

H. Schwerdt

Studienrat am Falk-Realgymnasium in Berlin
Dozent an der Lehr- u. Forschungsanstalt für Gartenbau
Dahlem

Mit 240 Abbildungen im Text
und auf 104 Tafeln

Berlin

Verlag von Julius Springer

1931

ISBN-13:978-3-642-90391-5   e-ISBN-13:978-3-642-92248-0
DOI: 10.1007/978-3-642-92248-0

Vorwort.

Daß sich für mathematische Formeln Nomogramme entwerfen lassen, bedarf eigentlich keines Nachweises, und doch erscheint die Aufgabe außerordentlich reizvoll, reinmathematische Zusammenhänge in nomographischer Bearbeitung darzustellen, um so mehr, als sich auf diesem Wege mannigfache neue Gedankengänge ergeben.

Wer von der Ingenieurwissenschaft her an die Nomographie herantritt, wird sie leicht wesentlich unter dem Gesichtspunkt der Rationalisierung ansehen. Wenn auch keineswegs verkannt werden soll, daß mit dem Schlagwort vom „zeitsparenden Rechnen" die Arbeitsweise nomographischer Methoden durchaus getroffen wird, so darf man ebensowenig den Sinn der Nomographie hierin etwa erschöpfen. Entwicklungen, in denen die. Eigenart zeitsparender Verfahren herausgearbeitet wird, besitzen wir in großer Zahl; diese Fragen durften daher im vorliegenden Buch bewußt zurücktreten. Das Prinzip der Ökonomie wird dennoch nicht verloren gehen, jedoch einen Wandel von der rein praktischen mehr zur wissenschaftlichen Seite hin erfahren.

Im Vordergrund steht die Bedeutung der Nomographie als Darstellungsmittel, und als Leitgedanke wird überall die abbildungsgeometrische Grundlage betont. So lehnt sich das Buch nicht nur in Bezeichnungsweise und Herleitung an das in gleichem Sinne geschriebene „Lehrbuch der Nomographie"[1] an, es versucht, die dort behandelten Transformationen weiterzuentwickeln.

Daher sind nicht lediglich Rechentafeln und Darstellungen für numerische Beziehungen gegeben, sondern auch rein geometrische Mannigfaltigkeiten mit nomographischen Hilfsmitteln abgebildet. Diese weitergehende Auffassung und Zielsetzung des Buches wird in der Einleitung näher umrissen.

Gewiß braucht nicht begründet zu werden, daß der Versuch abwegig sein müßte, etwa jede mathematische Gesetzmäßigkeit in Gestalt eines Nomogramms zu bringen; damit würde man beiden, dem Inhalt und der Form, Gewalt antun. Die Gegenstände der hier getroffenen Auswahl sind nach inhaltlichen Gesichtspunkten in fünf Hauptgruppen geordnet, zwischen denen in nomographischer Hinsicht naturgemäß mehrfach Beziehungen bestehen.

---

[1] Berlin: Julius Springer 1924.

Die in der nomographischen Praxis wesentliche Fragestellung nach den Bereichen erfährt eine gewisse Verschiebung. Während physikalische und technische Größen stets innerhalb eines Teilbereiches ihrer funktional möglichen Veränderung liegen, sind in mathematischen Änderungsbildern oft Zusammenhänge im großen und die Annäherung an Ausartungen von Interesse. In derartigen Fällen erschien es angezeigt, für einen Gegenstand mehrere, in ihren Bereichen verschiedene Nomogramme zu entwickeln.

Alle mitgeteilten Darstellungen sind Neuentwürfe. Wo sich (in einigen Fällen) Figuren an Vorbilder anderer Autoren bewußt anlehnen, ist dies im Text ausdrücklich hervorgehoben; auch dann wurde, um die einheitliche Ausgestaltung und Ausdrucksform des Bildmaterials zu wahren, eine Neukonstruktion vorgenommen. Schließlich gehören einige Nomogramme für Gleichungen und zur Trigonometrie bereits zum Bestand des Lehrschrifttums; sie durften hier nicht fehlen, sind aber in durchaus neuer Bearbeitung gegeben. Einige rein graphische Darstellungen sind hier und da eingestreut.

Der erläuternde Text soll die Abbildungen, soweit sie reine Rechentafeln sind, nur begleiten; die einzelnen Teile können demzufolge außerhalb des Zusammenhanges gelesen werden. Für die Ablesebeispiele wurden möglichst einfache Zahlenwerte gewählt. Um Wiederholungen einzuschränken, ist in der Einleitung ein kurzer Überblick über Methoden und Bezeichnungsweise gegeben.

Wenn das Buch, zu dem das bekannte Werk von Felix Auerbach, „Physik in graphischen Darstellungen", die erste Anregung gegeben hat, den Versuch unternimmt, die nomographischen Methoden auch mathematisch weiter zu durchdringen, so werden die Gedankenreihen für die praktische Nomographie des Ingenieurs nicht ohne Nutzen sein.

In zahlreichen Fällen wurden schrittweise die ursprünglichen Kurvenbilder („Diagramme") oder Kurvenscharen dargestellt, ihre Streckungen in Funktionsnetzen entwickelt und schließlich Umwandlungen in Fluchtlinientafeln gegeben. Dieses Verfahren dürfte die eigengesetzliche nomographische Arbeitsweise besonders erhellen und wiederholt dartun, wie sich aus einer Grundform der Darstellung andere im einzelnen Falle günstigere Abbildungen herleiten lassen. Es wird diese Arbeitsweise auf die gegenwärtig in Fluß gekommene Entwicklung der Sonderrechenstäbe sowie auf die Behandlung empirischer Funktionen befruchtend wirken; besitzt man eine hinreichende Anzahl von „Vorlagen", in denen Streckungen von Kurvenscharen bekannter Gesetzmäßigkeit geleistet sind, so tun sich an Hand dieser exakten Muster auch Wege auf zur Formung von Näherungsfunktionen und zur Bearbeitung empirischer Zusammenhänge.

Bei der Wahl der Darstellungsformen wurde eine gewisse Beschränkung geübt und nach Möglichkeit der einheitliche Typus gewahrt in der Hoffnung, daß nicht nur der Mathematiker, sondern auch der Liebhaber das Buch gern zur Hand nimmt.

Es sei gestattet, der Verlagsbuchhandlung für das besondere Entgegenkommen bei Herstellung und Ausstattung des Buches, dessen Fertigstellung sich aus persönlichen Gründen mehrfach verzögert hat, an dieser Stelle auch besonderen Dank auszusprechen.

Berlin-Schöneberg, Ostern 1931.

H. Schwerdt.

Inhaltsverzeichnis.

Einleitung.

Aufgabe nomographischer Abbildungen.

Eine Zuordnung zwischen Zahlen einerseits und geometrischen Gebilden anderseits nennen wir Abbildung. Als Bilder von Zahlen benutzen wir vornehmlich Punkte, gerade Linien, Kurven. Dabei soll durch entsprechende Bezifferung jedes Bild sein Original erkennen lassen. Zahlenfolgen führen demgemäß auf Punktreihen oder Linienscharen. Die Bilder liegen i. a. in einer Ebene, nur wo es sich um rein anschauliche Darstellungen handelt, die nicht unmittelbar der rechnerischen Auswertung dienen, werden auch räumliche Elemente herangezogen. Die Abbildungen müssen gewissen Bedingungen genügen, die weiter unten genannt werden; vorläufig setzen wir sie als stetig, eindeutig und eindeutig umkehrbar voraus.

Das Ziel nomographischer Abbildung ist nicht die Herstellung einer Zuordnung zwischen Mannigfaltigkeiten an sich, sondern liegt in deren Auswertung. Diese werden wir nach verschiedenen Richtungen hin vornehmen.

Ursprüngliche Aufgabe der Nomographie ist die Berechnung von Funktionen. Aus den geometrischen Bildern der unabhängigen Veränderlichen soll sich in geometrisch einfacher Weise der jeweils zugehörige Funktionswert ablesen lassen, und zwar für alle Wertzusammenstellungen innerhalb eines vorgeschriebenen Bereiches. Unter Darstellungen dieser Art verstehen wir Nomogramme (Rechentafeln) im engeren Sinne.

Die Aufgabe von Rechentafeln, entweder die graphische Lösung eines Problems überhaupt erst zu leisten, oder lediglich einen Vorrat von Rechenergebnissen aufzuspeichern, ist in ihren Auswirkungen als bekannt vorauszusetzen. Dagegen soll der Inhalt rein geometrischer Nomogramme an einigen Beispielen umrissen werden.

In einer großen Zahl von Funktionen haben die Veränderlichen ursprünglich selbst eine geometrische Bedeutung. So definiert auf Grund der Gleichung

$$\frac{x^2}{a^2} + \frac{y^2}{b^2} = 1$$

ein Zahlenpaar (a, b) eine Ellipse. Ist nun ein Nomogramm für die Gleichung der Ellipse entworfen, so können wir das nomographische Bild des Zahlenpaares (a, b) unmittelbar als Bild der zugehörigen Ellipse ansprechen. Auf diese Weise führen wir geometrische Mannigfaltigkeiten einer Grundebene in andere geometrische Mannigfaltigkeiten einer Bildebene über. Derartige Zuordnungen haben dann Wert, wenn die Bildmenge Eigenschaften der Originale hervortreten läßt, die in deren Mannigfaltigkeit nicht in einfacher Weise erkannt werden können, wie beispielsweise Schnittpunkte von Kurven, metrische Beziehungen an konjugierten Durchmessern (s. Abb. 91).

Oder, wenn die ∞^3 Raumpunkte eines Oktanten in die ∞^3 rechten Winkel einer Ebene abgebildet werden, liefert die Lage jedes rechten Winkels sogleich die kartesischen Koordinaten und die Polarkoordinaten seines Originalpunktes, und zwar innerhalb eines vorzuschreibenden Bereiches für alle Punkte. Die Abbildung ersetzt hier eine Folge von ∞^3 räumlichen Konstruktionen durch eine ebene Bewegung, die sich in der Ablesevorschrift der Tafel ausdrückt (s. Abb. 67).

Schließlich sei ein Beispiel genannt, in dem die Mannigfaltigkeit der Originale als Ganzes überhaupt kaum zugänglich ist. Wir wählen ein System von konfokalen Ellipsen und Hyperbeln. Verändern wir die Brennpunktsentfernung stetig, so ergibt sich eine ∞^1-fache Überdeckung der Grundebene mit Netzen. Es gelingt, jedes Netz nomographisch in eine Punktreihe auf einer Kurve abzubilden, und Aufgaben, die sich auf die Schar der Netze beziehen, werden damit auf Operationen innerhalb einer Kurvenschar zurückgeführt, die sich zeichnerisch verwirklichen läßt (s. Abb. 44).

Oft handelt es sich auch nur darum, eine Bildschar zu gewinnen, deren Gefüge anschaulich rascher überblickt werden kann als der Aufbau der Originalmenge, so daß der Änderungsverlauf innerhalb der Originale leichter erfaßt wird, Sonderformen und Ausartungen in Erscheinung treten.

Darstellungsmittel und Bezeichnungsweise.

Wir denken die Zahlen einer **Folge** (α) zunächst in üblicher Weise den Punkten (t) einer Zahlengeraden zugeordnet (**reguläre Skala**, $t = \alpha$). Die Bildebene orientieren wir auf ein kartesisches, rechtwinkliges Koordinatensystem (x, y). Dann wird die Abbildung der Folge in eine andere Punktreihe (**Funktionsleiter**) durch die Funktionen

$$x = l \cdot f(t), \quad y = m \cdot g(t) \tag{1}$$

bewirkt; l und m sind die **Zeicheneinheiten,** die durch (1) definierte Kurve heißt **Träger** der Leiter. Wir schreiben kurz: Leiter (α), Träger (α). Die Funktionen f und g müssen beide differenzierbar, reell, endlich und stetig sein, wenigstens innerhalb angebbarer Bereiche, jedoch sollen Pole (Unendlichkeitsstellen) zugelassen werden. Wir benutzen auch mehrdeutige Funktionen, wenn die Eindeutigkeit und eindeutige Umkehrbarkeit der Abbildung wenigstens abschnittsweise herbeigeführt werden kann.

Funktionen zwischen drei Veränderlichen

$$F(\alpha, \beta, \gamma) = 0$$

können stets in Netztafeln dargestellt werden, indem man beispielsweise die Folge (α) der Schar der Koordinatenlinien (x), die Folge (β) der Schar der Linien (y) zuordnet; dann erscheint die Folge (γ) in einer Kurvenschar. Aus der Vertauschung der Zuordnungen (Wechsel der Veränderlichen) ergeben sich oft wertvolle Vereinfachungen der Darstellung.

Funktionsbilder dieser Art werden vielfach ihrerseits einer Punkttransformation (Verzerrung) unterworfen, entweder mit dem Ziel, Kurven in gerade Linien überzuführen (Streckung), oder um das Gefüge der Scharen so zu ändern, daß gewisse Bereiche hervortreten oder überhaupt zeichnerisch zugänglich werden. Die Ebene (x, y) hat dann als Grundebene zu gelten, der Übergang zur Bildebene (ξ, η) wird durch

$$\begin{array}{c|c} \xi = \xi(x, y) & x = x(\xi, \eta) \\ \eta = \eta(x, y) & y = y(\xi, \eta) \end{array} \qquad (2)$$

vollzogen. Insonderheit führen Abbildungen

$$\xi = \xi(x), \quad \eta = \eta(y)$$

auf Funktionsnetze.

Hinsichtlich der funktionalen Eigenschaften der Abbildungsformeln (2) sei auf die Ausführungen im Lehrbuch der Nomographie, § 18, verwiesen.

Wenn in einer Netztafel die Glieder der Kurvenschar untereinander identisch sind und sich lediglich in verschiedener Lage befinden, bilden wir die Kurve als Schablone in einem Deckblatt aus, das über dem Grundblatt des Netzes verschoben wird. Auf diese Weise kann mit Parallelverschiebungen des Deckblattes eine zweidimensionale Kurvenschar erzeugt werden. Nomogramme dieser Art heißen Wanderkurvenblätter.

Der Funktionswert γ_0, der zu α_0 und β_0 gehört, wird in Netztafeln derart bestimmt, daß die Linien (α_0) und (β_0) zum Schnitt gebracht werden; die Linie (γ), die durch den Schnittpunkt hindurchgeht, zeigt in ihrer Bezifferung das Ergebnis γ_0 an. Träger der Lösung ist also ein Punkt.

In Fluchtlinientafeln (Leitertafeln) erscheinen die Veränderlichen α, β und γ als Leiterpunkte, zusammengehörige Werte

4 Einleitung.

α_0, β_0, γ_0 liegen auf einer Geraden. Demnach erfolgt die Ablesung so, daß zwei Leiterpunkte (α_0) und (β_0) die **Ablesegerade** bestimmen, die auf der Leiter (γ) den Ergebnispunkt herausschneidet; die Ablesegerade wird durch ein Lineal oder einen straff gespannten Faden verwirklicht.

Den Ansatz von Fluchtlinientafeln werden wir stets in einem kartesischen Koordinatensystem geben. Die Bedingung dafür, daß drei Leiterpunkte

$$x_1(\alpha), y_1(\alpha), \quad x_2(\beta), y_2(\beta), \quad x_3(\gamma), y_3(\gamma)$$

auf einer Geraden liegen, ist

$$\begin{vmatrix} x_1 & y_1 & 1 \\ x_2 & y_2 & 1 \\ x_3 & y_3 & 1 \end{vmatrix} = 0. \tag{3}$$

Nur Funktionen, die sich in die Form (3) überführen lassen, können in Leitertafeln dargestellt werden.

Eine Erweiterung besteht darin, daß wir nicht Leiterpunkte, sondern Netzpunkte in fluchtrechte Lage bringen; damit werden Funktionen zwischen mehr als drei Veränderlichen in den Bereich der Darstellungen gezogen. Es ist bekannt, daß gerade diese Tafeln die Vorzüge nomographischer Gestaltungsweise am klarsten herausstellen, indem sie überhaupt erst eine geschlossene Darstellungsmöglichkeit schaffen. In den folgenden Ausführungen tritt wiederholt ein Tafeltypus mit zwei geraden Leitern (α) und (β) und einem Netz (γ, δ) auf, er ergibt sich, wenn die vorgelegte Funktion

$$F(\alpha, \beta, \gamma, \delta) = 0$$

in die Form

$$f(\alpha) \cdot \varphi_1(\gamma, \delta) + g(\beta) \cdot \varphi_2(\gamma, \delta) + \varphi_3(\gamma, \delta) = 0$$

gebracht werden kann, mit anderen Worten, wenn sie linear in einer Funktion von α und einer Funktion von β ist. Für den Ansatz dieser Tafeln hat sich die Umformung

$$F_1(\alpha) = \frac{F_2(\beta) + F_{34}(\gamma, \delta)}{G_{34}(\gamma, \delta)}$$

bewährt; der Ansatz lautet sodann:

$$\begin{aligned} x_1 &= 0, & y_1 &= F_1(\alpha), \\ x_2 &= 1, & y_2 &= l \cdot F_2(\beta) + a, \\ x_3 &= \frac{1}{1 - l \cdot G_{34}(\gamma, \delta)}, & y_3 &= \frac{-l \cdot F_{34}(\gamma, \delta) + a}{1 - l \cdot G_{34}(\gamma, \delta)}. \end{aligned} \tag{4}$$

Hierin sind l und a **freie Parameter.**

Unter den Verzerrungen, denen nomographische Tafeln unterworfen werden, stehen die **Projektivitäten**

$$\xi = \frac{a_{11}\,x + a_{12}\,y + a_{13}}{a_{31}\,x + a_{32}\,y + a_{33}}, \qquad \eta = \frac{a_{21}\,x + a_{22}\,y + a_{23}}{a_{31}\,x + a_{32}\,y + a_{33}}$$

an erster Stelle, da sie alle geraden Linien wieder in gerade Linien überführen. Diese Forderung ist für alle Leitertafeln, in denen die Gerade Träger der Lösung ist, wesentlich. Die erste Aufgabe der Projektivität ist die, uneigentliche Darstellungselemente in das Zeichenfeld zu verlegen. Auch Gebilde, die zwar im Endlichen, aber doch sehr weit entfernt liegen, werden durch projektive Verzerrung der Darstellung oft besser zugänglich gemacht, als es durch Verkleinerung der Zeicheneinheiten möglich wäre.

Eine zweite Aufgabe der Projektivität liegt in der Strukturänderung von Leitern oder Scharen; insbesondere gewinnt man häufig durch diese Verzerrungen **reguläre Stellen**. Wenn auf der Leiter $x = f(\alpha)$ die zweite Ableitung für $\alpha = \alpha_0$ verschwindet, $f''(\alpha_0) = 0$, so heißt α_0 eine reguläre Stelle; die Leiter hat in der Umgebung dieses Wertes in erster Näherung den Charakter der regulären Skala.

Als Sonderfall nennen wir **affine Verzerrungen** ($a_{31} = a_{32} = 0$, $a_{33} = 1$).

Affinitäten, die sich lediglich in Maßstabsänderung der Koordinatenachsen auswirken,

$$a_{11} \neq 0,\ a_{12} = a_{13} = 0;\quad a_{22} \neq 0,\ a_{21} = a_{23} = 0,$$

werden wir im folgenden nur dann ausdrücklich kennzeichnen, wenn es für die Eigenart der Darstellung wesentlich erscheint; im allgemeinen werden wir stillschweigend voraussetzen, daß die Zeicheneinheit der Abszissen unabhängig von der Ordinateneinheit gewählt wird. So erscheint im Ansatz (4) grundsätzlich die Angabe $x_2 = 1$, auch wenn das Format des Satzspiegels eine andere Wahl erforderte.

Auf die **Dualität** zwischen Netz- und Leitertafeln ist in den folgenden Ausführungen an gegebener Stelle überall hingewiesen.

Für die mathematischen Formeln ist die in den Handbüchern übliche Bezeichnungsweise beibehalten. Da die Symbole x und y dadurch bereits in sachlicher Bedeutung verbraucht sind, wie fast durchgängig in den Abschnitten II und III, aber auch bei anderen Gelegenheiten, werden die Koordinaten des Ansatzes bei Netz- und Leitertafeln nach Bedarf mit

$$\xi,\ \eta \quad \text{oder} \quad \mathfrak{x},\ \mathfrak{y}$$

bezeichnet.

I. Geometrisches.

Darstellungen von Dreiecksformen

Wie aus den Ähnlichkeitssätzen hervorgeht, ist die Mannigfaltigkeit aller (ebenen) Dreiecke zweidimensional; mithin lassen sich die Dreiecksformen einer ebenen Punktmenge zuordnen. Hierfür bestehen zahlreiche Möglichkeiten.

Abb. 1.

Auf Grund der Winkelbeziehung

$$\alpha + \beta + \gamma = 180^0 \tag{1}$$

wählen wir eine Darstellung im Dreiecksnetz. Natürlich kann es sich nicht darum handeln, für die Aussage (1) etwa eine Rechentafel zu entwerfen, vielmehr soll die Darstellung die Konstanz der Winkelsumme mit ihren Folgerungen augenscheinlich machen.

Für jeden Punkt der Ebene ist die Summe seiner Abstände x, y und z von den Seiten eines regelmäßigen Dreiecks konstant und gleich der Höhe des Dreiecks. Die Schlüsselgleichung

$$x + y + z = h \tag{2}$$

wird in einem Dreieck $\mathfrak{ABC}$ erfüllt, dessen Höhe h den konstanten Betrag der Winkelsumme darstellt, also 180 Einheiten beträgt. Die drei Abstände eines Punktes P von den Seiten $\mathfrak{BC}$, $\mathfrak{CA}$ und $\mathfrak{AB}$ geben bzw. die Winkel α, β und γ an. So stellt in Abb. 1 der Punkt P ein Dreieck ABC mit $\alpha = 15^0$, $\beta = 43^0$, $\gamma = 122^0$ dar. Die Bilder gleichschenkliger Dreiecke liegen auf den Mittellinien $\mathfrak{AD}$, $\mathfrak{BE}$ und $\mathfrak{CF}$, die Bilder rechtwinkliger Dreiecke auf den Strecken $\mathfrak{EF}$, $\mathfrak{FD}$ und $\mathfrak{DE}$. Durch diese Strecken werden die Gebiete spitzwinkliger und stumpfwinkliger Dreiecke voneinander geschieden. Alle gleichseitigen Dreiecke bilden sich in den Schwerpunkt von $\mathfrak{ABC}$ ab. — Die eingezeichneten Strecken XY und UV enthalten die Bilder von Dreiecksfolgen $\beta = $ const, und zwar XY für $\beta < 90^0$, UV für $\beta > 90^0$, wobei Sonderformen, die in den Folgen auftreten, hervorgehoben sind.

Abb. 2 und 3.

Legt man Beziehungen zwischen den Seiten a, b und c der Dreiecke ABC zugrunde, so können alle Dreiecke $a = $ const $= 1$ in einem regulären Netz $x = b$, $y = c$ dargestellt werden. Die Ungleichungen

$$b + c > a, \quad |b - c| < a$$

bestimmen als Gebiet von Bildern reeller Dreiecke den Parallelstreifen, der im ersten Quadranten zwischen den Geraden

$$y = x + 1, \quad y = x - 1$$

liegt und von

$$x + y = 1$$

abgeschnitten wird. Auch hier lassen sich Träger von Sonderformen und damit Gebiete spitzwinkliger und stumpfwinkliger Dreiecke leicht hervorheben: für gleichschenklige Dreiecke ergeben sich gerade Linien, die Bilder rechtwinkliger Dreiecke liegen auf den im ersten Quadranten verlaufenden Teilen des

$$\text{Kreises} \quad x^2 + y^2 = 1, \quad (\alpha = 90^0),$$
$$\text{und der Hyperbeln} \quad x^2 - y^2 = 1, \quad (\beta = 90^0),$$
$$- x^2 + y^2 = 1, \quad (\gamma = 90^0)^{1}.$$

Ein quadratisches Netz

$$\xi = x^2 = b^2, \quad \eta = y^2 = c^2,$$

streckt die Kurven $\alpha = 90^0$, $\beta = 90^0$ und $\gamma = 90^0$ und erhält dabei die Linien $\alpha = \beta$, $\beta = \gamma$, $\gamma = \alpha$ geradlinig. Die Gebietsgrenze, die sich in Abb. 2 aus Teilen von drei verschiedenen Linien zusammensetzt, geht hierbei in eine einheitliche Kurve, eine Parabel, über. Die Bilder aller Dreiecke liegen nun im Innern dieser Parabel. Abb. 3 ist um 45^0 im Uhrzeigersinne gedreht; die Gebiete nicht reeller Dreiecke sind unterdrückt, die Beschriftung der Linien (b) und (c) ist an die Parabel herangezogen.

Daß man durch projektive Verzerrung die Parabel Abb. 3 in einen Kreis umwandeln, alle Dreiecke also in das Innere eines Kreises abbilden kann, sei nur der Eigenart halber erwähnt.

Pythagoreische Dreiecke.

Abb. 4.

Da die pythagoreischen Dreiecke mit ganzzahligen Maßzahlen der Katheten a und b und der Hypotenuse c jeweils durch zwei der Zahlen a, b und c bestimmt sind, ihre Mannigfaltigkeit also zweidimensional ist, kann die Darstellung der Dreiecke in einem ebenen Koordinatensystem erfolgen. Abb. 4 zeigt ein reguläres kartesisches System mit der Abszissenteilung $x = c$ (Hypotenuse) und der Ordinatenteilung $y = a$ (Kathete). Die Maßzahl der Kathete b ist an jeden Bildpunkt angeschrieben. Dabei sind lediglich diejenigen Koordinatenwerte durch Linienführung (dünn-ausgezogenes Netz) und Bezifferung hervorgehoben, denen pythagoreische Dreiecke entsprechen. Wegen $c > a$ kommt ferner nur der erste Oktant in Frage.

Die Gesetzmäßigkeit der Anordnung folgt aus

$$c = u^2 + v^2, \quad a = u^2 - v^2, \quad b = 2\,u\,v, \tag{1}$$

[1] Abb. 1 u. 2 nach Röseler-Schwerdt: Bewegungsgeometrie. Berlin: Weidmann 1924.

worin u und v ganzzahlig sind. Diese Beziehungen zeigen, daß die Bildpunkte auf den Geraden

$$x + y = 2\,u^2 \quad \text{und} \quad x - y = 2\,v^2$$

liegen. Wie sich aus einfacher Drehstreckung ergibt, bestimmen die Geradenscharen (u) und (v) ein quadratisches Netz.

Somit werden die pythagoreischen Dreiecke durch die Gitterpunkte des quadratischen Netzes dargestellt.

In der Abbildung sind nur solche Werte enthalten, die durch (1) geliefert werden; es sind also Dreiecke, die durch Vertauschung von a und b oder durch Ähnlichkeit entstehen, nicht angegeben; wohl aber liefert (1) mit wachsenden Werten von u und v selbst Wertetripel, welche aus den bereits vorhandenen durch Vertauschung oder Proportionalität hervorgehen. Proportionale Folgen liegen auf einem durch den 0-Punkt gehenden Strahl. (Beispiel: $a = 5$, $b = 12$, $c = 13$ und $a = 20$, $b = 48$, $c = 52$ usw.) Die irreduziblen Dreiecke (1) sind durch volle Punktdarstellungen markiert. — Die Gerade $v = 1$ enthält die platonische Reihe.

Wählt man für die Darstellung ein regelmäßiges Netz

$$x = u, \quad y = v,$$

so führt die Abbildung durch die Katheten a und b auf ein hyperbolisches Koordinatensystem

$$\lambda_1 = a, \quad \lambda_2 = b.$$

(vgl. S. 31, Abb. 50). Die pythagoreischen Dreiecke sind die Gitterpunkte im ersten Oktanten der regulären Ebene (u, v). So stellt der in Abb. 50 hervorgehobene Punkt $x = u = 7$, $y = v = 4$ das rationale Dreieck $\lambda_1 = a = 33$, $\lambda_2 = b = 56$ dar.

Schließlich sei noch auf die Verzerrung Abb. 51 hingewiesen. Hier handelt es sich um ein orthogonales Netz (a, b) mit den Achsenteilungen

$$\xi = a, \quad \eta = b^2.$$

Die pythagoreischen Dreiecke werden durch die im ersten Quadranten liegenden Gitterpunkte der Scharen

$$\frac{\xi}{u^2} + \frac{\eta}{4\,u^4} = 1, \quad -\frac{\xi}{v^2} + \frac{\eta}{4\,v^4} = 1$$

dargestellt, gemeinsame Hüllkurve $\eta = -\xi^2$. Abb. 51 ist im vorliegenden Falle so zu lesen, daß λ_1 und λ_2 bzw. durch a und b ersetzt werden.

Abb. 5.

Bei Darstellung der Wertetripel (a, b, c) in einem regulären räumlichen System liegen die Bildpunkte in einer Kegelfläche

$$a^2 + b^2 - c^2 = 0.$$

Das in Abb. 4 benutzte Netz ist in der (a, c)-Tafel angedeutet. Durch ganzzahlige Werte $u = \text{const}$ werden elliptische, durch ganzzahlige

Werte $v = \text{const}$ parabolische Schnittlinien auf dem Kegel bestimmt, deren Schnittpunkte nunmehr die Dreiecke darstellen. Alle aus einem irreduziblen Dreieck abgeleiteten liegen auf einer Seitenlinie. Da a und b vertauschbar sind, ist diese Gitterschar von ihrer in bezug auf die Ebene $a = b$ symmetrischen zu überlagern.

Metrische Sätze für ebene Dreiecke.

Der Sinussatz.

Abb. 6.

Fluchtlinientafel für die Sehnenformel

$$a = 2\,r \sin \alpha.$$

Ansatz:

$$x_1 = 0, \quad y_1 = \log a,$$
$$x_2 = 3, \quad y_2 = -\,2 \log \sin \alpha,$$
$$x_3 = 1, \quad y_3 = \tfrac{2}{3} \log 2\,r \quad [\text{dm; Verkl. } 0{,}55].$$

Die Leiter (r) wird als Zapfenlinie benutzt.

Abb. 7.

Da die Leiter $\log \sin \alpha$ sich bei $\alpha \to 90^0$ sehr ungünstig entwickelt, ist eine projektive Verzerrung angezeigt, die den Bereich (α) in der Umgebung von 90^0 dehnt, für kleinere Werte von α dagegen eine Drängung bewirkt. Auf einen (hier nicht wiedergegebenen) Grundentwurf

$$x_1 = -\,1, \quad y_1 = \log 2\,r,$$
$$x_2 = +\,1, \quad y_2 = 1 + \log \sin \alpha,$$
$$x_3 = 0, \quad\;\; y_3 = \tfrac{1}{2} + \tfrac{1}{2} \log a,$$

bei dem die Zapfenlinie (r) nach außen verlegt ist, wird die Projektivität

$$\xi = \frac{x}{3 - 2y}, \quad x = \frac{6\,\xi}{2\,\eta + 2},$$
$$\eta = \frac{2\,y}{3 - 2y}, \quad y = \frac{3\,\eta}{2\,\eta + 2}$$

ausgeübt. Der Aufbau der Leitern (a) und (α) weist gegenüber dem in Abb. 6 Vorteile auf. [dm; Verkl. 0,5].

Der Cosinussatz.

$$c^2 = a^2 + b^2 - 2\,a\,b \cos \gamma.$$

Abb. 8.

Nach Umformung des Cosinussatzes in

$$\frac{(a + b)^2 - c^2}{1 + \cos \gamma} = \frac{(a + b)^2 - (a - b)^2}{2}$$

läßt sich die Beziehung in einem Netz mit der Abszissenteilung $(1 + \cos\gamma)$ und quadratischer Ordinatenteilung unmittelbar auf Grund des Strahlensatzes darstellen (Textabbildung 1); wir fassen das Bild einfacher als Fluchtlinientafel auf:

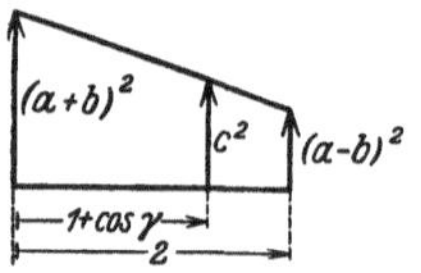

Textabb. 1.

Ansatz:

$$x_1 = -1, \quad y_1 = (a+b)^2,$$
$$x_2 = +1, \quad y_2 = (a-b)^2,$$
$$x_3 = \cos\gamma, \quad y_3 = c^2.$$

Mit Rücksicht auf die starke Divergenz der quadratischen Leitern wird eine Projektivität ausgeübt:

$$\xi = \frac{100\,x + y}{y + 100}, \quad x = \frac{4\,\xi - \eta}{4 - \eta},$$
$$\eta = \frac{4\,y}{y + 100}, \quad y = \frac{100\,\eta}{4 - \eta},$$

die den Ansatz von Abb. 8 liefert:

$$\text{Träger:} \quad \eta = 2\xi + 2; \quad \text{Teilung:} \quad \eta = \frac{4\,t^2}{t^2 + 100}, \quad t = a + b. \quad (1)$$

$$\text{,,} \quad \xi = 1; \qquad \text{,,} \qquad \text{desgl.,} \qquad t = a - b. \quad (2)$$

$$\text{Schar } (c): \text{ wie Teilung zu (1) und (2).} \qquad (3)$$

$$\text{Schar } (\gamma): \text{ Strahlenbüschel durch } \xi = 1, \; \eta = 4,$$

$$\text{Teilung auf } \xi\text{-Achse: } \xi_0 = \cos\gamma.$$

Reguläre Stelle $c \sim 5{,}8$.   [dm; Verkl. 0,55]

Abb. 9.

Eine unmittelbare Darstellung des Cosinussatzes liefert der Ansatz:

$$x_1 = 0, \qquad y_1 = \cos\gamma,$$
$$x_2 = 1, \qquad y_2 = -1 - l \cdot c^2,$$
$$x_3 = \frac{1}{1 - 2\,l\,a\,b}, \quad y_3 = \frac{-1 - l \cdot (a^2 + b^2)}{1 - 2\,l\,a\,b}.$$

Dem Entwurf liegt $l = -\,0{,}02$ zugrunde.

Das Netz (a, b) wird von einer Schar von Hyperbeln gebildet; da a und b vertauschbar sind, müssen die Scharen (a) und (b) identisch sein; daher können die Werte $a = b$ nicht als Schnittpunkte erscheinen. Die Punkte $a = b$ stellen singuläre Fälle dar, sie liegen auf der Hüllkurve. Alle Kurven berühren die Gerade $y = -\,2\,x + 1$; die Berührungspunkte sind für die Einstellung gleichschenkliger Dreiecke hervorgehoben.

Satz der vier aufeinander folgenden Stücke.

$$a = b \cos \gamma + b \sin \gamma \operatorname{ctg} \beta.$$

Abb. 10.

Ansatz:

$$x_1 = 0, \qquad y_1 = \operatorname{ctg} \beta,$$
$$x_2 = 1, \qquad y_2 = 1 - 0{,}2\,a,$$
$$x_3 = \frac{5}{5 + b \sin \gamma}, \qquad y_3 = \frac{5 - b \cdot \cos \gamma}{5 + b \cdot \sin \gamma};$$

Schar (γ): Strahlenbüschel $(y - 1) = (1 + \operatorname{ctg} \gamma) \cdot (x - 1)$.

[dm; Verkl. 0,45].

Man denke in einem Dreieck ABC die Seite a und den Winkel β festgehalten. Die Abhängigkeit zwischen b und γ führt dann auf eine Kurvendarstellung, und es gibt ∞^2 Kurvenbilder dieser Art. Diese zweidimensionale Mannigfaltigkeit wird in Abb. 10 gestreckt und in die Fluchtlinien abgebildet. Als Bild eines Dreiecks ABC ergibt sich demnach „eine Gerade mit einem bestimmten ihrer Punkte" oder in dualer Auffassung „ein Punkt mit einer bestimmten durch ihn gehenden Geraden". Dieses Paar ist in der Abbildung Element der Bildschar. Damit ist die dreidimensionale Mannigfaltigkeit der Dreiecke in eine Ebene abgebildet.

Entsprechende Betrachtungen gelten für Abb. 9 sowie weiter unten für sphärische Dreiecke.

Transversalen im Dreieck.

Abb. 11.

Länge der Winkelhalbierenden.

$$w_\alpha = \frac{1}{b + c} \sqrt{b\,c\,(a + b + c)\,(-a + b + c)}.$$

Ansatz:

$$x_1 = 0, \qquad y_1 = \frac{40}{a^2},$$
$$x_2 = \frac{10}{w_\alpha^2}, \qquad y_2 = 0,$$
$$x_3 = \frac{10}{b\,c}, \qquad y_3 = \frac{40}{(b + c)^2}.$$

[dm; Verkl. 0,4].

Im Netz (b, c) scheidet jede Kurve b_0 die Kurven in zwei Klassen, $b < b_0$ und $b > b_0$; Kurven verschiedener Klassen führen im „Inneren" von b_0 günstige Schnittverhältnisse herbei. Abb. 11 zeigt die Klassenteilung durch $b_0 = 5$.

Abb. 12.

Länge der Mitteltransversale.

$$m_a = \sqrt{\tfrac{1}{2}\left(b^2 + c^2 - \tfrac{1}{2}\,a^2\right)}. \tag{1}$$

Aufbau einer **Kreuztafel** (Textabb. 2). Die Träger (α) und (β) seien einander parallel, die Träger (γ) und (δ) senkrecht auf den Richtungen (α) und (β). Abstände der Leitern voneinander und Verschiebungen ihrer Anfangspunkte gehen aus der Abbildung hervor. Als Ablesehilfsmittel wird ein rechter Winkel gewählt, dann gilt in jeder Lage

$$\frac{m + \alpha - \beta}{q} = \frac{n + \gamma - \delta}{p}.$$

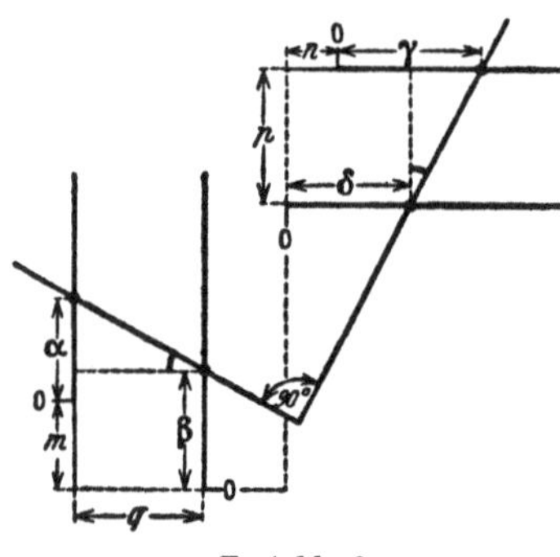

Textabb. 2.

Hieraus ergibt sich nach Umformung die Schlüsselgleichung

$$
\begin{aligned}
p\,\alpha - p\,\beta - q\,\gamma + q\,\delta \\
+ (m\,p - n\,q) = 0.
\end{aligned}
\tag{2}
$$

Zur Ablesung werden die Leiterpunkte (α) und (β) durch ein Lineal verbunden; nach Anlegung des rechten Winkels wird dieser so verschoben, daß der freie Schenkel durch den Bildpunkt (γ) hindurchgeht; dann zeigt dieser Schenkel das Ergebnis δ an.

Tafeln dieser Art können auch mit krummlinigen Trägern und Netzen entworfen werden, sie leisten dasselbe wie Fluchtlinientafeln mit einer Zapfenlinie. Die starren Systeme (α, β) und (γ, δ) können gegeneinander beliebig parallel verschoben werden. Da auf die Tafeln sonst aber keine Transformationen ausgeübt werden können, die sie schmiegsam gestalten, tritt ihre nomographische Bedeutung etwas zurück.

Eine Umformung von (1)

$$\tfrac{1}{2}\,a^2 - b^2 - c^2 + 2\,m_a^2 = 0$$

zeigt die Gestalt der Schlüsselgleichung (2), die demnach durch den Ansatz

$$p = 1, \quad \alpha = \tfrac{1}{2}a^2, \qquad\qquad q = 2, \quad \gamma = \tfrac{1}{2}c^2,$$
$$\beta = b^2, \qquad\qquad\qquad\qquad\qquad \delta = m_a^2,$$

mit $m = 2\,n$ erfüllt wird. Die zusammengehörigen Leitern sind durch Beschriftung und entsprechende Darstellung des Ablesewinkels gekennzeichnet. [mm; Verkl. 0,8].

Inkreis und Ankreise.

Abb. 13.

Zwischen dem Radius ϱ des Inkreises und den Radien $\varrho_a, \varrho_b, \varrho_c$ der Ankreise besteht die Beziehung

$$\frac{1}{\varrho} = \frac{1}{\varrho_a} + \frac{1}{\varrho_b} + \frac{1}{\varrho_c}. \tag{1}$$

Es sei zunächst $\varrho = \mathrm{const} = 1$. Die Summe der drei Größen $1:\varrho_a$, $1:\varrho_b$, $1:\varrho_c$ läßt sich dann einfach in einem Dreiecksnetz $\mathfrak{ABC}$ darstellen (vgl. S. 6). Für die Summe der Abstände eines Bildpunktes P von den Seiten $\mathfrak{BC}$, $\mathfrak{CA}$ und $\mathfrak{AB}$ gilt

$$x + y + z = h. \tag{2}$$

Die Angleichung von (1) an (2) ergibt sich in einem Darstellungsdreieck $\mathfrak{ABC}$ mit der Höhe $h = 1$, wenn die Seitenparallelen nach den reziproken Teilungsfunktionen

$$x = 1:\varrho_a, \quad y = 1:\varrho_b, \quad z = 1:\varrho_c \tag{3}$$

geschichtet werden; d. h. die Parallelen zu $\mathfrak{BC}$, die nach ϱ_a zu beziffern sind, werden im Abstande $1:\varrho_a$ von $\mathfrak{BC}$ gezeichnet. Entsprechendes gilt für ϱ_b und ϱ_c. Im Innern des Darstellungsdreiecks $\mathfrak{ABC}$ liegen naturgemäß nur Werte $\varrho_a > 1$ (bzw. $\varrho_b > 1$, $\varrho_c > 1$).

Ist $\varrho \neq 1$, so liefert die Tafel die Werte $\varrho_a : \varrho, \varrho_b : \varrho, \varrho_c : \varrho$.

Abb. 14.

An Stelle des Dreiecksnetzes kann ein Ablesedreistrahl $P\varrho_a, P\varrho_b, P\varrho_c$ verwendet werden, dessen Strahlen miteinander die Winkel 120° bilden und die reziproken Teilungen (3) tragen. Diese Ablesevorrichtung wird auf das Dreieck $\mathfrak{ABC}$ derart gelegt, daß die Strahlen die Seiten des Dreiecks rechtwinklig schneiden. Die in Abb. 14 eingezeichnete Stellung bezieht sich auf das in Abb. 13 gezeigte Beispiel.

Hält man in Abb. 14 den Ablesepunkt P fest und dreht den Dreistrahl um den Winkel φ, so werden auf den Teilungsträgern die Strecken

$$x' = x : \cos \varphi, \quad y' = y : \cos \varphi, \quad z' = z : \cos \varphi$$

abgeschnitten; auf Grund von (2) lautet die Schlüsselgleichung nun:

$$x' + y' + z' = \frac{h}{\cos \varphi}.$$

Mit Drehung des Ablesedreistrahls wird demnach die Veränderung von ϱ eingeführt:

$$\varrho = \cos \varphi. \tag{4}$$

Der Drehungswinkel φ wird unmittelbar nach ϱ beziffert; die Ablesung erfolgt so, daß die Marke ϱ senkrecht unter P liegt, was beispielsweise mit einer vertikalen Hilfsschar erreicht werden kann.

Abb. 15.

In einem Dreieck hat der Mittelpunkt des Umkreises (Radius r) vom Mittelpunkt des Inkreises (Radius ϱ) den Abstand

$$d = \sqrt{r^2 - 2\,r\,\varrho}\,.$$

Für jeden Ankreis gilt entsprechend

$$d_a = \sqrt{r^2 + 2\,r\,\varrho_a}\,.$$

(Eulersche Formeln).

Ansatz:

$$x_1 = 0\,, \qquad y_1 = +\frac{1}{\varrho}\left(\text{bzw.} = -\frac{1}{\varrho_a}\right),$$
$$x_2 = \frac{4}{4+d^2}\,, \quad y_2 = 0\,,$$
$$x_3 = \frac{4}{4+r^2}\,, \quad y_3 = \frac{2r}{4+r^2}\,. \qquad \text{[dm; Verkl. 0,45].}$$

Der Träger (r) ist ein Halbkreis.

Das Ableselineal muß die Leiter (d) stets im Bereich der positiven Werte d^2 schneiden; dies entspricht der Bedingung $\varrho \leqq \frac{1}{2}r$; im Grenzfall $\varrho = \frac{1}{2}r$ beim gleichseitigen Dreieck geht der Ablesefaden durch $d = 0$.

Kreis und regelmäßige Vielecke[1].

Abb. 16.

Die Darstellung kann als einfach-logarithmisches Netz

$$x = \log n\,, \quad y = P \quad \text{bzw.} \quad y = p$$

gelesen werden; $n = 2^x$. Da es sich um eine diskontinuierliche Folge n handelt, haben die gestrichelten „Kurven" nur anschauliche Bedeutung. Die Folge der eingeschriebenen Vielecke konvergiert rascher gegen den Kreis als die Folge der umschriebenen.

Abb. 17.

Die Differenz $\delta = P_n - p_n$ ergibt eine konvergente Reihenentwicklung

$$\delta = \frac{\pi^3}{2\,n^2} + \frac{\pi^5}{8\,n^4} + \cdots.$$

Mit zunehmenden Werten n strebt daher

$$n^2\,\delta \to \tfrac{1}{2}\,\pi^3.$$

Im doppelt-logarithmischen Netz $x = \log n$, $y = \log \delta$ wird sich also für große Werte n eine Gerade ergeben, die sogleich auch den Grad

---

[1] Vgl. Einheitswurzeln Abb. 164.

der Annäherung an π durch einbeschriebene und umschriebene Polygone zeigt. Auch Abb. 17 ist für die Reihe $n = 2^x$ entworfen; die ausgezogene Linie gibt den Wert δ an. Auf Grund der Abrundungsvorschriften für Dezimalzahlen ergibt sich durch Einzeichnung der Werte $\frac{1}{2} \cdot 10^{-m}$ (rechter Rand) eine Abschätzung für die erreichte Stellenzahl von π. Z. B. liefert das 1024-Eck die vierte Dezimale mit Sicherheit.

Bei kleinen Zeicheneinheiten tritt die Anschmiegung der Linie δ an eine Gerade selbstverständlich ziemlich bald in Erscheinung. Erheblich rascher nähert sich aber die von Legendre[1] benutzte Differenz

$$\delta' = P_n - p_{\frac{1}{2}n}$$

dem linearen Verlauf, wie die konvergente Entwicklung

$$\delta' = \frac{\pi^3}{n^2} + \frac{\pi^7}{15 \cdot n^6} + \cdots$$

zeigt. $n^2 \cdot \delta' \to \pi^3$ (Gestrichelte Gerade.)

Sphärische Dreiecke.

Abb. 20.

Eulersche Dreiecke.

Für jeden Raumpunkt ist die Summe seiner Abstände von den vier Ebenen eines Tetraeders konstant und gleich der Höhe des Tetraeders. Demnach kann die Winkelbeziehung

$$\alpha + \beta + \gamma - \varepsilon = \pi$$

in einem Tetraeder $\mathfrak{ABCE}$ mit der Höhe π dargestellt werden; der Abstand eines Punktes von der Fläche $\mathfrak{BCE}$ entspricht dem Winkel α; die Bilder von β und γ ergeben sich durch Vertauschung. Zur Darstellung von ε ist das Vorzeichen zu beachten. Die Bedingungen

$$0 \leqq \alpha \leqq \pi, \quad 0 \leqq \beta \leqq \pi, \quad 0 \leqq \gamma \leqq \pi$$

bestimmen Ebenen durch die Ecken $\mathfrak{A}$, $\mathfrak{B}$ und $\mathfrak{C}$ jeweils parallel zur Gegenfläche; damit ergibt sich ein Parallelflach, und die Bilder aller Eulerschen sphärischen Dreiecke erfüllen den Raumteil dieses Körpers, der unterhalb der Ebene $\varepsilon = 0$ $(\mathfrak{ABC})$ liegt. Die Abbildung zeigt ferner die Ebenen $\alpha = \frac{1}{2}\pi$, $\beta = \frac{1}{2}\pi$, $\gamma = \frac{1}{2}\pi$, welche die Bilder rechtwinkliger Dreiecke enthalten.

In ähnlicher Weise lassen sich auch die Möbiusschen Dreiecke darstellen; den acht Winkeltypen entsprechen ähnlich gelagerte Parallelflache[2].

Abb. 21.

Zum Vergleich ist eine Darstellung aller Vierecksformen auf Grund von

$$\alpha + \beta + \gamma + \delta = 2\pi$$

---

[1] Elém. de Géom. S. 126. Paris 1823.

[2] Vgl. W. Jacobsthal in Weber-Wellstein: Encykl. d. Elem. Math. Bd. 2, § 38.

herangezogen. Die Bilder erfüllen das Innere des Tetraeders mit der Höhe 2π. Durch die Ebenen

$$12 - 13 - 14 \ (\alpha = \pi), \quad 12 - 23 - 24 \ (\beta = \pi),$$
$$13 - 23 - 34 \ (\gamma = \pi), \quad 14 - 24 - 34 \ (\delta = \pi)$$

wird ein Oktaeder gebildet, das die Bilder nicht überschlagener Vierecke ohne einspringende Ecken enthält.

Quadrat $12 - 14 - 34 - 23$, Sehnenvierecke,
    „ $13 - 14 - 24 - 23$, Trapeze $\alpha + \beta = \gamma + \delta$,
    „ $12 - 13 - 34 - 24$, Trapeze $\alpha + \delta = \beta + \gamma$,
Gerade $13 - 24$, Parallelogramme,
Punkt R, Rechtecke.

Weitere Sonderformen liegen auf Schnittgeraden der genannten Ebenen, Ausartungen in Seitenflächen des Oktaeders.

Der Sinussatz.

Abb. 22.

$$\frac{\sin a}{\sin \alpha} = \frac{\sin b}{\sin \beta} = \frac{\sin c}{\sin \gamma} = t.$$

Während beim Sinussatz für ebene Dreiecke logarithmische Teilungsfunktionen herangezogen und dann durch Projektivität verbessert worden sind, wird hier die Eigenschaft der Potenzleitern benutzt[1]. Die Leitern x^n, $n > 1$, führen zwischen $x = 0$ und $x = 1$ bei $x \to 0$ Drängungen, bei $x \to 1$ Dehnungen herbei.

$$\frac{\sin^3 a}{\sin^3 \alpha} = t^3.$$

Ansatz:

$$x_1 = 0, \qquad y_1 = \sin^3 a,$$
$$x_2 = 0{,}6 \qquad y_2 = 1 - \sin^3 \alpha,$$
$$\text{Zapfenlinie} \quad y_3 = \tfrac{5}{3} x_3.$$

Die Leitern haben bei $\sim 55^0$ reguläre Stellen $(\operatorname{tg} \alpha_0 = \sqrt{2})$.

Der Cosinussatz.

Abb. 23.

$$\cos a = \cos b \cos c + \sin b \sin c \cos \alpha.$$

Ansatz:

$$x_1 = 0, \qquad\qquad y_1 = \cos \alpha,$$
$$x_2 = 1{,}5, \qquad\qquad y_2 = -\cos a, \quad (y_2 = l \cdot \cos a, \quad l = -1),$$
$$x_3 = \frac{1{,}5}{1 + \sin b \sin c}, \qquad y_3 = \frac{-\cos b \cos c}{1 + \sin b \sin c} \quad [\text{dm}; \ \text{Verkl.} \ 0{,}5].$$

---

[1] Vgl. hierzu Schwerdt: Lehrb. d. Nomographie § 12, Abb. 29; § 39, Abb. 89.

Da b und c vertauschbar sind, gehören die Kurven (b) und (c) einer Schar an; es ergeben sich im vorliegenden Ansatz stets Ellipsen, und zwar wurde der Abstand der Träger (a) und (α) so bemessen, daß dem Werte $b = 30^0$ (bzw. $b = 150^0$) ein Kreisbogen zugeordnet wird. Für $0 < b < \pi$ erstreckt sich das Netz innerhalb des Leiterstreifens. Die Punkte $b = c$, die nicht als Schnittpunkte erscheinen, sind auf einem Teil der Hüllgeraden hervorgehoben. Infolge der Beziehung $\sin b = \sin(\pi - b)$ zeigt sich eine eigenartige Überdeckung der Ebene (vgl. hierzu das eingezeichnete Beispiel). Liegen beide Werte b und c zwischen 0 und 90^0 oder zwischen 90^0 und 180^0, so fällt der Schnittpunkt in den unteren Teil des Netzes, liegt nur einer der Werte b oder c zwischen 90^0 und 180^0, so ist der Bildpunkt im oberen Teil des Netzes zu wählen, wie sogleich aus dem Zeichen von y_3 hervorgeht.

Sobald $|l| \leq 1$, enthält die Netzschar nur Ellipsen, wenn $|l| > 1$, ergeben sich Ellipsen und Hyperbeln, wobei der Übergang durch eine Parabel für $\sin b = \dfrac{1}{l}$ eintritt.

Abb. 24.

Mit Hilfe der Additionstheoreme ergibt sich

$$\frac{\cos a - \cos(b+c)}{1 + \cos a} = \frac{\cos(b-c) - \cos(b+c)}{2}.$$

Vgl. hierzu S. 9. Diese Formel läßt sich unmittelbar in einem Netz

$$x = 1 + \cos\alpha, \quad y = \cos t, \quad (t = b+c, \quad t = b-c, \quad t = a)$$

mit dem Strahlensatz lösen. (Die positive x-Achse verläuft in Textabb. 3 nach links, die positive y-Achse nach unten.) Wir fassen die Darstellung einfacher als Leitertafel auf und geben den Ansatz in üblicher Orientierung des Bezugssystems:

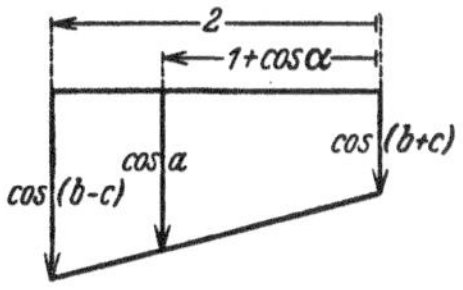

$$x_1 = +1, \qquad y_1 = -\cos(b+c),$$
$$x_2 = -1, \qquad y_2 = -\cos(b-c),$$
$$x_3 = -\cos\alpha, \qquad y_3 = -\cos a. \quad \text{[dm; Verkl. 0,5].}$$

Textabb. 3.

Weitere Beispiele sind in den Abb. 68 bis 71 gegeben, insbesondere zwei Tafeln für den Satz der vier aufeinander folgenden Stücke (vgl. S. 40).

Beispiele rechtseitiger Dreiecke.

Abb. 25.

Bezeichnet $\tau = 0^h \ldots 24^h$ die Tageslänge, so ist

$$\cos \tfrac{1}{2}\tau = -\operatorname{tg}\varphi \cdot \operatorname{tg}\delta.$$

(Geograph. Breite φ, Deklination der Sonne δ.)

Netztafel[1]: Netz: $x = \operatorname{tg}\delta$, $y = -\cos\tfrac{1}{2}\tau$, Bezifferung nach τ.

Strahlenbüschel: $y = M\,x$, $M = \operatorname{tg}\varphi$.

---

[1] Abb. 25 nach Schwerdt: Einf. i. d. prakt. Nomogr. Berlin: Salle 1927.

Abb. 26 und 27.

Dieselbe Formel

$$\cos \lambda = - \operatorname{tg} \varphi \cdot \operatorname{tg} \delta$$

gibt die geographischen Koordinaten (λ, φ) aller Punkte auf der Tag-
und Nachtgrenze an, wenn es auf dem Nullmeridian Mittag ist (Groß-
kreis, dessen Pol in $\lambda_0 = 0^0$, $\varphi_0 = \delta$ liegt). Abb. 25 löst mithin auch
die Aufgabe, den Verlauf der Tag- und Nachtgrenze an einem bestimm-
ten Tage anzugeben (Verzifferung nach λ am rechten Rande).

Abb. 27:

Legt man der Formel in erster Linie ihre geographische Bedeutung
bei, so kann es zweckmäßig erscheinen, die Analogie zu einem Karten-
blatte hervorzuheben, indem man λ in die Koordinatenlinien $x = $ const,
φ in die Linien $y = $ const abbildet.

Netz: $x = - \cos \lambda$, $\quad y = \tfrac{1}{2} \operatorname{tg} \varphi$,

Strahlenbüschel: $y = M x$, $\quad M = \tfrac{1}{2} \cdot \operatorname{ctg} \delta$. [dm; Verkl. ⅓].

Dieses Blatt kann unmittelbar als Verzerrung einer Erdkarte, beispielsweise einer Mercatorkarte (Abb. 26) aufgefaßt werden:

Netz: $x = \operatorname{arc} \lambda$, $\quad \mathfrak{Sin}\, y = \operatorname{tg} \varphi$. [dm; Verkl. ⅓].

Bildet man die Kurvenschar auf durchsichtigem Blatt aus und bringt man
auf dem Deckblatt eine Teilung nach Längendifferenz (Zeitskala) an, so kann
durch Verschiebung über eine Merkatorkarte die beim drahtlosen Verkehr auf-
tretende Frage nach der Tag- und Nachtgrenze für beliebige Orte und Zeiten
gelöst werden.

Die Benutzung der stereographischen Projektion, in der die Linien (δ) Kreise
werden, und bei der die Veränderung von Ort und Zeit durch Drehung des Deckblattes um den Pol berücksichtigt wird, ist an sich reizvoll, führt aber zu un-
günstigen Schnittverhältnissen.

Einige Darstellungen zur Stereometrie.

Abb. 28.

Eulerscher Polyedersatz $e + f - k = 2$. Darstellung im Dreiecksnetz; das Ausgangsdreieck hat die Höhe 2, die Werte (k) sind mit Rücksicht auf ihr Vorzeichen nach unten zu zählen. In der Vertauschbarkeit
von e und f kommt die Dualität zum Ausdruck, die Bilder dualer Körper
liegen symmetrisch in bezug auf die vertikale Mittellinie.

Durch die Bedingungen

$$6 + k \leqq 3 e \leqq 2 k, \quad 4 + e \leqq 2 f \leqq 4 e - 8,$$

$$6 + k \leqq 3 f \leqq 2 k, \quad 4 + f \leqq 2 e \leqq 4 f - 8$$

wird innerhalb der Darstellungsebene ein engeres Gebiet definiert,
das durch zwei gerade Linien begrenzt wird. Während die „Formel"
$e + f = k + 2$ innerhalb des gesamten Netzes erfüllt ist, fallen Bilder

wirklicher Polyeder nur in das engere Gebiet. Die Bilder der platonischen Körper liegen auf den Gebietsgrenzen; den n-seitigen Prismen sind die n-seitigen Doppelpyramiden dual, n-seitige Pyramiden sind sich selbst dual. — Ferner ist die Ortslinie

$$f - e = 2$$

für Prismatoide eingezeichnet. Nimmt man die Linie der dualen Körper hinzu, so erhält man die Örter der gleicheckig und gleichflächig halbregulären (archimedischen) Körper.

Die Darstellung ist diskontinuierlich; die Bildpunkte können nur in Gitterpunkte des Netzes fallen.

Die Mehrzahl stereometrischer Formeln für Inhalts- und Oberflächenbestimmung führt auf gleichartige Produkttypen. Zugehörige Nomogramme sind daher zumeist mit einfachen Hilfsmitteln zu entwerfen. Wir geben im folgenden nur zwei Beispiele, deren Ausgestaltung rein nomographisch bemerkenswert ist.

Abb. 29 und 30.

Oberfläche des Quaders.

$$F = 2 \cdot (ab + bc + ca).$$

Die Funktion läßt sich auf den in der Einleitung genannten Ansatz (4) zurückführen, jedoch sind die zugehörigen Tafeln ebenso wie ihre dualen Bilder im Aufbau nicht sehr befriedigend. Unter den von Luckey[1] angegebenen Entwürfen verdient das folgende Wanderkurvenblatt besondere Beachtung.

Umformung: $F = (a + b + c)^2 - (a^2 + b^2 + c^2)$.

Grundblatt:

Kurvenschar: $\quad F = \left(\dfrac{\mathfrak{y}}{l}\right)^2 - \mathfrak{x}$.

Feste Kurve (a): $x_1 = a^2$, $\quad y_1 = l \cdot a$.

Deckblatt: zwei Parabelhalbzweige:

$$x_2 = -b^2, \quad y_2 = -l \cdot b,$$
$$x_3 = +c^2, \quad y_3 = +l \cdot c. \quad [\text{mm; Verkl. } 0{,}35;\ l = 10].$$

Auf den Punkt (a) des Grundblattes wird Punkt (b) des Deckblattes gelegt, dann geht durch den Punkt (c) des Deckblattes die Ergebnislinie (F) des Grundblattes. Man erkennt ohne weiteres, daß diese Ableseoperation die Addition der drei Abszissen

$$x_1 + |x_2| + x_3 = \mathfrak{x} = a^2 + b^2 + c^2$$

---

[1] Z. ang. Math. Mech. 1925, S. 263.

und die Addition der drei Ordinaten

$$y_1 + |\,y_2\,| + y_3 = \mathfrak{y} = l\cdot(a+b+c)$$

bewirkt. Damit ergibt sich

$$F = \left(\frac{\mathfrak{y}}{l}\right)^2 - \mathfrak{x}.$$

Um die Parallelverschiebung der Schablone zu sichern, versieht man Grundblatt und Deckblatt zweckmäßig mit je einer Schar von Parallelen.

Abb. 31 und 32.

Volumen des Kegelstumpfes.

$$V = \frac{\pi\cdot h}{3}\,(r_1^2 + r_1 r_2 + r_2^2).$$

Zerlegung der Formel in

$$\text{(I)}\quad t = r_1^2 + r_1 r_2 + r_2^2 \qquad \text{und} \qquad \text{(II)}\quad t = \frac{3\cdot V}{\pi\cdot h}.$$

Abb. 31.

Nach Erweiterung von (I) mit $(r_1 - r_2)$ ergibt sich der Typus

$$t = \frac{r_1^3 - r_2^3}{r_1 - r_2},$$

für den sich der folgende Ansatz unmittelbar darbietet (Lehrb. d. Nomogr. S 186):

$$x_1 = 0, \qquad y_1 = m\cdot t,$$
$$x_{2,3} = \frac{n}{r}, \quad y_{2,3} = m\cdot r^2.$$

Durch Projektivität kann dieser Ansatz weitgehend verbessert werden, indem die Gesamtbereiche $0 \leqq r < \infty$ und $0 \leqq t < \infty$ auf begrenzte Teile ihrer Träger abgebildet werden.

$$\xi_1 = 0, \qquad\qquad\qquad \eta_1 = \frac{2{,}5\cdot t}{200 + t},$$

$$\text{(Zapfenlinie, ungeteilt),}$$

$$\xi_{2,3} = \frac{400}{r^3 + 200\,r + 200}, \qquad \eta_{2,3} = \frac{400 + 2{,}5\,r^3}{r^3 + 200\,r + 200}.$$

(Die η-Achse liegt in der Zapfenlinie, die ξ-Achse weist schräg nach rechts unten.)

Formel (II) ist in einer Leitertafel der sog. N-Form mit regulären Teilungen (V) und (h) entworfen, wobei die projektive Teilung (t) eben die bei η_1 angegebenen Konstanten hat. Beide Tafeln sind überlagert.

Die Tafel eignet sich im wesentlichen für Körper, bei denen r_1 und r_2 möglichst verschieden, und zwar insbesondere möglichst $r_1 > 5$, $r_2 < 5$ sind. Wenn $r_1 = r_2$, wird die Ablesegerade I Tangente der Kurve (r); damit verliert die Ablesung praktisch an Genauigkeit. **Abb. 32.**

Eine Darstellung, die auch die Fälle $r_1 = r_2$ in gleicher Genauigkeit enthält, ist die folgende Netztafel.

Darstellung von (I) in einem schiefwinkligen kartesischen Netz $x = r_1$, $y = r_2$ mit dem Achsenwinkel $\omega = 60°$ durch die konzentrische Kreisschar um den Ursprung mit dem Radius $\varrho = \sqrt{t}$. (Vgl. hierzu die Abb. 79 und 80.)

Umformung von (II) in

$$\sqrt{t} = \sqrt{\frac{3\,V}{\lambda\,\pi}} \cdot \sqrt{\frac{\lambda}{h}}\,.$$

Darstellung in einer Strahlentafel $\eta = \xi \cdot M$ mit $\xi = \sqrt{\frac{3\,V}{\lambda\,\pi}}$, $\eta = t$, $M = \sqrt{\frac{\lambda}{h}}$; $\lambda = 2$. Die Tafel schmiegt sich besonders vorgeschriebenen, auch ausgedehnten Bereichen gut an.

Für den Pyramidenstumpf bietet sich ohne weiteres eine entsprechende Tafel dar.

Instrumente.

Abb. 33 bis 36.

Reduktionszirkel. Für die Einstellung des Teilverhältnisses $1:\alpha$, $\alpha = 1, 2, 3, \ldots 10$, $1:\alpha = \frac{2}{3}$, $\frac{3}{4}$, besteht die Teilungsfunktion

$$z = l \cdot \frac{1}{1 + \alpha}\,,$$

wobei l bei den handelsüblichen Mustern 165 oder 175 mm beträgt. Unter der Annahme, daß die Einstellung des Scheitelpunktes um $|\varDelta z| = 0{,}1$ mm unsicher ist, ergibt sich die absolute Unsicherheit der Einstellung α zu

$$|\varDelta \alpha| = \frac{0{,}1 \cdot l}{z^2}\,,$$

die relative Unsicherheit in Prozent:

$$100 \cdot \left|\frac{\varDelta \alpha}{\alpha}\right| = \frac{10 \cdot l}{z \cdot (l - z)}\,.$$

Abb. 33 ist für $l = 165$ mm entworfen.

Die projektive Konstruktion der Teilung ist in Abb. 35 durchgeführt.

Auf den Zirkeln ist zumeist eine Skala für regelmäßige Kreisteilung (regelmäßiges n-Eck, Radius r) angegeben. Die Unsicherheit $|\varDelta z| = 0,1$ mm der Einstellung bewirkt die Unsicherheit $|\varDelta s|$ der zugehörigen Sehne. Ein brauchbares Kriterium der Genauigkeit gibt $n \cdot \dfrac{|\varDelta s|}{r} = \dfrac{|\varDelta u|}{r}$; Abb. 34 gibt die prozentuale Unsicherheit für $l = 165$ mm.

Eichung eines Polarplanimeters. Die vom Fahrstift umfahrene Figur hat den Flächeninhalt

$$F = n \cdot f \ \text{cm}^2,$$

wenn die Rollenabwicklung n Einheiten beträgt und f den von der Fahrstablänge l abhängigen Faktor bezeichnet. Hierbei liegt der Pol außerhalb der Figur.

Textabb. 4 gibt eine Eichkurve (für das Instrument Wichmann Nr. 5008). Der Verlauf ist geradlinig:

$$f = 0,0030195 \cdot l \\ - 0,00315 \pm 0,00055.$$

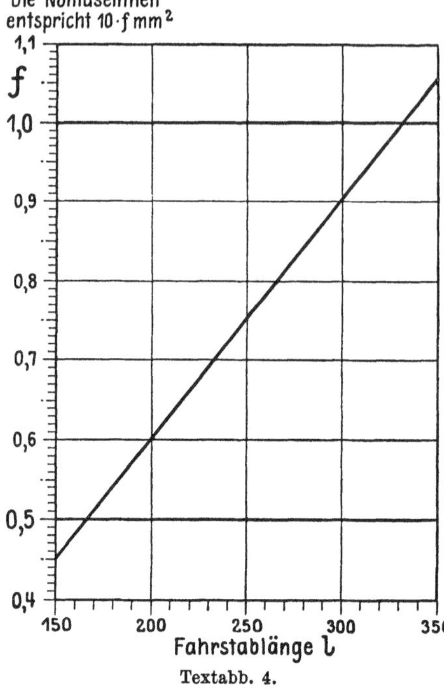

Textabb. 4.

Abb. 36. Planimetriert man auf einem Kartenblatt im Maßstab $1:M$, so entspricht der Noniuseinheit die Fläche

$$\varDelta = \frac{M^2}{10^5} \cdot f \ \text{m}^2. \tag{1}$$

Es ist zweckmäßig, der Größe $\varDelta$ „glatte" Werte zu geben. Die Fluchtlinientafel für (1) zeigt deshalb die Leiter ($\varDelta$) nur als diskrete Punktreihe. — Bei gegebenem Maßstab $1:M$ findet man nach Wahl eines passenden Wertes $\varDelta$ die erforderliche Fahrstabeinstellung l.

II. Koordinatensysteme.

Polarkoordinaten.

Abb. 37.

Ausschnitt aus einem Polarkoordinatensystem (r, φ), in dem φ nach Bogenmaß beziffert ist. Entwirft man die Figur auf Millimeterpapier, so wertet sie als Netztafel die Übergangsformeln zwischen einem rechtwinkligen kartesischen System (x, y) und einem Polarsystem (r, φ) aus.

$$r = \sqrt{x^2 + y^2}, \quad \varphi = \operatorname{arc\,tg} \frac{y}{x}, \tag{1}$$

bzw. $\qquad x = r \cdot \cos \varphi, \quad y = r \cdot \sin \varphi.$

Abb. 38.

Durch die Verzerrung

$$\xi = \lambda \cdot x^2, \quad \eta = \mu \cdot y^2 \tag{2}$$

gelingt es, die Schar (r) so zu strecken, daß die Scharen (x), (y) und (φ) geradlinig bleiben. Der Figur liegt die Wahl $\lambda = \mu$ zugrunde.

Grundebene (x, y)	Bildebene (ξ, η)
Kreisschar (r): $x^2 + y^2 = r^2$, Strahlenbüschel (φ): $y = x \cdot \operatorname{tg} \varphi$.	Parallelschar: $\xi + \eta = r^2$, Strahlenbüschel: $\eta = \xi \cdot \operatorname{tg}^2 \varphi$.

Das Strahlenbüschel wird nur in seinem Gefüge geändert. Abb. 38 zeigt schematisch den Aufbau der verzerrten Netztafel; die Streifen $0 < x < 2$ und $0 < y < 2$ sind unterdrückt.

Die Verzerrung (2) bildet sämtliche vier Quadranten der Grundebene (x, y) in den einen Quadranten $\xi \geqq 0$, $\eta \geqq 0$ der Bildebene ab; die eindeutige Umkehrbarkeit wird durch Beschränkung auf einen Quadranten, etwa auf den ersten, der Grundebene erreicht. Beziffert man φ nach Gradmaß, so ist die Überlagerung der vier Quadranten ohne weiteres kenntlich.

Die Tafel eignet sich dazu, die Funktion

$$x + iy = r e^{i\varphi}$$

auszuwerten (vgl. S. 104).

Abb. 39.

In diesem Zusammenhang kann die Fluchtlinientafel von Ulf. Meyer angeführt werden. Aus

$$A + B \cdot i = R \cdot e^{i\varphi}$$

folgt

$$B^2 \cdot (1 + n) = R^2, \tag{3}$$

$$B^2 \cdot n \qquad = A^2, \tag{4}$$

wenn

$$n = \operatorname{ctg}^2 \varphi.$$

Für (3) und (4) sind logarithmische Leitertafeln entworfen und überlagert[1].

Der Nachteil, der diesen Tafeln mit „Sprung von n auf $(n + 1)$" infolge der erschwerten Ablesung anhaftet, wird durch den großen Vorteil aufgewogen, daß sie weite Bereiche in großer Genauigkeit herzustellen vermögen.

---

[1] Lehrb. d. Nomogr. Bd. 5, § 38, S. 197.

Elliptische Koordinaten.

Abb. 40.

Kegelschnitte im quadratischen Netz. Mit $\xi = \lambda x^2$, $\eta = \mu y^2$ (in Figur $\lambda = \mu$) werden alle Kegelschnitte

$$\pm \frac{x^2}{a^2} \pm \frac{y^2}{b^2} = 1 \tag{1}$$

gestreckt. Die Darstellung zeigt einen Kreis k, eine Ellipse e und zwei Hyperbeln h und h', deren geradlinige Bilder im quadratischen Netz entsprechende Bezeichnungen tragen. Hierbei ist zu beachten, daß sich die Eindeutigkeit nur bei Auswahl eines Quadranten (x, y) erreichen läßt. Die außerhalb des Quadranten $\xi \geqq 0$, $\eta \geqq 0$ verlaufenden Teile der Bildgeraden stellen imaginäre Teile der Kegelschnitte dar. Da jede Bildgerade in der (ξ, η)-Ebene jede andere einmal schneidet, hat jeder Kegelschnitt

$$\pm \frac{x^2}{a_1^2} \pm \frac{y^2}{b_1^2} = 1$$

mit jedem anderen Kegelschnitt

$$\pm \frac{x^2}{a_2^2} \pm \frac{y^2}{b_2^2} = 1$$

vier gegebenenfalls imaginäre Punkte gemeinsam. Von den Koordinaten dieser Punkte ist im letzten Falle eine oder sind beide rein imaginär. Interessant sind die Schnittpunkte ähnlicher Kegelschnitte $a_1 : a_2 = b_1 : b_2$; sie liegen auf der uneigentlichen Geraden[1]. Der Träger aller Geraden k:

$$\eta = -\xi, \quad \xi \to \infty,$$

erweist sich als Bild der Kreispunkte. Vgl. ferner S. 55.

Abb. 41.

Elliptisches Koordinatensystem. Da das Netz $\xi = x^2$, $\eta = y^2$ alle Kegelschnitte (1) streckt, eignet es sich zur Untersuchung und Darstellung elliptischer Koordinatensysteme. Abb. 41 zeigt den ersten Quadranten des Netzes

$$\frac{x^2}{a_1 + \lambda} + \frac{y^2}{a_2 + \lambda} = 1 \tag{2}$$

mit $a_1 = 20$, $a_2 = 4$. Alle Kurven des Netzes sind konfokal, rechter Brennpunkt F, Mittelpunkt O.

Für $\infty > \lambda > -4$ ergeben sich Ellipsen, $\lambda = -4$ liefert als Ausartung die Strecke OF und stellt zugleich durch den Strahl $F \to \infty$ den Übergang zu den Hyperbeln $-4 > \lambda > -20$ dar; bei $\lambda = -20$ arten die Hyperbeln in die doppelt belegte y-Achse aus.

---

[1] Vgl. S. 49, Abb. 89.

Abb. 42.

Die Verzerrung $\xi = 0{,}1 \cdot x^2$, $\eta = 0{,}1 \cdot y^2$ führt Abb. 41 in 42 über; auch hier ist links und unten je ein Streifen unterdrückt. Die Ellipsen bilden sich in gerade Linien mit negativem Anstieg ab, beide Achsenabschnitte ergeben reelle Werte von x und y; die Bilder der Hyperbeln haben nur auf der ξ-Achse einen positiven Abschnitt. Die Geraden beider Art sind Glieder einer Schar

$$\frac{\xi}{a_1 + \lambda} + \frac{\eta}{a_2 + \lambda} = 1,$$

sie werden von einer Parabel umhüllt.

Ein Vergleich der Darstellungen Abb. 38 und 42 zeigt, daß das elliptische System sich mit wachsendem Werte $\lambda \to \infty$ mehr und mehr einem Polarkoordinatensystem nähert. Die Ellipsen entsprechen den Kreisen (r), die Hyperbeln den Strahlen (φ).

Abb. 43.

Fluchtlinientafel für den Übergang zwischen Polarkoordinaten, kartesischen und elliptischen Koordinaten. Es wäre sachlich möglich, in demselben quadratischen Netz $\xi = x^2$, $\eta = y^2$ eines kartesischen Systems (x, y) sowohl ein Polarkoordinatensystem (r, φ) als auch ein elliptisches System (λ_1, λ_2) durch Geradenscharen darzustellen; auf diese Weise könnte der Übergang zwischen den drei Systemen durch Ablesung an einem Punkte erreicht werden. Aus zeichnerischen Gründen läßt sich diese Überlagerung aber nicht verwirklichen. Wir gehen daher zu einer dualen Darstellung über und vermitteln die Zuordnung zwischen den drei Systemen in einer Fluchtlinientafel durch eine Einstellung des Ableselineals.

Die Tafel für (2) enthält zwei gerade Leitern (x) und (y) und einen Kegelschnitt als Träger der Leiter (λ); der vorliegende Entwurf ist projektiv so gestaltet, daß dieser Kegelschnitt in einen Kreis übergeht, und zwar derart, daß der größere Kreisbogen Teilungsträger wird.

Leiter (x):

Träger: $\mathfrak{y}_1 = \mathfrak{x}_1 + 1,$ Teilung: $\mathfrak{x}_1 = \dfrac{8}{x^2 - 8},$ $\mathfrak{y}_1 = \dfrac{x^2}{x^2 - 8},$

Leiter (y):

Träger: $\mathfrak{y}_2 = -\mathfrak{x}_2 + 1,$ Teilung: $\mathfrak{x}_2 = \dfrac{8}{y^2 + 8},$ $\mathfrak{y}_2 = \dfrac{y^2}{y^2 + 8},$

Leiter (λ):

Träger: $\mathfrak{x}_3^2 + \mathfrak{y}_3^2 = 1,$ Teilung: $\mathfrak{x}_3 = \dfrac{16\,t}{t^2 + 64},$ $\mathfrak{y}_3 = \dfrac{t^2 - 64}{t^2 + 64},$

wenn $t = 12 + \lambda$.

Entsprechend können die Beziehungen S. 23 (1) in zwei Tafeln dargestellt werden, welche dieselben Leitern (x) und (y) enthalten: die Formel $x^2 + y^2 = r^2$ führt auf die

Leiter (r):

$$\text{Träger: } \mathfrak{h}_4 = 1, \qquad \text{Teilung: } \mathfrak{x}_4 = \frac{16}{r^2}.$$

Schließlich liefert $y = x \cdot \operatorname{tg} \varphi$ die

Leiter (φ):

$$\text{Träger: } \mathfrak{h}_5 = 0, \qquad \text{Teilung: } \mathfrak{x}_5 = \cos 2\varphi.$$

Die drei Teiltafeln werden überlagert; in Abb. 43 liegt der Ursprung des Hilfskoordinatensystems $(\mathfrak{x}, \mathfrak{h})$ im Mittelpunkt des Kreises $(\varphi = 45^0)$, die positive $\mathfrak{x}$-Achse geht nach $\lambda = -4$, die positive $\mathfrak{h}$-Achse nach unten links, $\lambda \to \infty$. [dm; Verkl. 0,5].

In engem Zusammenhang mit der Umwandlung elliptischer Koordinaten in kartesische steht die Funktion

$$w = \sin z,$$
$$w = u + iv, \quad z = x + iy,$$

die sich durch Verzifferung aus vorliegender Tafel entnehmen ließe. (Vgl. S. 106, Abb. 226. — Siehe ferner Abb. 229 und 230.)

Abb. 44.

Übergang zwischen verschiedenen (konzentrischen und gleichgestellten) elliptischen Systemen. Ein elliptisches System

$$\frac{x^2}{a_1 + \lambda} + \frac{y^2}{a_2 + \lambda} = 1$$

ist in seinem geometrischen Aufbau allein durch die Differenz $a_1 - a_2$ bestimmt, aus der sich die Brennpunktsentfernung $2 \cdot e = 2 \cdot \sqrt{a_1 - a_2}$ ableitet. Alle Systeme

$$\frac{x^2}{b_1 + \lambda} + \frac{y^2}{b_2 + \lambda} = 1,$$

für die $b_1 - b_2 = a_1 - a_2$ gilt, sind geometrisch kongruent, sie unterscheiden sich nur durch eine Konstante in der Bezifferung der λ-Kurven. Sieht man von dieser (unwesentlichen) Verschiedenheit ab, so können alle elliptischen Systeme, die in bezug auf die x- und die y-Achse orientiert sind, durch $a_1 = a$, $a_2 = 0$ dargestellt werden:

$$\frac{x^2}{a + \lambda} + \frac{y^2}{\lambda} = 1. \tag{3}$$

Mit dem Parameter $-\infty < a < +\infty$ ergibt sich eine ∞^1-fache Mannigfaltigkeit von Netzen nach Art der Abb. 41, deren sämtliche (nicht ausgeartete) Einzelbilder in einer Darstellung $\xi = x^2$, $\eta = y^2$ den Charakter der Abb. 42 zeigen. Die Überlagerung läßt sich in einem dualen Bilde leicht verwirklichen.

Im dualen Bilde nach Art der Abb. 43 erhalten wir für jeden Wert a einen Kegelschnitt, der die Leiter λ trägt. Die ∞^1-fache Mannigfaltigkeit der Leitern (λ) kann als Netz (a, λ) ausgebildet werden.

Der Abb. 44 liegt gegen 43 insofern ein veränderter Ansatz zugrunde, als den glatten Werten $a = 5$, $a = 10$ Sonderfälle zugeordnet werden sollen.

Die Leitern (x) und (y) bedürfen keiner besonderen Erklärung. (Die Werte $x < \sqrt{2,5}$ liegen auf dem unten rechts von C verlaufenden Halbstrahl des Trägers, sie sind in der Zeichnung unterdrückt.)

Sämtliche Träger (a) sind Kegelschnitte, die durch die Punkte A, B und C gehen; die Mittelpunkte liegen auf der Horizontalen durch A.

Der Träger für $a = 5$ ist ein Kreis, für $0 < a < 5$ ergeben sich Ellipsen, deren große Achse vertikal steht; $a = 0$ führt auf eine Ausartung (vertikaler Parallelstreifen). Die Werte $5 < a < 10$ liefern Ellipsen mit horizontaler Hauptachse; $a = 10$ ergibt eine Parabel, von den Hyperbeln $10 < a$ schließlich ist nur $a = 20$ in einem Zweige eingezeichnet. Über die Ausartung in das Trägerpaar (x) und (y) für $a \to \infty$ erhält man für $a < 0$ Hyperbeln mit vertikaler Hauptachse. — Von allen Kurven hat nur der Bogen $A \to B \to C$ im reellen Gebiet Bedeutung.

Die Schar (λ) ist ein Strahlenbüschel mit dem Träger C. Der Bereich $0 < \lambda < \infty$ erfüllt den spitzen Winkel BCA; von B aus nach rechts liegen die Strahlen $\lambda < 0$; jeder Strahl $\lambda < 0$ berührt die Kurve $a = -\lambda$ in C, so daß C ein singulärer Punkt des Bildes ist.

Die Tafel leistet den Übergang zwischen verschiedenen elliptischen Systemen und dem (gemeinsamen) kartesischen System.

Ansatz:
Leiter (x):

$$\text{Träger: } \mathfrak{y} = -\mathfrak{x}. \qquad \text{Teilung: } \mathfrak{y} = \frac{5}{2\,x^2 - 5}.$$

Leiter (y):

$$\text{Träger: } \mathfrak{y} = +\mathfrak{x}. \qquad \text{Teilung: } \mathfrak{y} = \frac{5}{2\,y^2 + 5}.$$

Schar (a): $\mathfrak{x}^2\,(10 - a) + a\,\mathfrak{y}^2 = 10\,\mathfrak{x}$.

$$\text{Mittelpunkt: } \mathfrak{x}_0 = \frac{5}{10 - a}, \quad \mathfrak{y}_0 = 0.$$

Schar (λ):

Strahlenbüschel: $\mathfrak{x}\,(5 + \lambda) + \mathfrak{y}\,\lambda = 5$. Träger: $\mathfrak{x}_0 = 1$, $\mathfrak{y}_0 = -1$.
[dm; Verkl. ⅓].

Die vorliegende Darstellung läßt sich in nicht uninteressanter Weise auswerten; wir deuten sie als Bildebene $\mathfrak{E}\,(\mathfrak{x}, \mathfrak{y})$ einer Grundebene $E\,(x, y)$, die alle nach Art der Abb. 41 gestellten konzentrischen Kegelschnitte enthalte. Jede Gerade in $\mathfrak{E}$ ist Bild eines Punktes der Grundebene E, jeder Punkt $(\mathfrak{x}\,\mathfrak{y})$ in $\mathfrak{E}$ Bild eines Kegelschnittes aus E; die durch ihn gehende Kurve (a) gibt an, welcher konfokalen Schar dieser Kegelschnitt in E angehört, die Linie (λ) zeigt die Nummer an, die er innerhalb dieser Schar trägt. Dreht man das Lineal um den Bildpunkt $(\mathfrak{x}\,\mathfrak{y})$, so bildet man den auf dem Kegelschnitt laufenden Punkt aus E ab und kann jeweils seine Koordinaten x und y ablesen. (Vgl. hierzu S. 50, Abb. 91.)

Parabolische Koordinaten.

Abb. 45.

Das System parabolischer Koordinaten (λ_1, λ_2) wird aus einem kartesischen System (x, y) durch

$$y^2 - 2 \cdot \lambda \cdot x - \lambda^2 = 0 \tag{1}$$

gewonnen. Sämtliche Parabeln (λ) sind konfokal, und zwar ergeben sich für $-\infty < \lambda < 0$ nach links offene, für $0 < \lambda < +\infty$ nach rechts offene Kurven; die Ausartung $\lambda \to +0$ führt demzufolge auf den nach rechts gerichteten Halbstrahl der x-Achse, während $\lambda \to -0$ gegen die negative x-Richtung strebt. Jedes Wertepaar (λ_1, λ_2) definiert zwei in bezug auf die x-Achse symmetrische Punkte. Das Bild zeigt einen Ausschnitt $-10 < x < +10$ der oberen Halbebene $0 \leq y < 9$.

Die eingezeichneten Kurven $a \ldots g$ werden bei Abb. 102 erläutert.

Abb. 46.

Durch die Verzerrung

$$\xi = x, \quad \eta = m \cdot y^2 \tag{2}$$

werden sämtliche Parabeln der Schar (1) gestreckt. In der so entstandenen Netztafel erscheint die Schar (λ) als Geradenschar zweiten Grades, die als Hüllkurve die unten angedeutete Parabel $\eta = -m \cdot \xi^2$ besitzt. Dem Entwurf liegt die Wahl $m = 0{,}1$ zugrunde. Die Abbildung ist eindeutig umkehrbar, wenn wir den Bereich der Grundebene (Abb. 45) beispielsweise auf die obere Halbebene beschränken.

Abb. 47.

Aus (1) folgen die Übergangsformeln zwischen dem parabolischen und dem zugehörigen kartesischen System und damit auch die entsprechenden Formeln für die Transformation in Polarkoordinaten (r, φ).

$$\lambda_1 - (-\lambda_2) = -2x, \quad \lambda_1 \cdot (-\lambda_2) = y^2; \tag{3}$$

$$\lambda_1 + (-\lambda_2) = 2r, \qquad \lambda_1 : (-\lambda_2) = \operatorname{tg}^2 \frac{\varphi}{2}. \tag{4}$$

In einem Netz $\xi = -\lambda_2, \eta = +\lambda_1$ ergibt sich eine einfache Darstellung von (4). Der Übergang zwischen parabolischen und Polarkoordinaten ist in Abb. 47 auf den ersten Quadranten beschränkt; die Netztafel enthält die Strahlenschar (φ) und die Parallelschar (r). Das Netz wird weiter unten in Abb. 103, S. 54 benutzt.

Tabelle zu Abb. 48.

Abb.	45	46	48	
	Grundebene	Zwischenebene	**Bildebene**	
Punktkoordinaten	x, y	ξ, η	$\mathfrak{x}, \mathfrak{y}$	
Linienkoordinaten		U, V	$\mathfrak{u}, \mathfrak{v}$	

$\longleftarrow$ Nichtlineare Punkttransformation $\longrightarrow$ $\longleftarrow$ Duale Abbildung $\longrightarrow$

$$\xi = x,$$
$$\eta = \frac{1}{10}\, y^2,$$

$$\mathfrak{u} = -\,10\,m\,\eta - 1,$$
$$\mathfrak{v} = -\,2\,m\,\xi,$$
$$\mathfrak{x} = \frac{V}{V - 10\,m^2},$$
$$\mathfrak{y} = \frac{5\,m\,U}{V - 10\,m^2}$$

$\longleftarrow$ Nichtlineare Berührungstransformation $\longrightarrow$

$$\mathfrak{u} = -\,y^2 - 1$$
$$\mathfrak{v} = -\,2\,m\,x$$

	45	46	48	
	Punkte $(x\,y)$	Punkte (ξ, η)	**Gerade Linien** $\mathfrak{u} = -\,y^2 - 1$ $\mathfrak{v} = -\,2\,m\,x$	
a und p sind von einander unabhängig ∞^2-fache Mannigfaltigkeit	**Parabeln** $y^2 = 2\,p\,(x - a)$	Gerade Linien $U = -\dfrac{1}{a},$ $V = \dfrac{5}{p \cdot a}$	**Punkte** $\mathfrak{x} = \dfrac{1}{1 - 2\,m^2\,p\,a}$ $\mathfrak{y} = \dfrac{-\,m\,p}{1 - 2\,m^2\,p\,a}$	
$p = \lambda;\ a = -\tfrac{1}{2}\lambda.$ ∞^1-fache Mannigfaltigkeit	Parabolische Koordinatenlinien (λ)		**Punkte** $\mathfrak{x} = \dfrac{1}{1 + m^2\,\lambda^2}$ $\mathfrak{y} = \dfrac{-\,m\,\lambda}{1 + m^2\,\lambda^2}$	Vgl. den Ansatz auf S. 30.
	Kartesische Koordinatenlinien $x = \text{const}$ $y = \text{const}$	$U = -\dfrac{1}{x};\ V = 0$ $U = 0;\ V = -\dfrac{10}{y^2}$	**Punkte** $\mathfrak{x} = 0,\ \mathfrak{y} = \dfrac{1}{2\,m\,x}$ $\mathfrak{x} = \dfrac{1}{1 + m^2\,y^2},$ $\mathfrak{y} = 0$	

Mit Hilfe einer Hyperbelschar (y) und einer Parallelschar (x) können die Übergangsformeln (3) in demselben Netz Darstellung finden. Die Abb. 47 bezieht sich in ihrer Beschriftung hier auf den zweiten Quadranten der Grundebene.

Abb. 48.

Übergang zwischen kartesischen und parabolischen Koordinaten. Die Definitionsgleichung (1) kann als quadratische Gleichung für (λ) in bekannter Weise durch eine Fluchtlinientafel dargestellt werden. Wir wählen den Typus, der die Teilungen (λ_1) und (λ_2) auf einem kreisförmigen Träger enthält.

Ansatz der Tafel:

$$\mathfrak{x}_1 = 0, \qquad \mathfrak{y}_1 = \frac{1}{2\,m\,x},$$

$$\mathfrak{x}_2 = \frac{1}{1 + m^2 y^2}, \qquad \mathfrak{y}_2 = 0,$$

$$\mathfrak{x}_3 = \frac{1}{1 + m^2 \lambda^2}, \qquad \mathfrak{y}_3 = \frac{-\,m\cdot\lambda}{1 + m^2 \lambda^2}.$$

Der Entwurf benutzt $m = \frac{1}{4}$ [dm; Verkl. 0,45].

In Abb. 48 wird die Transformation der Koordinaten durch eine einzige Lage des Ableselineals bewerkstelligt. Jeder Punkt der Grundebene (Abb. 45) wird also in eine Gerade der Darstellungsebene abgebildet; es besteht aber keine Dualität zwischen der (regulären) Grundebene und der Darstellungsebene, da zwischen Grundebene und Bildebene eine nichtlineare Verzerrung eingeschaltet ist. Von den Geraden der Grundebene werden nur die kartesischen Koordinatenlinien in Punkte abgebildet. Die Übersicht S. 29 zeigt die einzelnen Abbildungsschritte, wobei die Konstanten so gewählt sind, daß die Maße der Abb. 45 und 48 berücksichtigt werden.

Abb. 49.

Übergang zwischen Polar- und parabolischen Koordinaten. Für (4) können zwei überlagerte Tafeln angesetzt werden:

$$\mathfrak{x}_1 = 0, \qquad \mathfrak{y}_1 = 2\cdot\lambda_1,$$

$$\mathfrak{x}_2 = 10, \qquad \mathfrak{y}_2 = 10 - \tfrac{1}{2}\,(-\lambda_2),$$

$$\mathfrak{x}_3 = \frac{40}{3}, \qquad \mathfrak{y}_3 = \frac{40}{3} - \frac{4}{3}\,r, \qquad \mathfrak{x}_3^{*} = \mathfrak{y}_3^{*} = \frac{40}{4 + \operatorname{ctg}^2\frac{\varphi}{2}}.$$

[cm; Verkl. 0,4] .

Beispiel (wie bei Abb. 47, unten rechts):

$$\lambda_1 = 5, \quad \lambda_2 = -15, \quad r = 10, \quad \varphi = 60^0.$$

Hyperbolische Koordinaten.

Abb. 50 und 51.

Definitionsgleichungen:

$$x^2 - y^2 = \lambda_1 ,$$
$$2\,xy = \lambda_2 . \tag{1}$$

Die Abb. 50 zeigt den ersten Quadranten; hinsichtlich der Eindeutigkeit gelten Einschränkungen, die den bereits oben mehrfach gemachten
Bemerkungen (siehe S. 23) entsprechen.

Im Netz

$$\xi = \lambda_1 , \quad \eta = m \cdot \lambda_2^2 ,$$

das sämtliche Hyperbeln (λ_1) und (λ_2) streckt, bleiben die Linien (x)
und (y) geradlinig (Abb. 51); sie gehen über in die Schar

$$t^2 - \xi t - \frac{1}{4m}\,\eta = 0 , \tag{2}$$

wobei

$$x = \sqrt{t}, \qquad \text{wenn} \quad t > 0 ,$$
$$y = \sqrt{-t}, \quad \text{wenn} \quad t < 0 .$$

Die verzerrte Darstellung kann als Netztafel für den Übergang zwischen
hyperbolischen und kartesischen Koordinaten dienen.

Über Beziehungen zu pythagoreischen Dreiecken vgl. S. 8, Abb. 4.

Abb. 52.

Übergang zwischen hyperbolischen und kartesischen Koordinaten.
Für die Darstellung von (1) in einer Leitertafel kann sogleich ein Nomogramm zur quadratischen Gleichung zugrunde gelegt werden; wir wählen
einen Typus mit elliptischem Träger:

Ansatz:

$$\mathfrak{x}_1 = 0 , \qquad\qquad \mathfrak{y}_1 = \frac{10}{\lambda_1} ,$$

$$\mathfrak{x}_2 = \frac{200}{100 + \frac{1}{4}\lambda_2^2} , \quad \mathfrak{y}_2 = 0 ,$$

$$\mathfrak{x}_3 = \frac{200}{100 + x^4} , \qquad \mathfrak{y}_3 = \frac{10\,x^2}{100 + x^4} .$$

[dm; Verkl. 0,4].

Die Tafel ist unmittelbar eine Darstellung der Funktion

$$w = z^2 ,$$
$$w = u + iv , \quad z = x + iy ,$$

wenn man

$$u = \lambda_1, \quad v = \lambda_2$$

abliest. Ebenso ergibt sich auch

$$z = \sqrt{w}.$$

Abb. 53.

Übergang zwischen Polar- und hyperbolischen Koordinaten. Aus (1) folgern wir

$$r^4 = \lambda_1^2 + \lambda_2^2, \quad \mathrm{ctg}^2\, 2\varphi = \lambda_1^2 : \lambda_2^2.$$

Ansatz der Tafel:

$$\mathfrak{x}_1 = -100, \qquad \mathfrak{y}_1 = \frac{\lambda_1^2}{50},$$

$$\mathfrak{x}_2 = 0, \qquad \mathfrak{y}_2 = 100 - \frac{\lambda_2^2}{100},$$

$$\mathfrak{x}_3 = +100, \qquad \mathfrak{y}_3 = 200 - \frac{r^4}{50},$$

$$\mathfrak{y}_3^* = \mathfrak{x}_3^* + 100; \quad \mathfrak{y}_3^* = \frac{200}{2 + \mathrm{tg}^2\, 2\varphi}.$$

[mm; Verkl. 0 4].

Kreiskoordinaten.

$$u = \mathrm{Log}\, \frac{c}{\sqrt{(x-c)^2 + y^2}} - \mathrm{Log}\, \frac{c}{\sqrt{(x+c)^2 + y^2}}, \tag{1}$$

$$v = \mathrm{arc\, tg}\, \frac{y}{x-c} - \mathrm{arc\, tg}\, \frac{y}{x+c}.$$

Abb. 54.

Abb. 54 enthält den ersten Quadranten (x, y) mit $c = 4$.

Die Schar (u) ist die Schar der Apollonischen Kreise

$$\varrho_1 : \varrho_2 = e^u;$$

Mittelpunkte: $x_0 = c \cdot \mathfrak{Ctg}\, u, \quad y_0 = 0,$

Radien: $r = c : \mathfrak{Sin}\, u.$

Die Schar (v) „umfaßt" die Peripheriewinkel v gleicher Größe.

Mittelpunkte: $x_0 = 0, \quad y_0 = c \cdot \mathrm{ctg}\, v,$

Radien: $r = c : \sin v.$

Während die bisher behandelten Systeme derart gestreckt werden können, daß der Übergang zum kartesischen Grundnetz in beiden Richtungen mit einer einzigen Lage des Ablesefadens erfolgen kann, scheinen sich entsprechende Verzerrungen für (1) nicht angeben zu lassen. Wohl aber können Verzerrungen angesetzt werden, durch die jeweils drei der Scharen (u), (v), (x), (y) geradlinig werden oder bleiben. So entstehen vier Netztafeln, von denen in Abb. 55 und 56 zwei Beispiele gegeben sind. $(c = 4.)$

<table>
<tr><td align="center">**Abb. 55.**</td><td align="center">**Abb. 56.**</td></tr>
</table>

Netz: $\xi = -\dfrac{c}{x}$, $\quad \eta = \cos v$. $\qquad$ Netz: $\xi = x^2 - c^2$, $\quad \eta = \operatorname{ctg} v$.

Schar (u): $\qquad\qquad\qquad\qquad\qquad$ Schar (y):

$$\eta = \xi \cdot \mathfrak{Sin}\, u + \mathfrak{Cof}\, u. \qquad\qquad \eta = \frac{1}{2\,c\,y}\xi + \frac{y}{2\,c}.$$

Hüllkurve: $\xi^2 + \eta^2 = 1$. $\qquad\qquad$ Hüllkurve: $c^2\,\eta^2 = \xi$.

Eine Umformung von (1) und die Auflösung nach x und y führt auf die folgenden Formeln:

A. Umwandlung kartesischer Koordinaten in Kreiskoordinaten. $\qquad$ **B.** Umwandlung von Kreiskoordinaten in kartesische.

$$\mathfrak{Ctg}\, u = \frac{x^2 + y^2 + c^2}{2\,x\,c}, \qquad\qquad x = \frac{c \cdot \mathfrak{Sin}\, u}{\mathfrak{Cof}\, u - \cos v},$$

$$\operatorname{ctg} v = \frac{x^2 + y^2 - c^2}{2\,y\,c}, \qquad\qquad y = \frac{c \cdot \sin v}{\mathfrak{Cof}\, u - \cos v}. \tag{2}$$

Bei geeigneter Wahl der Ablesevorschrift erweist sich für den Übergang zwischen den Systemen in beiden Richtungen aus jeder Gruppe bereits eine Formel als ausreichend (vgl. S. 108, Abb. 232 und 233). Es erschien hier aber zweckmäßig, alle vier Formeln gesondert darzustellen.

A. Abb. 57 und 58.

Abb. 57.

Ansatz:

Allgemein:		Besondere Wahl:	
		$l = -0,1;\ m = 4,6.$	

$\mathfrak{x}_1 = 0$, $\qquad \mathfrak{y}_1 = \mathfrak{Ctg}\, u$, $\qquad$ $\mathfrak{x}_1 = 0$, $\qquad \mathfrak{y}_1 = \mathfrak{Ctg}\, u$,

$\mathfrak{x}_2 = 1$, $\qquad \mathfrak{y}_2 = l \cdot (y^2 + c^2) + m$, $\qquad$ $\mathfrak{x}_2 = 1{,}3$, $\qquad \mathfrak{y}_2 = 3 - \dfrac{1}{10} \cdot y^2$,

$\mathfrak{x}_3 = \dfrac{1}{1 - 2\,l \cdot c \cdot x}$, $\qquad \mathfrak{y}_3 = \dfrac{-\,l\,x^2 + m}{1 - 2\,l\,c\,x}$. $\qquad$ $\mathfrak{x}_3 = \dfrac{6{,}5}{5 + 4\,x}$, $\qquad \mathfrak{y}_3 = \dfrac{46 + x^2}{10 + 8\,x}$.

[dm; Verkl. ⅔].

Abb. 58.

Ansatz:

$$\mathfrak{x}_1 = 0, \qquad \mathfrak{y}_1 = \operatorname{ctg} v,$$

$$\mathfrak{x}_2 = 1{,}3, \qquad \mathfrak{y}_2 = 2 - \frac{1}{10}\,x^2,$$

$$\mathfrak{x}_3 = \frac{6{,}5}{5 + 4\,x}, \qquad \mathfrak{y}_3 = \frac{4 + y^2}{10 + 8\,y}.$$

[dm; Verkl. ⅔].

Es wäre leicht möglich gewesen, für Abb. 58 die freien Parameter des Ansatzes so zu wählen, daß Träger und Teilung (y) dem Träger (x) in Abb. 57 kongruent werden; dabei ergibt sich allerdings eine starke Beschränkung der Bereiche.

Beide Tafeln zeigen deutlich den besonderen Verlauf der Linien (u) und (v) in der Grundebene Abb. 54 an.

So läßt Abb. 57 erkennen, daß eine Linie (u) die Koordinatenlinien (y) im allgemeinen in zwei Stellen x schneidet, und die tangentiale Lage des Ablesefadens bestimmt durch den Berührungspunkt den Scheitelpunkt einer Linie (u).

Entsprechendes gilt für Abb. 58. Wenn $v < \frac{1}{2}\pi$, schneidet eine Linie (v) eine Koordinatenlinie (x) in zwei (getrennten) Stellen (y); für $v = \frac{1}{2}\pi$, $x = c$, wird des Ableselineal Tangente des Trägers (y); mit $v > \frac{1}{2}\pi$ ergibt sich bei $x < c$ nur ein Schnittpunkt.

Abb. 59.

B. Die beiden Formeln $(2, B)$ für den Übergang von Kreiskoordinaten zu kartesischen sind in Überlagerung der Teiltafeln dargestellt.

Ansatz:

(fette Beschriftung und starke Linienführung)	(magere Beschriftung und dünne Linienführung)

$$\mathfrak{x}_1 = 0, \qquad \mathfrak{y}_1 = \frac{x}{c}, \qquad\qquad \mathfrak{x}_1 = 0, \qquad \mathfrak{y}_1 = \frac{y}{c},$$

$$\mathfrak{x}_2 = \frac{1}{\mathfrak{Coj}\,u}, \quad \mathfrak{y}_2 = \mathfrak{Tg}\,u, \qquad \mathfrak{x}_2 = \frac{1}{\mathfrak{Coj}\,u}, \quad \mathfrak{y}_2 = 0,$$

$$\text{Träger:}\ \mathfrak{x}^2 + \mathfrak{y}^2 = 1;$$

$$\mathfrak{x}_3 = \sec v, \quad \mathfrak{y}_3 = 0. \qquad\qquad \mathfrak{x}_3 = \sec v, \quad \mathfrak{y}_3 = -\,\mathrm{tg}\,v,$$

$$\text{Träger:}\ \mathfrak{x}^2 - \mathfrak{y}^2 = 1\,.$$

[dm; Verkl. 0,2].

Über den Zusammenhang mit

$$w = \mathrm{tg}\,z,$$
$$w = u + i\,v, \quad z = x + i\,y,$$

siehe S. 108 ff.

Räumliche Koordinaten.

Abb. 60.

Das rechtwinklige kartesische System (x, y, z) wird durch drei bzw. nach x, y und z zu beziffernde Ebenenscharen (Parallelscharen) dargestellt.

Abb. 61.

Polarkoordinatensystem. Abstand vom Ursprung r, Azimut (geograph. Länge) φ, Zenit-(Pol-)distanz ϑ. Der Parameter r definiert eine

Schar konzentrischer Kugeln mit dem Ursprung als Mittelpunkt, der Parameter φ ein Ebenenbüschel mit vertikalem Träger; bei Variation von ϑ ergibt sich eine Schar gleichgestellter Kegel der Öffnung 2ϑ, welche die Vertikale als gemeinsame Achse und den 0-Punkt als Spitze haben.

Durch Fortlassen der äußeren Kugel $r = 4$ wird das Gefüge der Ebenen und Kegel ersichtlich; zwischen $\varphi = -30^0$ und $\varphi = +30^0$ ist ein Bereich $0 < \vartheta < 90^0$, $r > 1$ herausgebrochen, damit sich die Anordnung der Kugelschalen erkennen läßt. Die Kugelschalen sind dunkel, die Kegel hell getönt. Das System ist orthogonal, aber nicht isometrisch.

Abb. 62.

Wir üben nun auf den Raum die Verzerrung

$$\xi = x^2, \quad \eta = y^2, \quad \zeta = z^2 \tag{1}$$

aus. Dabei bilden sich sämtliche acht Oktanten des Originals (x, y, z) in den einen Oktanten $(\xi \geq 0, \eta \geq 0, \zeta \geq 0)$ des Bildraumes ab. Die eindeutige Umkehrbarkeit wird durch Beschränkung auf einen Oktanten des Originals, z. B. auf $x \geq 0$, $y \geq 0$, $z \geq 0$ erreicht.

Originalraum	Bildraum	
Kugelschar	Ebenenschar (Parallelschar)	
$x^2 + y^2 + z^2 = r^2,$	$\xi + \eta + \zeta = r^2.$	(2)
Ebenenbüschel	Ebenenbüschel	
$y = x \cdot \mathrm{tg}\,\varphi,$	$\eta = \xi \cdot \mathrm{tg}^2\,\varphi.$	(3)
Kegelschar	Ebenenbüschel	
$z = \sqrt{x^2 + y^2} \cdot \mathrm{ctg}\,\vartheta,$	$\zeta \cdot \mathrm{tg}^2\,\vartheta = \xi + \eta.$	(4)

Abb. 62 stellt den Bereich $x \leq 4$, $y \leq 4$, $z \leq 4$ dar, zeigt also die Ebenen $r > 4$ sowie sämtliche Ebenen φ und ϑ nur in Ausschnitten innerhalb eines Würfels. Die Achsen sind unmittelbar nach x, y und z beziffert, und zwar ist die links nach hinten gehende Leiter y rechts seitlich kopiert. Die Tönung der Ebenen entspricht der in Abb. 61 gewählten. Als Ablesebeispiel ist P ($x = 3{,}06$, $y = 1{,}77$, $z = 3{,}54$) eingezeichnet; der Punkt bestimmt die Werte $r = 5$, $\varphi = 30^0$, $\vartheta = 45^0$.

Elliptische Koordinaten. Die Verzerrung (1) führt sämtliche Flächen

$$\pm \frac{x^2}{a^2} \pm \frac{y^2}{b^2} \pm \frac{z^2}{c^2} = 1 \quad \text{und} \quad \pm \frac{x^2}{a^2} \pm \frac{y^2}{b^2} \pm \frac{z^2}{c^2} = 0$$

in Ebenen über, und zwar wird jeweils der reelle Teil der Fläche in den gezeichneten Oktanten abgebildet, während die Teile mit rein-imagi-

nären Koordinaten in den übrigen Oktanten liegen[1]. Ellipsoide
werden in Ebenen gestreckt, die auf allen drei Achsen positive Abschnitte
bestimmen. Einschalige Hyperboloide verzerren sich in Ebenen
mit zwei positiven, einem negativen Achsenabschnitt, zweischalige
Hyperboloide in Ebenen mit nur einem positiven Abschnitt. Die
Bildebenen von Kegeln gehen durch den 0-Punkt. Daß auch elliptische
und hyperbolische Zylinder „gestreckt" werden, bedarf keiner Betonung. Die Ebenen

$$-A\xi - B\eta - C\zeta = 1, \quad A > 0, \quad B > 0, \quad C > 0,$$

erweisen sich als Bilder nullteiliger Flächen; die Fläche

$$-A\xi - B\eta - C\eta = 0$$

hat den 0-Punkt als einzigen reellen Punkt.

Abb. 63.

Somit eignet sich das System ξ, η, ζ dazu, jedes räumliche elliptische Koordinatensystem

$$\frac{x^2}{a_1+\lambda} + \frac{y^2}{a_2+\lambda} + \frac{z^2}{a_3+\lambda} = 1, \tag{5}$$

$$a_1 > a_2 > a_3,$$

in einfacher Weise darzustellen. In Abb. 63 ist der Bildoktant nach
oben links vorn gedreht und in isometrischer Projektion dargestellt.
Die Lageverhältnisse und Achsenteilungen soll das Schema 64 an-
deuten. Der Figur liegen die speziellen Werte

$$a_1 = 20, \quad a_2 = 4, \quad a_3 = 0$$

zugrunde. Für $\infty > \lambda > 0$ ergeben sich Ellipsoide, (dunkle Tönung),
die mit wachsenden Werten λ sich mehr und mehr den Kugeln (r) der
Abb. 61 und 62 anschmiegen; erreicht man von positiven Werten λ
her die Grenze $\lambda = 0$, so ergibt sich die Ausartung zur elliptischen
Scheibe, deren Bild unten rechts in dunkler Tönung erkenntlich ist.
Zugleich passieren wir das Äußere dieser elliptischen Scheibe (helle
Tönung) und erhalten für $0 > \lambda > -4$ die hellgetönte Folge der
einschaligen Hyperboloide, deren Ausartung bei $\lambda = -4$ in das den
Mittelpunkt enthaltenden Gebiet einer hyperbolischen Scheibe hinten
rechts abgebildet ist. Über das andere Gebiet dieser Scheibe (ohne
Tönung hinten links) erhalten wir für $-4 > \lambda > -20$ die ungetönten
Bilder der zweischaligen Hyperboloide, die für $\lambda = -20$ in die (y, z)-
Tafel ausarten. Die Flächen $\lambda < -20$ sind nullteilig. Die Abb. 63
läßt sowohl die Übergänge zwischen den einzelnen Flächengattungen
und die Ausartungen als auch die Analogie zu Abb. 62 erkennen.

---

[1] Vgl. hierzu S. 55, Abb. 106 bis 110.

Entwirft man für die Darstellungen Abb. 62 und 63 d u a l e Bilder, so können die Koordinatenebenen (ξ, η, ζ), die in diesen Abbildungen unterdrückt werden mußten, ohne Schwierigkeit Darstellung finden.

In dem Würfel Abb. 62 wählen wir die von 0 ausgehende Raumdiagonale und drehen den Körper so, daß diese Diagonale vertikal nach unten weist. Wir fügen nun ein nach oben offenes elliptisches Paraboloid hinzu und stellen für jede Ebene $\xi = $ const, d. h. $x = $ const, als duales Bild den Pol in bezug auf das Paraboloid her. Die Ebenenschar (x) führt auf eine geradlinige, regelmäßige Leiter (x).

Entsprechendes gilt für die Ebenenscharen (y) und (z), derart, daß die Leitern einander parallel werden. Auch die Ebenenscharen (r), (φ) und (ϑ) bilden sich, da sie einen geradlinigen Träger haben, in gerade Leitern ab. Dem Ablesepunkt P, durch den sechs Ebenen hindurchgehen, entspricht im dualen Raum die Ablese-Ebene, die auf sechs Leitern jeweils Werte $(x, y, z; r, \varphi, \vartheta)$ so herausschneidet, daß die Umwandlungsgleichungen (2) bis (4) erfüllt sind.

Wir beziehen die zu entwerfende duale Figur auf ein kartesisches Koordinatensystem $(\mathfrak{x}, \mathfrak{y}, \mathfrak{z})$. Die Bedingung, daß vier Leiterpunkte $(\mathfrak{x}_1, \mathfrak{y}_1, \mathfrak{z}_1) \cdots (\mathfrak{x}_4, \mathfrak{y}_4, \mathfrak{z}_4)$ in einer Ebene liegen,

$$\begin{vmatrix} \mathfrak{x}_1 & \mathfrak{y}_1 & \mathfrak{z}_1 & 1 \\ \mathfrak{x}_2 & \mathfrak{y}_2 & \mathfrak{z}_2 & 1 \\ \mathfrak{x}_3 & \mathfrak{y}_3 & \mathfrak{z}_3 & 1 \\ \mathfrak{x}_4 & \mathfrak{y}_4 & \mathfrak{z}_4 & 1 \end{vmatrix} = 0,$$

führt auf den Ansatz:

$$\left. \begin{aligned} \mathfrak{x}_1 &= 0, & \mathfrak{y}_1 &= 0, & \mathfrak{z}_1 &= \xi = x^2, \\ \mathfrak{x}_2 &= 0, & \mathfrak{y}_2 &= 1, & \mathfrak{z}_2 &= \eta = y^2, \\ \mathfrak{x}_3 &= 1, & \mathfrak{y}_3 &= 0, & \mathfrak{z}_3 &= \zeta = z^2. \end{aligned} \right\} \qquad (6)$$

Hierin bedeuten die Werte x, y und z die kartesischen Koordinaten des Originalraumes Abb. 60 und 61.

Die Beziehung (2)

$$x^2 + y^2 + z^2 = r^2$$

wird nun durch

$$\mathfrak{x}_4 = \tfrac{1}{3}, \quad \mathfrak{y}_4 = \tfrac{1}{3}, \quad \mathfrak{z}_4 = \tfrac{1}{3} r^2,$$

die Formel (3),

$$y = x \cdot \operatorname{tg} \varphi,$$

durch

$$\mathfrak{x}_4' = 0, \quad \mathfrak{y}_4' = 1 : (1 - \operatorname{tg}^2 \varphi), \quad \mathfrak{z}_4' = 0,$$

die Formel (4),

$$z \cdot \operatorname{tg} \vartheta = \sqrt{x^2 + y^2},$$

schließlich durch

$$\mathfrak{x}_4'' = -\operatorname{tg}^2\vartheta : (2 - \operatorname{tg}^2\vartheta)\,, \quad \mathfrak{y}_4'' = 1 : (2 - \operatorname{tg}^2\vartheta)\,, \quad \mathfrak{z}_4'' = 0$$

erledigt.

Abb. 65.

Überlagerung eines Polarkoordinatensystems und eines kartesischen Systems. Abb. 65 gibt eine perspektivische Darstellung des soeben entwickelten Ansatzes; Augenabstand 135 mm, Hauptpunkt hinter der y-Leiter, der Horizont ist angedeutet. In einer horizontalen Tischebene verläuft die $\mathfrak{x}$-Achse senkrecht nach hinten, die $\mathfrak{y}$-Achse von rechts nach links parallel zu Bildebene. Die Zeicheneinheit aller Vertikalen, $(\mathfrak{z})$, beträgt $\frac{1}{5}$ der für $\mathfrak{x}$ und $\mathfrak{y}$ gewählten.

Die vier senkrechten Leitern (x), (y), (z) und (r) tragen quadratische Skalen. Die horizontale Leiter (φ) erfüllt für reelle Argumente φ den außerhalb des Grunddreiecks $x = 0$, $y = 0$, $z = 0$ liegenden Bereich ihres Trägers, sie geht durch die Punkte $x = 0$ und $y = 0$. Die ebenfalls in der Grundebene liegende Leiter (ϑ) geht durch $z = 0$ und $r = 0$, auch sie belegt nur den außerhalb des Grunddreiecks bestehenden Bereich ihres Trägers.

Abb. 66.

Überlagerung eines räumlichen elliptischen Koordinatensystems und eines kartesischen Systems. Derselbe Ansatz (6) (S. 37) stellt die Definitionsgleichung (5)

$$\frac{x^2}{a_1 + \lambda} + \frac{y^2}{a_2 + \lambda} + \frac{z^2}{a_3 + \lambda} = 1$$

durch

$$\mathfrak{z} = 1 : \left(\frac{1}{a_1 + \lambda} + \frac{1}{a_2 + \lambda} + \frac{1}{a_3 + \lambda} \right)\,, \quad \mathfrak{y} = \mathfrak{z} \cdot \frac{1}{a_2 + \lambda}\,, \quad \mathfrak{x} = \mathfrak{z} \cdot \frac{1}{a_3 + \lambda} \quad (7)$$

dar. Die Raumkurve (λ) hat drei Asymptoten, sie besteht aus drei Zweigen, von denen zwei in ihrem gesamten Bereich, der dritte nur auf einem „Halbzweige" reelle Werte x, y und z bestimmt. Ihre Horizontalprojektion ist die Hyperbel

$$5\mathfrak{x}^2 + 2\mathfrak{x}\mathfrak{y} - 4\mathfrak{y}^2 - 5\mathfrak{x} + 4\mathfrak{y} = 0\,, \quad \mathfrak{z} = 0\,.$$

Die Konstruktionsdaten der Abb. 66 entsprechen völlig denen von 65. Wir benutzen wiederum die speziellen Werte $a_1 = 20$, $a_2 = 4$, $a_3 = 0$, so daß die Figur unmittelbar der Abb. 63 dual ist. Die Leiter (λ) kommt innerhalb des von (x), (y) und (z) gebildeten Prismas von oben, schneidet bei $z = 0$ die Tischebene mit $\lambda = 0$ und verläuft für $0 > \lambda > -1{,}89$ unterhalb der Tafel nach hinten rechts. Der uneigentliche Punkt $\lambda = -1{,}89$ stellt den Übergang zu dem von vorn links kommenden Zweig her, der bei $\lambda = -4$ die horizontale Tafel in

$y = 0$ berührt, dann (für $\lambda < -4$) nach oben links hinten verschwindet. Der uneigentliche Punkt dieses Bereiches ist $\lambda = -14{,}11$. Mit $-14{,}11 > \lambda > -20$ ergibt sich der vorn rechts unten kommende Zweig, der die Grundtafel in $x = 0$ berührt. Der wieder nach unten abbiegende Halbzweig, der mit dem ersten Zweig gemeinsame Asymptote hat, findet im reellen Gebiet (x, y, z) keine Verwirklichung. — Um den räumlichen Verlauf etwas deutlicher hervorzuheben, ist in Abb. 66 die Horizontalprojektion mit einigen Vertikalen eingezeichnet.

Es entbehrt nicht des Reizes, die Abb. 62 und 63 sowie 65 und 66 paarweise in Vergleich zu stellen. Daß sich die Ellipsoide mit wachsendem Werte λ mehr und mehr den Kugeln r annähern, ist aus dem Verlauf des Zweiges $\lambda > 0$ und der Lage der Leiter r deutlich zu ersehen. Der Bereich $0 > \lambda > -4$ steht in Korrespondenz zur Folge ϑ, der Bereich $-4 > \lambda > -20$ zeigt Verwandtschaft zur Folge φ. Die Übergänge zwischen den drei Flächengattungen des elliptischen Systems werden an den Stellen $y = 0$ und $z = 0$ deutlich.

Das Bild 63 vermag jedesmal nur ein spezielles System a_1, a_2, a_3 darzustellen. Das duale Bild 66 läßt hier eine Erweiterung zu, indem mit Variation der Größen a eine Mannigfaltigkeit von Kurven (λ) entsteht.

Abb. 67.

Übergang zwischen kartesischen und Polarkoordinaten. Die Beziehungen (2) bis (4) könnten in einfacher Weise in Fluchtlinientafeln mit Zapfenlinie Darstellung finden. Der Vorteil dieser Tafelformen, sich bei projektiver Verzerrung weiten Bereichen anzupassen, tritt hier jedoch zurück, da es in ihnen nicht möglich ist, alle sechs Werte $(x, y, z; r, \varphi, \vartheta)$ mit einer Ablesung zu finden, so daß also der Übergang zwischen beiden Systemen nicht in jeder Richtung einfach erledigt werden kann. Vielmehr erweist sich hier eine Kreuztafel als zweckmäßig.

Kreuztafel: (Vgl. S. 12.)

$$p \cdot \alpha - p \cdot \beta - q \cdot \gamma + \gamma \cdot \delta + (mp - nq) = 0,$$
$$x^2 + y^2 + z^2 - r^2 \qquad\qquad = 0.$$

Ansatz: Quadratische Leitern.

$$p = 50 \,\text{mm}, \quad q = 75 \,\text{mm}, \quad m = -150 \,\text{mm}, \quad n = -100 \,\text{mm}.$$

[Verkl. 0,5].

Nunmehr gelingt es, die Bedingungen (3) $y = x \cdot \operatorname{tg} \varphi$ und (4) $z = r \cdot \cos \vartheta$ innerhalb der vorhandenen Leitern durch Fluchtlinientafeln zu erfüllen, indem das Paar (x) und (y) als Grundlage für eine Tafel (3) dient, das Paar (z) und (r) das Gerüst für eine Tafel (4) ergibt. Somit liefert eine Einstellung des rechten Winkels aus x, y und z sogleich r, φ und ϑ; die Lage des Ableseinstrumentes kann jedoch ebensogut aus r, φ und ϑ bestimmt werden; die Tafel leistet weiterhin die Auswertung von (x, y, r), von (x, y, ϑ), sowie von allen anderen widerspruchslosen Aufgaben. Da die Tafel nur einen Oktanten (nämlich $x \geqq 0$, $y \geqq 0$, $z \geqq 0$) erfaßt, ist überall die Eindeutigkeit gewahrt.

Die ∞^3-Lagen des rechten Winkels sind den ∞^3-Punkten eines Oktanten (x, y, z) zugeordnet. Auf diese Weise finden die drei Übergangsgleichungen eine simultane Darstellung.

Übergang zwischen zwei sphärischen Koordinatensystemen.

Als Beispiel für den Übergang zwischen sphärischen Koordinatensystemen wählen wir die Beziehungen zwischen dem **Horizontalsystem**, Azimut α, Höhe h, und dem **Äquatorialsystem**, Stundenwinkel τ, Deklination δ, und zwar für alle Breiten $\varphi > 0°$.

Die Transformationsgleichungen lauten:

A. gegeben: (a, h):

$$\sin \delta = \sin h \sin \varphi - \cos h \cos \varphi \cos \alpha, \qquad (1)$$

$$\operatorname{ctg} \tau = \frac{\sin \varphi \cos \alpha + \operatorname{tg} h \cos \varphi}{\sin \alpha}, \qquad (2)$$

B. gegeben: (τ, δ):

$$\sin h = \sin \delta \sin \varphi + \cos \delta \cos \varphi \cos \tau, \qquad (1)$$

$$\operatorname{ctg} \alpha = \frac{\sin \varphi \cos \tau - \operatorname{tg} \delta \cos \varphi}{\sin \tau}. \qquad (2)$$

Die Formeln (1) gehen ohne weiteres durch Verzifferung aus dem Cosinussatz hervor. Wir geben daher in Abb. 68 und 70 nur schematische Darstellungen, die den Aufbau der Bezifferung erkennen lassen (vgl. hierzu S. 16, Abb. 23).

Abb. 68. Formel A (1).

Ansatz:

$$x_1 = 0, \qquad y_1 = \sin \delta,$$
$$x_2 = 1, \qquad y_2 = \cos \alpha,$$
$$x_3 = \frac{1}{1 + \sec \varphi \sec h}, \qquad y_3 = \frac{\operatorname{tg} \varphi \operatorname{tg} h}{1 + \sec \varphi \sec h}.$$

Das Netz (φ, h) wird von den Ellipsen

$$\frac{(x + \operatorname{ctg}^2 z)^2}{\cos^2 z \cdot \operatorname{cosec}^4 z} + y^2 = 1, \quad z = \varphi, \quad z = h$$

gebildet. Vier Hüllgeraden $y = \pm 2 x \pm 1$. [dm; Verkl. 0,4].

Abb. 69. Formel A (2).

A (2) ist linear in $\operatorname{tg} h$ und $\operatorname{ctg} \tau$, demnach bietet sich für eine Fluchtlinientafel mit parallelen Trägern (h) und (τ) der folgende **Ansatz** dar:

$$x_1 = 0, \qquad y_1 = -\operatorname{ctg} \tau,$$
$$x_2 = -1, \qquad y_2 = \operatorname{tg} h,$$
$$x_3 = \frac{-1}{1 + \sin \alpha \sec \varphi}, \qquad y_3 = \frac{-\cos \alpha \operatorname{tg} \varphi}{1 + \sin \alpha \sec \varphi}.$$

Die Folge (φ) ist eine Hyperbelschar

$$\frac{(x - \operatorname{ctg}^2 \varphi)^2}{\cos^2 \varphi \operatorname{cosec}^4 \varphi} - y^2 = 1,$$

die Folge (α) eine Hyperbelschar

$$\frac{(x + \sec^2\alpha)^2}{\sin^2\alpha\,\sec^4\alpha} - y^2 = 1\;. \qquad\qquad [\text{dm; Verkl. 0,3}].$$

Für die Umkehrformeln B lassen sich die zugehörigen Nomogramme ohne neuen Ansatz einfach durch Änderung der Beschriftung aus den Tafeln zu A herstellen; $B(1)$ geht aus $A(1)$ hervor durch die Substitution $h \mid \delta$, $180^0 - \alpha \mid \tau$, $B(2)$ aus $A(2)$ durch Umwandlung $\tau \mid \alpha$, $h \mid - \delta$. Bei mehrfarbiger Ausführung können die Beschriftungen leicht überlagert werden; hier schien getrennte Wiedergabe angezeigt.

Der Gültigkeitsbereich der Nomogramme läßt sich durch einfache Verzifferung auch auf südliche Breiten ($\varphi < 0$) erweitern. — Bei geeigneter Ablesevorschrift ist für den Übergang zwischen den Systemen in beiden Richtungen aus jeder Gruppe bereits eine Formel ausreichend.

Beispiele:

1. Gegeben: $\varphi = 52\frac{1}{2}^0$ (Berlin), $\alpha = 120^0$, $h = 15^0$.

Abb. 68: Der Netzpunkt $\varphi = 52\frac{1}{2}^0$, $h = 15^0$ (punktiert eingezeichnet) ergibt mit $\alpha = 120^0$ die Deklination $\delta = 30^0$.

Abb. 69: Der Netzpunkt $\varphi = 52\frac{1}{2}^0$, $\alpha = 120^0$ liefert mit $h = 15^0$ den Stundenwinkel $\tau = 105^0$.

2. (Umkehrung.) Gegeben: $\varphi = 52\frac{1}{2}^0$, $\tau = 105^0$, $\delta = 30^0$.

Abb. 70: Aus $\tau = 7^h (= 105^0)$ findet man mit dem Netzpunkt $\varphi = 52\frac{1}{2}^0$, $\delta = 30^0$ links die Höhe $h = 15^0$.

Abb. 71: Netzpunkt (φ, τ), Leiterpunkt $\delta = 30^0$ (mittlere Leiter). Ergebnis links $\alpha = 120^0$.

Abb. 72. Text s. S. 42.

Abb. 73. Text s. S. 42.

Die Nomogramme „für alle Breiten" geben zwar ein anschauliches Änderungsbild, können aber nicht für jede Breite die nomographisch erreichbare Genauigkeit liefern; dazu kommt, daß wesentliche Ablesepunkte in unzugänglichen Teilen der Netze liegen, wenigstens dann, wenn α und τ in üblicher Weise von Süden über Westen bis 360^0 gezählt werden. Diese Nachteile lassen sich in Tafeln für eine konstante Breite φ_0 vermeiden; durch projektive Verzerrung ist es möglich, den Kegelschnitt (φ_0), der nun Teilungsträger wird, in einen völlig im Endlichen verlaufenden Teil einer C_2 zu transformieren, etwa in einen Kreisbogen.

Die folgenden Fluchtlinientafeln gehören zur Breite von Berlin ($\varphi_0 = 52\frac{1}{2}^0$).

Abb. 74. Formel $A(1)$.

Ansatz:

$$x_1 = 0\,, \qquad\qquad y_1 = -\cos\alpha\,,$$

$$x_2 = m\,, \qquad\qquad y_2 = (l \cdot \sec\varphi_0)\sin\delta\,,$$

$$x_3 = \frac{m}{1 - l\cdot\cos h}\,, \qquad y_3 = \frac{(l\cdot\operatorname{tg}\varphi_0)\sin h}{1 - l\cdot\cos h}\,.$$

Der Träger (h) wird ein Kreis, wenn $l^2 = 1 - m^2 \operatorname{ctg}^2 \varphi_0$;

Mittelpunkt: $x_0 = \dfrac{\operatorname{tg}^2 \varphi_0}{m}$, $y_0 = 0$; Radius: $r = \dfrac{\operatorname{tg} \varphi_0}{m} \sqrt{\operatorname{tg}^2 \varphi_0 - m^2}$.

Der Bedingung dafür, daß l reell besteht ($m \operatorname{ctg} \varphi_0 < 1$), läßt sich für jede Breite $\varphi_0 \neq 0$ genügen. In der Abbildung ist der größere Kreisbogen zur Bezifferung ausgenützt; durch doppelte Beschriftung gelingt es, die Azimute und Stundenwinkel auch für den östlichen Himmel sogleich im richtigen Quadranten zu ermitteln. [dm; Verkl. 0,5].

Abb. 75. Formel $B(1)$.

Auf Grund der oben angegebenen Verzifferungen $h \mid \delta$ und $180^0 - \alpha \mid \tau$ ergibt sich die Tafel sofort aus Abb. 74.

Mit Hilfe beider Tafeln, Abb. 74 und 75, kann der Übergang zwischen den Koordinatensystemen in beiden Richtungen vollzogen werden (Formelgruppe A und B).

A. Gegeben (α, h): Abb. 74 (α, h), Ergebnis δ,
Abb. 75 (h, δ), Ergebnis τ.
B. Gegeben (τ, δ): Abb. 75 (τ, δ), Ergebnis h.
Abb. 74 (δ, h), Ergebnis α.

Unter Umständen erscheint der Ansatz für eine weitere Formel ratsam:

Abb. 73. Formel A (2).

Ansatz:

$$x_1 = 0, \qquad y_1 = \operatorname{ctg} \tau,$$
$$x_2 = m, \qquad y_2 = (l \cdot \cos \varphi_0) \cdot \operatorname{tg} h,$$
$$x_3 = \frac{m}{1 - l \cdot \sin \alpha}, \qquad y_3 = \frac{(l \cdot \sin \varphi_0) \cdot \cos \alpha}{1 - l \cdot \sin \alpha}.$$

Der Träger (α) wird ein Kreis, wenn $l^2 = 1 - m^2 \operatorname{cosec}^2 \varphi_0$;

Mittelpunkt: $x_0 = \dfrac{\sin^2 \varphi_0}{m}$, $y_0 = 0$; Radius: $r = \dfrac{\sin \varphi_0}{m} \sqrt{\sin^2 \varphi_0 - m^2}$.

Die Nomogramme erscheinen abhängig von zwei freien Parametern (l, m); dadurch ist es möglich, für jede Breite $\varphi_0 \neq 0$ den Träger (3) kreisförmig zu gestalten; wegen der Bedingungsgleichung für l^2 ist jedoch nur ein Parameter wesentlich: es gibt in jedem Falle $\varphi_0 \neq 0$ eine Mannigfaltigkeit von ∞^1 einander nicht ähnlichen und nicht affinen Fluchtlinientafeln mit kreisförmigem Träger (3).

Abb. 72.

Vom Beobachtungsort aus werde ein Panorama aufgenommen, in eine Ebene ausgebreitet und auf ein kartesisches Koordinatensystem (x, y) derart orientiert, daß die Abszissenachse in den Horizont, die

Ordinatenachse in den Hauptmeridian fällt. Die Abbildung der Punkte (α, h) in dieses System wird dann durch

$$x = \text{arc}\,\alpha\,, \quad y = \text{tg}\,h$$

vollzogen. Die Koordinatenlinien des Horizontalsystems erscheinen nunmehr als Geraden eines rechtwinkligen Funktionsnetzes, die Koordinatenlinien des Äquatorialsystems bilden sich in krumme Linien ab, insbesondere die Deklinationskreise in reine Sinuslinien

$$y = C \cdot \sin(x + \Theta),$$

wobei sich die Phasenverschiebung Θ aus $\text{tg}\,\Theta = \sin\varphi_0 \cdot \text{tg}\,\tau$ ergibt, die Amplitude $C = \sec\varphi_0 \cdot \sqrt{\sin^2\varphi_0 + \text{ctg}^2\tau}$ ist.

Die Darstellung läßt sich als Netztafel ansehen; der Entwurf gilt für Berlin, $\varphi = 52\frac{1}{2}^0$, und zeigt die in den Abb. 73 bis 75 behandelten Beispiele I und II.

III. Zur Koordinatengeometrie.

Ellipse.

Abb. 76.

Einige grundlegende metrische Beziehungen führen in Abhängigkeit von der

$$\text{Abplattung } x = \frac{a-b}{a} = 1 - \cos\alpha$$

auf einfache Kurvenbilder.

Die rechts stehende Bezifferung $0 \ldots 1$ gehört zu den ausgezogenen Kurven.

1. ε; numerische Exzentrizität.

$$y = \varepsilon = \sin\alpha\,, \quad \text{Kurve (Kreis) } x^2 + y^2 - 2x = 0.$$

2. $\dfrac{b}{a}$; Achsenverhältnis, Formfaktor.

$$y = \frac{b}{a} = \cos\alpha\,, \quad \text{Kurve (Gerade) } x + y - 1 = 0.$$

3. $\dfrac{\varrho}{a}$. Der äquivalente Radius ϱ ist der Radius des flächengleichen Kreises:

$$\pi \cdot \varrho^2 = \pi \cdot a \cdot b.$$

$$y = \frac{\varrho}{a} = \sqrt{\cos\alpha}\,, \quad \text{Kurve (Parabel) } y^2 + x - 1 = 0.$$

Bei den folgenden Funktionen ist die Abhängige an der links gelegenen Leiter, Bezifferung $2{,}0 \ldots 3{,}2$, abzulesen.

4. $\dfrac{F}{a^2}$. Flächeninhalt $F = \pi \cdot a \cdot b$.

$y = F : a^2$, Kurve (Gerade) $\pi \cdot x + y - \pi = 0$.

5. $\dfrac{U}{2\,a}$. Der Umfang U wird durch das elliptische Integral zweiter Gattung bestimmt:

$$U = 4 \cdot a \cdot E\left(\frac{\pi}{2}\,;\,\varepsilon\right). \tag{1}$$

Da die gebräuchlichen Tabellen das Argument $\varepsilon = \sin\alpha$ zugrunde legen, wird die Berechnung und Darstellung von (1) im gewählten Koordinatennetz besonders einfach. Die Teilung (α) ist unten angegeben.

6. $\dfrac{u}{2\,a}$. Von Interesse ist es, die Näherungsformel von Boussinesq,

$$u \sim U, \quad u = \tfrac{1}{2}\,\pi\left[3\,(a+b) - 2\,\sqrt{a\,b}\,\right] \tag{2}$$

zum Vergleich heranzuziehen. Die Kurve $\dfrac{u}{2\,a}$ schmiegt sich der Kurve $\dfrac{U}{2\,a}$ im Bereich $\dfrac{a-b}{a} = 0 \ldots 0,6$ außerordentlich gut an und zeigt erst für größere Werte der Abplattung merkliche Abweichung, die hinter dem Minimum

$$\frac{a-b}{a} = 0,889\,, \quad \frac{u}{2\,a} = \frac{2}{3}\,\pi = 2,09$$

dann allerdings rasch zunimmt. Der Unterschied zwischen u und U ist durch $\dfrac{u-U}{U}$ in Prozent abhängig von ε in Abb. 78 dargestellt.

7. Für kleine Werte der Abplattung läßt sich $\dfrac{U}{2\,a}$ gut durch eine Gerade g annähern, die in Abb. 76 durch Pfeile angedeutet ist. Die Gleichung von g

$$y = 3,142 - 1,512\,x$$

führt auf die Näherungsfunktion $(a > b)$:

$$U \sim 3,260\,a + 3,024\,b, \quad 0 \leqq \varepsilon \leqq 0,7,$$

die weiter unten benutzt wird.

Ersetzt man die Kurve $\dfrac{U}{2\,a}$ durch die Parabel

$$y = 3,161 - 1,769\,x + 0,5735\,x^2,$$

so erhält man die Formel von Schlömilch:

$$U \sim 3,931\,a + 1,244\,b + 1,147\,\frac{b^2}{a}, \quad a > b.$$

Der Umfang der Ellipse. Die Benutzung von Näherungsformeln ist in Nomogrammen besonders dann angezeigt, wenn die im Wesen einer Zeichnung begründeten bei der exakten Formel auftretenden Darstellungs- und Ablesefehler in der Größenordnung der Abweichungen zwischen Näherungswert und genauem Ergebnis liegen.

Abb. 77.

Die Näherungsformel

$$U \sim 3{,}260\,a + 3{,}024\,b, \quad a > b \tag{3}$$

gilt im Bereich

$$0{,}7 \leqq \frac{b}{a} \leqq 1 \tag{4}$$

mit einer Korrektion $|z| < 0{,}008\,a$. Für Werte $a < 7$ ist demnach die Unsicherheit von U kleiner als eine halbe Einheit der ersten Stelle hinter dem Komma. Die Formel (3) ergibt also den Umfang im genannten Bereich auf 0,1 genau. Fluchtlinientafel mit parallelen, regulär geteilten Leitern.

Ansatz:

$$x_1 = 0, \qquad y_1 = a, \quad \text{(Zeicheneinheit 12 mm)}$$

$$x_2 = 7{,}80, \qquad y_2 = \frac{2}{3}\,b,$$

$$x_3 = 4{,}54, \qquad y_3 = \frac{1}{7{,}80}\,U.$$

Innerhalb des Gültigkeitsbereiches schneidet das Ableselineal den ausgeführten Teil der Leiter $\frac{b}{a}\,|\,\varepsilon$ (wie im eingezeichneten Beispiel); andernfalls, wie etwa für $a = 5$, $b = 3$, ist der Gültigkeitsbereich überschritten.

Der Verlauf der Korrektion, die an den Näherungswerten anzubringen wäre, ist abhängig von ε durch einen Funktionsstreifen dargestellt; die Verbesserungen gehen bei der gewählten Zeicheneinheit nicht mehr ein.

Abb. 78. Siehe Abb. 76, Ziffer 6.

Abb. 79.

Die Formel (2) führt auf ein Stechzirkelnomogramm[1]:

$$\frac{2 \cdot u}{3 \cdot \pi} = a + b - 2 \cdot \sqrt{a} \cdot \sqrt{b} \cdot \frac{1}{3}$$

wird dem Cosinussatz

$$z^2 = x^2 + y^2 - 2 \cdot x \cdot y \cdot \cos\varphi$$

angeglichen, wenn man in einem Dreieck mit $\cos\varphi = \tfrac{1}{3}$ die dem Winkel φ anliegenden Seiten x und y nach

$$x = \sqrt{a} \quad \text{und} \quad y = \sqrt{b},$$

die Gegenseite nach

$$z = \sqrt{\frac{2}{3\,\pi}} \cdot \sqrt{u}$$

teilt. [dm; Verkl. 0,2].

---

[1] Luckey: Nomographie 1927, S. 93.

Man greift den Abstand zwischen den Marken der gegebenen Werte a und b ab und findet auf der unteren Leiter den Wert u dieser Strecke. Es ist auch möglich, die Leiter u auf einem beweglichen Streifen herzustellen und unmittelbar zwischen a und b einzupassen.

Das Nomogramm zeigt deutlich das bei Abb. 76 S. 44 erwähnte Minimum der Näherungsformel, vgl. z. B. $a = 10$, $b = 1$; mit abnehmendem Werte b nimmt u wieder zu. Der Gültigkeitsbereich kann nicht in einfacher Weise abgegrenzt werden, da die Nebenbedingung $b : a = $ const durch die Richtung des Streifens gekennzeichnet wird.

Hält man in Abb. 79 den Streifen fest und bewegt den Winkel φ, so durchwandert der Scheitelpunkt S für $u = $ const einen Kreisbogen. Daraus ergibt sich der Ansatz einer Netztafel.

Abb. 80.

In einem schiefwinkligen Funktionsnetz ($\cos \varphi = -\tfrac{1}{3}$) werden die Koordinatenlinien

$$x = \sqrt{a}, \quad y = \sqrt{b}$$

gewählt. Die konzentrische Kreisschar um den Anfangspunkt mit dem Radius

$$r = \frac{1}{3} \sqrt{\frac{6}{\pi}} \cdot \sqrt{u}$$

vermittelt das Ergebnis u. Hier gelingt ohne weiteres die Abgrenzung des Gültigkeitsgebietes, indem durch $a > b$ und $b : a = $ const Radien bestimmt sind, die das Gebiet definieren. In Abb. 80 ist (unter Drehung der Figur und mit Unterdrückung der ausgeschlossenen Gebiete) der Bereich $a > b$, $b : a > 0{,}4$ dargestellt. Die rechts stehende Bezifferung bezieht sich auf a und b; die Linien (a) verlaufen schräg nach links oben, die Linien (b) schräg nach links unten. [dm; Verkl. 0,234].

(Vgl. hierzu Abb. 32.)

Abb. 81.

Zur Darstellung der exakten Formel

$$\boldsymbol{U = 4 \cdot a \cdot E\left(\frac{\pi}{2}; \varepsilon\right), \quad \varepsilon = \sin t,}$$

eignet sich ein **Wanderkurvenblatt** auf logarithmischem Grundnetz.

Ansatz:

$$a > b: \quad \log U - \log a = \xi(t) = \log E\left(\frac{\pi}{2}; \sin t\right) + \log 4\,,$$

$$\log b \;-\log a = \eta(t) = \log \cos t\,,$$

$$a < b: \quad \log U - \log a = \xi(t) - \eta(t)\,,$$

$$\log b \;-\log a = -\eta(t)\,.$$

Der Anfangspunkt P der Schablone läuft auf der Winkelhalbierenden des ersten Quadranten, die Ablesung erfolgt an der Wanderkurve (Punkt Q).

Abb. 82.

Da große Teile des Grundblattes nicht ausgenutzt werden, wird die praktische Ausgestaltung mit $a > b$ und durch Drehung des Papiers um 45° im Uhrzeigersinne verbessert. Die Stellung der Schablone läßt sich an einer Leiter (a) fixieren. Beispiel: $a = 2{,}5$.

Konjugierte Durchmesser.

Abb. 85.

Sind α und β die Winkel, die zwei konjugierte Durchmesser mit der großen Achse bilden (siehe Abb. 83 und 84 sowie 88), so gilt für Ellipsen, $0 \leqq \varepsilon < 1$, und Hyperbeln, $1 < \varepsilon < +\infty$,

$$\operatorname{tg} \alpha \cdot \operatorname{tg} \beta = \varepsilon^2 - 1.$$

Ein Nomogramm für diese einfache Produktform soll sowohl $\alpha = 0°$ und $\beta = 0°$ als auch $\alpha = 90°$ und $\beta = 90°$ darstellen, muß also die Werte $\operatorname{tg} \alpha = 0$ und $\operatorname{tg} \alpha \to \infty$ „enthalten"; es ist daher naheliegend, eine Tafelform mit kreisförmigem Träger der Teilungen (α) und (β) zu wählen. Der freie Parameter dieser Tafeln wird hier so bestimmt, daß der Bereich $\varepsilon = 0 \ldots 1$ auf einer möglichst großen Strecke Darstellung findet, ohne daß die Winkelteilungen in der Umgebung von 90° allzu stark verzerrt werden.

Ansatz:

$$x_1 = 0, \qquad\qquad y_1 = \frac{-1}{5 - 4\varepsilon^2},$$

$$x_{2,\,3} = \frac{2 \cdot \operatorname{tg} \varphi}{1 + 4\operatorname{tg}^2 \varphi}, \qquad y_{2,\,3} = \frac{-1}{1 + 4\operatorname{tg}^2 \varphi},$$

wobei $\varphi = \alpha$ und $\varphi = \beta$. [dm; Verkl. 0,8].

Der Kreis hat den Radius 0,5 und trägt die Teilungen α und β in Überlagerung. Der vertikale Durchmesser enthält im Inneren des Kreises die Bilder der Ellipsen; dabei erfüllen die Bildpunkte $b < a$ nur die Strecke von $y_1 = -0{,}2$ bis -1, während die Ellipsen $b > a$ in die Strecke $y_1 = 0$ bis $-0{,}2$ fallen würden; dieser Abschnitt ist hier unterdrückt worden. Die Bildpunkte der Hyperbeln fallen in das Äußere des Durchmessers, wobei $\varepsilon = \frac{1}{2}\sqrt{5}$ dem uneigentlichen Punkte zugehört.

Durch Drehung der Ablesegeraden um einen festen Punkt ε erhält man die gesamte Paarfolge (α, β), die sich bei Drehung eines der beiden konjugierten Durchmesser ergibt. Dabei zeigt für eine Hyperbel $(\varepsilon > 1)$ die Berührungslage der Ablesegeraden durch $\alpha = \beta$ den Winkel γ an, den die Asymptote im ersten Quadranten mit der großen Achse bildet.

(Im Beispiel $\varepsilon = 2$; $\gamma = 60^0$.) Die Tangente im Punkte $\alpha = 45^0$ bestimmt demzufolge die gleichseitige Hyperbel $\varepsilon = \sqrt{2}$. Die Ausartung $\varepsilon = 1$ zeigt, daß bei der Parabel der Winkel β unabhängig von α ist.

Abb. 86. (Siehe nach Abb. 87.)

Abb. 87.

Für dieselbe Beziehung

$$\operatorname{tg}\alpha \cdot \operatorname{tg}\beta = \varepsilon^2 - 1$$

läßt sich eine Tafel entwickeln, die zugleich auch den Winkel $\vartheta = \beta - \alpha$ angibt[1].

Die Bildpunkte des Ellipsen $b < a$ und die Bildpunkte sämtlicher Hyperbeln ($b^2 < 0$) liegen auf abgeschlossenen Strecken.

Ansatz:

$$x_1 = \sqrt{3} \cdot \operatorname{ctg}\vartheta, \quad y_1 = 0,$$

$$x_2 = 0, \quad\quad\quad y_2 = \frac{-3\varepsilon^2}{2 + \varepsilon^2},$$

$$x_3 = \frac{+2\sqrt{3}\operatorname{tg}\alpha}{3 + \operatorname{tg}^2\alpha}, \quad y_3 = -2 + \frac{3 - \operatorname{tg}^2\alpha}{3 + \operatorname{tg}^2\alpha},$$

$$x_4 = \frac{-2\sqrt{3}\operatorname{tg}\beta}{3 + \operatorname{tg}^2\beta}, \quad y_4 = -2 + \frac{3 - \operatorname{tg}^2\beta}{3 + \operatorname{tg}^2\beta}.$$

[dm; Verkl. 0,4].

Die Ablesebeispiele entsprechen den Abb. 83, 84, 85:

1. Ellipse $\varepsilon = 0{,}7$, $\alpha = 15^0$, $\beta \sim 117^0 45'$, $\vartheta \sim 102^0 45'$. Die Darstellung zeigt, daß derselbe Winkel ϑ in einem zweiten, symmetrisch liegenden Falle auftritt. Für ϑ existiert ein Extremwert, der durch die Berührungslage der Ablesegeraden bestimmt wird, also nur für Ellipsen besteht; die Leiter ε ist im zugehörigen Bereich nach einigen Werten $\vartheta_{\min}$ beziffert. — Der Kreis $\varepsilon = 0$ zeigt wesentlich $\vartheta = 90^0$ (unabhängig von α).

2. Hyperbel $\varepsilon = 2$, $\alpha = 25^0$, $\beta \sim 81^0 10'$, $\vartheta \sim 56^0 10'$. Da die Asymptoten durch $\vartheta = 0^0$ gekennzeichnet sind und der Wert $\vartheta = 0^0$ dem uneigentlichen Punkt der Leiter (ϑ) zugehört, so zeigt das Nomogramm den Winkel γ durch horizontale Lage der Ablesegeraden an. Für die Ausartung $\varepsilon = 1$ gilt auch hier, daß ϑ unabhängig von α ist.

Abb. 86.

Die konjugierten Durchmesser $2\,a_1$ und $2\,b_1$ der Ellipse genügen der Beziehung

$$a_1^2 + b_1^2 = a^2 + b^2,$$

---

[1] Das folgende Nomogramm läßt sich nicht projektiv aus Abb. 85 herleiten. Der Zusammenhang zwischen beiden Darstellungen wird durch Verzerrungen besonderer Art bewirkt, die noch nicht veröffentlicht und einer späteren Darstellung vorbehalten sind.

die für $a = 1$ in die Form

$$a_1^2 + b_1^2 = 2 - \varepsilon^2$$

übergeht.

Quadratisches Netz: $x = a_1^2$, $y = b_1^2$; parallele Geradenschar (ε).

Aus dem gesamten ersten Quadranten des Netzes hat für Ellipsen $(b < a)$ nur das wiedergegebene Dreieck im reellen Gebiet Bedeutung.

In diesem Netz wird der Schnittwinkel ϑ durch eine Schar von Hyperbeln dargestellt:

$$y = \frac{1 - x}{1 - x \cdot \sin^2 \vartheta};$$

diese Schar ist durch die Glieder $\vartheta = 105^0$, $\vartheta = 120^0$ und $\vartheta = 135^0$ angedeutet. Auch die vorliegende Abbildung macht die Existenz eines Extremwertes von ϑ deutlich.

Mittelpunktsgleichungen der Kegelschnitte.

Alle Kegelschnitte in Mittelpunktslage

$$\pm \frac{x^2}{a^2} \pm \frac{y^2}{b^2} = 1 \tag{1}$$

werden im Funktionsnetz

$$\xi = x^2, \quad \eta = y^2 \tag{2}$$

gestreckt (Abb. 40). Diese Darstellung gestattet, in metrischer Konstruktion die lineare Exzentrizität e als Differenz oder Summe zweier Strecken abzulesen.

Die numerische Exzentrizität ε ist abhängig von $\frac{b^2}{a^2}$, ist also eine Funktion des Anstiegs der Bildgeraden; demnach sind die Werte ε den Punkten der uneigentlichen Geraden zugeordnet. Eine projektive Verzerrung, welche die uneigentliche Gerade in erreichbares Gebiet transformiert, liefert mithin eine Leiter (ε).

Abb. 89.

Beispiel einer projektiven Verzerrung, bei der die Abszissenachse erhalten bleibt und die uneigentliche Gerade in eine Parallele zur Abszissenachse übergeht. Die eingezeichnete Gerade ist Bild der Ellipse

$$\frac{x^2}{5^2} + \frac{y^2}{4^2} = 1, \quad \varepsilon = 0{,}6.$$

Die Darstellung, die als Netztafel erscheint, kann (ebenso wie Abb. 40) unmittelbar als Leitertafel für Ellipsen (l) aufgefaßt und angesetzt werden:

$$\xi_1 = \lambda \cdot a^2, \qquad \eta_1 = 0,$$

$$\xi_2 = 0, \qquad \eta_2 = \frac{b^2}{b^2 + \mu},$$

$$\eta_3 = \frac{y^2}{y^2 + \mu}, \quad \eta_3 = -\frac{1}{\lambda\,x^2} \cdot \xi_3 + 1,$$

$$\xi_4 = -\frac{\lambda \cdot \mu}{1 - \varepsilon^2}, \quad \eta_4 = 1. \tag{$a > b$}$$

$\lambda = 0{,}02$; $\mu = 20$. [dm; Verkl. 0,45].

In den Abbildungen 40 und 89 wird die zweidimensionale Schar der Kegelschnitte (l) auf die ∞^2-fache Schar der Geraden abgebildet. Nun ist der Übergang zu dualen Entwürfen angezeigt. Dann können nämlich durch Gebietsteilungen und Ortskurven Sonderscharen gekennzeichnet werden. Zwischen den einzelnen Darstellungen besteht der Zusammenhang:

Grundebene $E(x, y)$ Abb. 40 links	Quadratische Verzerrung $E(\xi, \eta)$ Abb. 40 rechts Abb. 89	Duale Ebene von E $\mathfrak{E}(\mathfrak{x}, \mathfrak{y})$
Punkte Kegelschnitte	Punkte Gerade Linien	Gerade Linien Punkte

Abb. 90. Siehe S. 51.

Abb. 91.

$$\frac{x^2}{a^2} + \frac{y^2}{b^2} = 1, \quad \frac{x^2}{a^2} - \frac{y^2}{\beta^2} = 1, \quad -\frac{x^2}{a^2} + \frac{y^2}{b^2} = 1.$$

Ansatz:

$$\mathfrak{x}_1 = \frac{1}{x^2}, \quad \mathfrak{y}_1 = 0,$$

$$\mathfrak{x}_2 = 0, \quad \mathfrak{y}_2 = \frac{1}{y^2},$$

$$\mathfrak{x}_3 = \frac{1}{a^2}, \quad \mathfrak{y}_3 = \frac{1}{b^2}.$$

[m; Verkl. 0,833].

(Auch diese Darstellung kann als Netztafel gelesen werden.)

Jeder Kegelschnitt (1) ist in einen Bildpunkt abgebildet; die Bilder der reellen Kurven erfüllen den ersten, zweiten und vierten Quadranten, wobei die Klassen durch die Beschriftung, ferner die Typen innerhalb der Gebiete und Ausartungen auf den Grenzlinien hervorgehoben sind.

Für Ellipsen $a > b$ sind im ersten Quadranten einige Werte $e =$ const, $e = 1, 2, \ldots 5$ angedeutet.

Die numerische Exzentrizität ε wird durch ein Strahlenbüschel mit dem 0-Punkt ($x \to \infty$, $y \to \infty$) als Träger dargestellt; die Bezifferung ist dabei so gewählt worden, daß in jedem Falle die numerische Exzentrizität gleich dem Verhältnis der linearen Exzentrizität zur (reellen) Haupt-Halbachse ist.

Der Entwurf mit reziproken Leitern (x) und (y) führt auf günstige Schnittverhältnisse sowie auf eine Symmetrie in der Gebietsdarstellung.

Das Nomogramm Abb. 44 für den Übergang zwischen verschiedenen (gleichgestellten) elliptischen Systemen erweist sich als projektives Bild der vorliegenden Darstellung.

	Abb. 91	Abb. 44
	0-Punkt ($x \to \infty$, $y \to \infty$)	A
	Uneigentlicher Punkt $x \to 0$	C
	„ „ $y \to 0$	B

Dementsprechend geht die Parallelschar (a) der Abb. 91 in ein Strahlenbüschel mit dem Träger B über. Die Parallelschar (b) transformiert sich in ein Strahlenbüschel mit dem Träger C. Diese Schar ist in Abb. 44 enthalten, trägt jedoch die Bezifferung $\lambda = b^2$. Schließlich wird das Strahlenbüschel (ε) in das Strahlenbüschel durch A überführt.

Abb. 90.

Da der Entwurf Abb. 91 die Elemente $a = 0$ und $b = 0$ nicht enthält, ist der Übergang von Hyperbeln $\dfrac{x^2}{a^2} - \dfrac{y^2}{\beta^2} = 1$ zu Kurven $-\dfrac{x^2}{\alpha^2} + \dfrac{y^2}{b^2} = 1$ nur über uneigentliche Darstellungselemente möglich. Ein Ansatz mit parallelen Leitern (x) und (y), der die Parallelscharen (a) und (b) in Strahlenbüschel umwandelt, enthält auch die Ausartungen der Hyperbeln zu sich schneidenden Geradenpaaren.

Ansatz:

$$\mathfrak{x}_1 = 0, \qquad \mathfrak{y}_1 = 2x^2,$$
$$\mathfrak{x}_2 = 50, \qquad \mathfrak{y}_2 = 2y^2,$$
$$\mathfrak{x}_3 = \frac{50\,a^2}{a^2 + b^2}, \qquad \mathfrak{y}_3 = \frac{2a^2 b^2}{a^2 + b^2};$$

Schar (a): $\mathfrak{y} = -\,0{,}04\,a^2\,(\mathfrak{x} - 50)$;

Schar (b): $\mathfrak{y} = +\,0{,}04\,b^2\,\mathfrak{x}$;

Schar (ε): $\mathfrak{x} = \dfrac{50}{2 - \varepsilon^2}$ (nicht eingezeichnet). [mm; Verkl. 0,5].

Es ist lediglich die Schar (a) zeichnerisch ausgeführt; das Büschel (b) mit dem Punkte $x = 0$ als Träger ist durch Richtungslinien am Rande festgelegt, so daß b etwa durch einen in $x = 0$ befestigten Faden eingestellt werden kann.

Scheitelgleichungen der Kegelschnitte.

Abb. 92 bis 100.

Eigenartige Verzerrungsaufgaben stellen die Kegelschnitte in Scheitellage

$$y^2 = 2px + qx^2. \tag{1}$$

Abb. 96 zeigt einige Glieder $(q = -2, -1, -\tfrac{1}{2}, 0, +\tfrac{1}{2}, +1, +2)$ der Teilfolge $p = 2$, die wir in einer Grundebene $E\,(x, y)$ denken.

Da die Gleichung (1) linear ist in y^2 und p, in y^2 und q, schließlich in p und q, so bieten sich drei verschiedene Tafeltypen dar. Es dürfte am meisten anschaulich sein, eine Abbildung im regelmäßigen Netz

$$\mathfrak{x} = p, \quad \mathfrak{y} = q \tag{2}$$

zu wählen. Dann bilden sich nämlich die ∞^2-Kegelschnitte (1) in die zweidimensionale Punktmenge der Bildebene $\mathfrak{E}\,(\mathfrak{x}, \mathfrak{y})$ ab.

Bei dieser Zuordnung haben wir als Elemente der Grundebene die zweidimensionale Mannigfaltigkeit der Kegelschnitte (1) anzusehen. Ein Punkt P aus E erscheint also nicht mehr selbst als Element, sondern als Träger einer Schar von ∞^1 Kegelschnitten (Abb. 92, Beispiele: Hyperbel K_1, Parabel K_2, Kreis K_3, Ellipse K_4). Die Punktmenge der Bilder in $\mathfrak{E}$ erfüllt auf Grund von (1) eine Gerade $\mathfrak{P}$ (Abb. 92; Bildpunkte $\mathfrak{K}_1$, $\mathfrak{K}_2$, $\mathfrak{K}_3$, $\mathfrak{K}_4$; Gerade $\mathfrak{P}$), die wir als Bild des Originals P bezeichnen. Die Linienkoordinaten in $\mathfrak{E}$ seien $\mathfrak{u}$ und $\mathfrak{v}$, dann gilt $\mathfrak{u} = -\dfrac{2x}{y^2}$, $\mathfrak{v} = -\dfrac{x^2}{y^2}$.

Einer beliebigen linearen Punktmenge in E entspricht eine Geradenschar in $\mathfrak{E}$; falls P auf einer Geraden G wandert, ist die Schar der Bilder $\mathfrak{P}$ von zweiter Klasse und umhüllt eine Parabel $\mathfrak{G}$, die sich nunmehr als Bild einer Originalgeraden G erweist (Abb. 93). Der uneigentliche Punkt P_∞ einer Geraden G geht in die horizontale Tangente $\mathfrak{P}_\infty$ von $\mathfrak{G}$ über. Der Berührungspunkt (Kontakt) $\mathfrak{K}$ von $\mathfrak{P}$ und $\mathfrak{G}$ bedeutet denjenigen Kegelschnitt (1) in E, der G in P berührt.

Für den Fall, daß G parallel zur y-Achse verläuft, ergibt sich eine Ausartung; die Bilder $\mathfrak{P}$ bilden eine Parallelschar (Abb. 94).

Ein Strahlenbüschel $(G_1, G_2, \ldots)$ mit dem Träger P bildet sich in eine Schar von Parabeln $(\mathfrak{G}_1, \mathfrak{G}_2, \ldots)$ mit gemeinsamer Tangente $\mathfrak{P}$ ab (Abb. 95). Jeder Schnittpunkt $\mathfrak{K}$ zweier Parabeln $\mathfrak{G}$ ist Bild eines Kegelschnittes (1), der die beiden Geraden G berührt.

Wir stellen die Ergebnisse kurz zusammen:

Grundebene E	**Bildebene $\mathfrak{E}$**
Punkte P	**Gerade Linien $\mathfrak{P}$**
insbesondere **Kreispunkte**	Gerade $\mathfrak{y} = -1$
Gerade Linien G	**Parabeln $\mathfrak{G}$**
$ux + vy + 1 = 0$	$\mathfrak{y} = -v^2\mathfrak{x}^2 + 2u\mathfrak{x}$
Kegelschnitte K	**Punkte $\mathfrak{K}$**
$y^2 = 2px + qx^2$	$\mathfrak{x} = p$, $\mathfrak{y} = q$
Kegelschnitte	Parabeln
$\dfrac{x^2}{a^2} + \dfrac{y^2}{b^2} = 1$	$\mathfrak{y} = -\dfrac{b^2}{a^2} - \dfrac{1}{a^2}\mathfrak{x}^2$

Für die Abbildung der Gitterpunkte aus E zeigen Skizzen Abb. 97 bis 100 einige Beispiele.

Abb. 101.

Fluchtlinientafel für Kegelschnitte in Scheitellage. Beim Übergang zu dualen Bildern transformiert sich die Punktmenge (x, y) wiederum in Punkte, die Kegelschnitte (1) werden in gerade Linien gestreckt. Die aus den Leiterpunkten p und q bestimmte Ablesegerade ist Bild eines Kegelschnittes. Die Leiter (q) kennzeichnet den Charakter der Kurve, wobei sogleich eine Bezifferung nach ε angefügt ist.

Ansatz:

$$\xi_1 = 0, \qquad \eta_1 = 20 \cdot q,$$
$$\xi_2 = 200, \qquad \eta_2 = 10 \cdot p,$$
$$\xi_3 = \frac{800}{x+4}, \qquad \eta_3 = \frac{20 \cdot y^2}{x\,(x+4)}\,.$$

[mm; Verkl. 0,7].

Polargleichungen der Kegelschnitte.

Abb. 102.

Betrachtet man in

$$\varrho = \frac{p}{1 + \varepsilon \cdot \cos \varphi} \tag{1}$$

die Größen p und ε als Parameter, so stellt (1) im Polarkoordinatensystem (ϱ, φ) eine zweidimensionale Schar von Kegelschnitten dar, deren Hauptachse Polarachse ist, und von denen jedesmal ein Brennpunkt im Pol liegt. In Abb. 45 haben wir einige Glieder $(a, b, \ldots, g)$ dieser Schar dargestellt.

In einem Netz

$$\mathfrak{x} = \cos \varphi, \quad \mathfrak{y} = -\frac{1}{\varrho} \tag{2}$$

geht jeder Kegelschnitt (1) in eine Gerade

$$\mathfrak{y} = -\left(\frac{\varepsilon}{p}\right)\mathfrak{x} - \frac{1}{p}$$

über (Abb. 102). Alle Kurven $p = \text{const}$ bilden sich in ein Strahlenbüschel ab, dessen Träger ein Punkt der Geraden $\mathfrak{x} = 0$ ist; somit ergibt sich die Leiter $\mathfrak{x} = 0$, $\mathfrak{y} = -\frac{1}{p}$. Die Teilfolgen $\varepsilon = \text{const}$ werden ebenfalls in Strahlenbüschel gestreckt; der Träger liegt in der $\mathfrak{x}$-Achse: $\mathfrak{x} = -\frac{1}{\varepsilon}$, $\mathfrak{y} = 0$ (Abb. 102, obere Teilung). Jede Gerade, welche die obere Grenze des Netzes zwischen den Punkten A und B schneidet, ist Bild einer Hyperbel. Alle Parabeln (1) bilden sich in Strahlen durch A oder durch B ab. Die Bildgeraden von Ellipsen schließlich schneiden die obere Grenze des Netzes außerhalb der Strecke AB. Mit anderen Worten: bei Hyperbeln wird $\varrho \to \infty$ für Winkel φ zwischen 0^0 und 180^0 erreicht; für Parabeln ergibt sich $\varrho \to \infty$ bei $\varphi = 0^0$ oder $\varphi = 180^0$; bei Ellipsen existiert für ϱ ein Maximum.

Die in Abb. 45 eingezeichneten Kurven Ellipse a, Kreis b, Ellipse c, Parabel d, Hyperbel e (e'), Ausartung zur Doppelgeraden f, Hyperbel g (g') sind in Abb. 102 mit gleicher Bezeichnung eingetragen.

Es erschien hier zweckmäßig, von der besonderen Vorschrift für die Zählung des Argumentes φ in (1), [von dem Scheitel aus, der dem Pol am nächsten liegt], abzusehen. Wie bei Hyperbeln beide Zweige zur Darstellung gelangen, ist oben rechts an einer Leiter $(-\varrho)$ angedeutet. Die Tafel kann ohne weiteres als Fluchtlinientafel mit den Leitern (p) und (ε) sowie mit dem Netz (ϱ, φ) gelten.

Abb. 103.

Da alle Parabeln (1) gestreckt werden, ergibt sich mit Abb. 102 zugleich eine Streckung der parabolischen Koordinaten (λ_1) und $(-\lambda_2)$, die in Abb. 45 dargestellt sind (vgl. S. 28). Die parabolischen Koordinatenlinien (λ_1) und $(-\lambda_2)$ gehen in Strahlenbüschel durch A und B über. Es gelingt, die genannten Strahlenbüschel derart in Parallelscharen überzuführen, daß sich ein bereits in Abb. 47 benutztes Netz

$$\xi = (-\lambda_2), \qquad \eta = (\lambda_1)$$

ergibt (Abb. 103).

Wir fassen Abb. 103 als Verzerrung der Grundebene Abb. 45 auf: die parabolischen Koordinaten dieser Grundebene gehen in die orthogonalen Koordinatenlinien des kartesischen Netzes (ξ, η) über. Zunächst haben wir die Darstellung konsequent auf den dritten Quadranten der (ξ, η)-Ebene zu erweitern; der erste und der dritte Quadrant erweisen sich als Gebiet von Bildern reeller Teile der Grundebene. Auch hier sind die Kurven $a, b, \ldots g$ aus Abb. 45 eingezeichnet. Als Ort der Nebenscheitel für Ellipsen ergibt sich $\lambda = 2$, d. h. $\eta = 2$.

Ferner läßt sich zeigen, daß $\mathfrak{x} = \cos \varphi$ und $\mathfrak{y} = -\dfrac{1}{\varrho}$ projektiv mit

$$\xi = (-\lambda_2), \quad \eta = (\lambda_1)$$

verwandt sind. Aus

$$\xi + \eta = 2\varrho, \quad \frac{\eta}{\xi} = \mathrm{tg}^2 \frac{\varphi}{2}$$

folgt mit

$$\cos \varphi = \frac{1 - \mathrm{tg}^2 \dfrac{\varphi}{2}}{1 + \mathrm{tg}^2 \dfrac{\varphi}{2}}$$

$$\mathfrak{x} = \frac{\xi - \eta}{\xi + \eta}, \quad \xi = \frac{-1 - \mathfrak{x}}{\mathfrak{y}},$$

$$\mathfrak{y} = \frac{-2}{\xi + \eta}, \quad \eta = \frac{-1 + \mathfrak{x}}{\mathfrak{y}}.$$

Abb. 104.

Fluchtlinientafel für $\varrho = \dfrac{p}{1 + \varepsilon \cdot \cos \varphi}$. In einer der Abb. 102 dualen Darstellung wird jeder Kegelschnitt in einen Punkt abgebildet.

Ansatz:

$$x_1 = 0, \qquad y_1 = \frac{2}{\varrho},$$

$$x_2 = 1, \qquad y_2 = 1 - \cos \varphi,$$

$$x_3 = \frac{2\varepsilon}{2\varepsilon + p}, \quad y_3 = \frac{2\varepsilon + 2}{2\varepsilon + p}.$$

[dm; Verkl. 0,5].

Schar (ε): $y = x \cdot \left(1 + \dfrac{1}{\varepsilon}\right)$.

Schar (p): $x \cdot (1 - \tfrac{1}{2}p) + y \cdot \tfrac{1}{2}p = 1$, Träger: $x = 1$, $y = 1$.

Zur Vereinfachung der Beschriftung ist die Zählung des Argumentes φ hier jedesmal von dem Scheitel aus gewählt, der dem Pol am nächsten liegt; für die Kegelschnitte $b \ldots g$ ergibt sich dann der gemeinsame Träger $\varphi = 0^0$, $\varrho = 2$, während der Bildpunkt a infolgedessen abseits liegt. Um die Leiter $(-\varrho)$ zu sparen, sind für die Zweige e' und g' die Bildpunkte gesondert eingetragen.

Flächen zweiten Grades.

Abb. 105.

Affine Verwandtschaft zwischen Kugel und Ellipsoid. Die Affinität

$$\xi = x, \quad \eta = \frac{b}{a}\, y, \quad \zeta = \frac{c}{a}\, z$$

führt die Kugel

$$x^2 + y^2 + z^2 = a^2$$

in das dreiachsige Ellipsoid

$$\frac{\xi^2}{a^2} + \frac{\eta^2}{b^2} + \frac{\zeta^2}{c^2} = 1$$

über. Beispiel: $a = 5$, $b = 4$, $c = 3$

$$\Delta V_{\text{Ell}} = \frac{b}{a} \cdot \frac{c}{a} \cdot \Delta V_{\text{Kugel}}, \quad V_{\text{Ell}} = \frac{4}{3}\, \pi \cdot a \cdot b \cdot c .$$

Abb. 106 bis 110.

Verzerrungen von Flächen zweiten Grades. Die Mittelpunktsflächen zweiten Grades werden durch die Verzerrung

$$\xi = \lambda \cdot x^2, \quad \eta = \mu \cdot y^2, \quad \zeta = \nu \cdot z^2$$

in Ebenen transformiert, wobei sämtliche acht Oktanten des Originalraumes (x, y, z) in den einen Oktanten $(\xi \geqq 0, \eta \geqq 0, \zeta \geqq 0)$ des Bildraumes übergehen. (Vgl. hierzu S. 23.)

Abb. 106.

Alle Kugeln werden in parallele Ebenen abgebildet, welche die uneigentliche Gerade der Ebene

$$\xi + \eta + \zeta = 0$$

gemeinsam haben. Diese Gerade erweist sich als Bild des (unendlichfernen) Kugelkreises des Originalraumes. Das Bild $\xi + \eta + \zeta = 0$ selbst kann als Kugel oder Kegel gedeutet werden. — Jede Ebene des Raumes (ξ, η, ζ) schneidet die uneigentliche Gerade der Ebene $\xi + \eta + \zeta = 0$; daraus lassen sich die Beziehungen zwischen den Mittelpunktsflächen zweiten Grades und dem Kugelkreis folgern.

Jede durch den 0-Punkt des Raumes (ξ, η, ζ) gehende Ebene ist Bild eines Kegels.

Die Hyperboloide (Abb. 107 und 108) sind mit ihrem Asymptotenkegel dargestellt; die Bildebenen von Fläche und Kegel sind einander parallel.

Abb. 111 und 112.

Zylinderflächen, deren Achse $x = 0$, $y = 0$ ist, setzen nur die Verzerrung

$$\xi = \lambda \cdot x^2, \quad \eta = \mu \cdot y^2, \quad \zeta = \nu \cdot z$$

voraus. Diese Verzerrung streckt zugleich die Paraboloide mit bevorzugter z-Richtung.

Krümmung von Flächen.
Normalschnitte.

Abb. 113.

Eulerscher Satz. Hauptkrümmungen: k_1 und k_2.

Krümmung k eines Normalschnittes, der mit der ersten Hauptkrümmungsebene den Winkel φ bildet:

$$k = k_1 \cos^2 \varphi + k_2 \sin^2 \varphi. \tag{1}$$

Ansatz einer Leitertafel:

$$x_1 = 0, \qquad y_1 = \sin^2 \varphi,$$
$$x_2 = 1, \qquad y_2 = \tfrac{1}{2} + k,$$
$$x_3 = \frac{1}{1 + k_1 - k_2}, \quad y_3 = \frac{\tfrac{1}{2} + k_1}{1 + k_1 - k_2};$$

Schar (k_1): $y = (k_1 + \tfrac{1}{2})\,x$,

Schar (k_2): $y = (k_2 - \tfrac{1}{2})\,x + 1$.   [dm; Verkl. $\tfrac{2}{3}$].

In Abb. 113 ist nur ein Bereich innerhalb des Leiterstreifens ausgeführt.

Die Geraden $k_1 = 0$ und $k_2 = 0$, welche die Bilder parabolischer Punkte enthalten, scheiden die Gebiete elliptischer Flächenpunkte ($k_1 \cdot k_2 > 0$) und hyperbolischer Punkte ($k_1 \cdot k_2 < 0$); im letztgenannten Gebiet ist durch die Gerade $k_1 + k_2 = 0$ (von $\varphi = 45^0$ nach $k = 0$) der Ort von Bildpunkten der Minimalflächen gegeben. Auf dem Träger (k) ist $k_1 = k_2$, somit liegen dort Bilder von Kreispunkten (Nabelpunkten); die Bildpunkte von Ebene und Einheitskugel sind ohne weiteres ersichtlich.

Es ist leicht möglich, die mittlere Krümmung

$$H = k_1 + k_2 \tag{2}$$

der Darstellung zu entnehmen. Die zugehörige Schar

$$y = \tfrac{1}{2} H x + \tfrac{1}{2} \tag{3}$$

ist am Rande durch Richtungslinien bestimmt, so daß mit einem aus $\varphi = 45^0$ kommenden Faden ein Wert H eingestellt werden kann. Die Tafel zeigt damit

$$H = 2 \cdot k_{45^0}.$$

Die Gaußsche Krümmung

$$K = k_1 \cdot k_2 \qquad (4)$$

erscheint in einer Schar von Hyperbeln, die im oberen Tafelteil angedeutet ist.

Abb. 114.

Eine duale Darstellung kann als Netztafel entworfen werden, wenn (1) in

$$k = \frac{k_1 + k_2}{2} + \frac{k_1 - k_2}{2} \cos 2\varphi \qquad (5)$$

umgeformt wird.

Im Netz

$$\xi = \cos 2\varphi, \quad \eta = k$$

sind die Linien
$$\varphi = 0, \qquad \eta = k_1,$$
$$\varphi = 90^\circ, \qquad \eta = k_2$$

ausgezeichnet, die nunmehr als Leitern (k_1) und (k_2) erscheinen. Die Gerade durch die Punkte k_1 und k_2 liefert k an der Stelle φ. Bei entsprechender Bezifferung

$$\eta = \tfrac{1}{2} H$$

kann die η-Achse, $\varphi = 45^\circ$, sogleich zur Bestimmung der mittleren Krümmung dienen. Alle Geraden, welche die ξ-Achse ($k = 0$) nicht im reellen Bereich φ schneiden, sind Bilder elliptischer Punkte (Gerade *I*); die Geraden, die durch $k_1 = 0$ oder $k_2 = 0$ hindurchgehen, stellen parabolische Punkte dar (Gerade *II*); schließlich werden hyperbolische Flächenpunkte in gerade Linien abgebildet, welche die ξ-Achse im reellen Bereich (φ) schneiden (Beispiel *III*). Insbesondere ist $H = 0$ wieder den Minimalflächen zugeordnet. (Vgl. S. 53.)

Für die Gaußsche Krümmung ergeben sich Gleitkurven

$$\xi^2 + \frac{\eta^2}{K} = 1,$$

bei positiver (elliptischer) Krümmung also Ellipsen, bei negativer (hyperbolischer) Krümmung Hyperbeln mit gemeinsamer Achse $0 \ldots 0$. (Die Kurven sind nicht eingezeichnet.)

Wenn man die Netztafel Abb. 114 als Verzerrung einer regulären Darstellung ansieht, gelangt man zu interessanten Deutungen.

Abb. 115 bis 117.

Abb. 115 zeigt die drei Beispiele *I*, *II* und *III* im regulären Netz (φ, k), wobei die Zählung des Winkels φ der Abb. 114 analog von rechts nach links gewählt ist. Diese Bilder *I*, *II* und *III* sind Abwicklungen von Distanzzylindern.

Wählt man im Flächenpunkt P die Tangentialebene und einen Kreiszylinder mit unendlich kleinem Radius, dessen Achse die Flächennormale ist, so sind die zwischen Fläche und Tangentialebene liegenden Seitenlinien des Zylinders (Distanzlinien) den Normalkrümmungen gleicher Richtung proportional.

In Abb. 116 ist der Distanzzylinder für einen parabolischen Punkt durch die Distanzlinien k_1 und bei 15^0, 30^0, 45^0, 60^0 so dargestellt, daß die Abwicklung des Mantels (unter Beachtung der Maßstäbe) sogleich die Kurve II in Abb. 115 ergibt.

Für einen elliptischen Punkt gilt Abb. 117. Die Fläche ist durch die Hauptnormalschnitte k_1 und k_2 sowie die Dupinsche Indikatrix i dargestellt; der Distanzzylinder tritt durch die Seitenlinien k_1, 15^0, 30^0, 45^0, 60^0, 75^0, k_2 hervor. Die Abwicklung des Zylinders ist bei vorliegender Anordnung umzukehren und ergibt dann die Kurve I aus Abb. 115.

Das Nomogramm Abb. 114 kann daher als Streckung aller Distanzzylinder angesehen werden.

Abb. 118.

Zwei aufeinander senkrechte Normalschnitte mit den Krümmungen k und k' führen auf

$$k + k' = k_1 + k_2. \tag{6}$$

Darstellung in einer Kreuztafel. — Durch einen Flächenpunkt sind k_1 und k_2 gegeben; damit ist ein Schenkel des Ablesewinkels bestimmt. Weil $k_1 \geqq k \geqq k_2$ und $k_1 \geqq k' \geqq k_2$, besteht für die Lage des anderen Schenkels nur ein gewisser Verschiebungsbereich; der zum Beispiel gehörende Parallelstreifen ist in der Abbildung angedeutet.

Krümmungsmaße.

Mittlere Krümmung $H = k_1 + k_2,$ (1)

Gaußsches Krümmungsmaß $K = k_1 \cdot k_2,$ (2)

Krümmungsmaß nach Casorati $C = \tfrac{1}{2} \cdot (k_1^2 + k_2^2).$ (3)

Abb. 119.

Reguläre Darstellung.

Netz: $x = k_1, \quad y = k_2.$

Mittlere Krümmung: Parallelschar $y = -x + H.$

Krümmungsmaß nach Casorati: konzentrische Kreisschar

$$x^2 + y^2 = r^2, \quad r = \sqrt{2C}.$$

Gaußsche Krümmung: gleichseitige Hyperbeln

$$x \cdot y = K.$$

Die Darstellung, die auf die obere Halbebene beschränkt worden ist, läßt erkennen, in welchem Sinne jedes der drei Krümmungsmaße einen Flächenpunkt charakterisiert. In Kreispunkten gilt $C = K$, für Minimalflächen $C = |K|$. Das Gaußsche Maß stimmt mit der mittleren Krümmung auf der Hyperbel

$$y = \frac{x}{x-1}$$

überein, $H = K$; die Abbildung enthält nur einen Zweig für hyperbolische Flächenpunkte. Als Ort der Bilder $H = C$ ergibt sich der Kreis

$$(x-1)^2 + (y-1)^2 = 2.$$

Abb. 120.

Für die Beziehung

$$z^2 - Hz + K = 0, \quad z_1 = k_1, \quad z_2 = k_2$$

können Nomogramme der quadratischen Gleichung bei entsprechender Bezifferung Platz greifen. Um auch die Größe C handlich darzustellen, wurde die **Lalann**esche Netztafel gewählt:

$$x = 2H, \quad y = K.$$

Die Scharen (k_1) und (k_2) transformieren sich dabei in eine Schar zweiten Grades mit der Parabel $16 \cdot y = x^2$ als Hüllkurve.

Wegen

$$2C = H^2 - 2K$$

ergibt sich für (C) die Schar

$$y = \tfrac{1}{8} x^2 - C,$$

die durch Parallelverschiebung der festen Parabel $y = \tfrac{1}{8} x^2$ nach Art eines Wanderkurvenblattes realisiert wird. Die Darstellung gibt einen Bereich für hyperbolische Punkte.

IV. Gleichungen.

Lineare Gleichungen.

Abb. 121.

Zur graphischen Lösung der linearen Gleichungen

$$\left|\begin{array}{l} a_1 x + b_1 y + 1 = 0, \quad\quad\quad\text{(I)} \\ a_2 x + b_2 y + 1 = 0 \quad\quad\quad\text{(II)} \end{array}\right.$$

deutet man in einfacher Weise (I) und (II) als gerade Linien im System (x, y); die Koordinaten des Schnittpunktes stellen dann das Lösungspaar (x, y) dar. Die Koordinatenachsen sind unmittelbar nach den Linienkoordinaten a und b geteilt.

8*

Abb. 122.

Nomographisch günstiger gestaltet sich das Lösungsverfahren in dualer Betrachtungsweise. Wir deuten die Koeffizienten als Punktkoordinaten in einem System (a, b); nun bestimmen die Punkte I und II eine Gerade, deren Linienkoordinaten (x, y) sogleich das Lösungspaar darstellen. Die Koordinatenachsen werden unmittelbar nach x und y beziffert.

Abb. 123.

Durch projektive Verzerrung kann eine Veränderung der Bereiche vorgenommen werden. Die Abb. 123 zeigt einen Entwurf mit regulären Leitern (x) und (y), der als Fluchtlinientafel angesetzt und ausgeführt ist:

$$\mathfrak{x}_1 = 0, \qquad \mathfrak{y}_1 = x,$$
$$\mathfrak{x}_2 = m, \qquad \mathfrak{y}_2 = -l \cdot y,$$
$$\mathfrak{x}_2 = \frac{mb}{b - l \cdot a}, \qquad \mathfrak{y}_3 = \frac{l}{b - l \cdot a}; \quad l = -1.$$

$$\text{Schar } (a)\colon \quad \mathfrak{x} = am\mathfrak{y} + m, \qquad \text{Schar } (b)\colon \quad \mathfrak{y} = \frac{l}{m \cdot b}\mathfrak{x}.$$

[cm; Verkl. 0,5.]

Zu allen drei Darstellungen sei bemerkt, daß sie mannigfache Verzifferungen zulassen. Die Umformung

$$(ap) \cdot \left(\frac{x}{p}\right) + (bq) \cdot \left(\frac{y}{q}\right) + 1 = 0$$

zeigt, daß wir statt der gegebenen Koeffizienten a_1 und a_2 beliebige Vielfache $a_1 p$ und $a_2 p$ in den Tafeln abgreifen dürfen, wobei sich dann als Lösung $\frac{x}{p}$ ergibt, und daß für b_1 und b_2 unabhängig von a ein anderer Verhältniswert benutzt werden kann. Für p und q kommen nur „glatte" Werte in Betracht. Dadurch wird der Anwendungsbereich der Tafeln erheblich erweitert.

Abb. 124.

Die Auflösung von (I) und (II) vermittelt in jedem Falle noch alle linearen Gleichungen $ax + by + 1 = 0$, die das Paar (x, y) zur Lösung haben, d. h. die aus (I) und (II) linear ableitbar sind. Dieser Umstand führt zu folgender Betrachtung.

Wir sehen in

$$\boldsymbol{ax + by + 1 = 0}$$

die Werte x und y als Konstante, die Größen a und b als Variable an; die Veränderlichen a und b sind dann affin voneinander abhängig. Die Konstruktion der Affinität erfolgt am einfachsten auf parallelen, regulären Leitern (a) und (b) durch Zentralprojektion und ist aus zwei Wertepaaren (a_1, b_1) und (a_2, b_2) durchführbar.

$$\text{Aus } b = 0 \text{ folgt } a = -\frac{1}{x}, \quad \text{d. h.} \quad x = -\frac{1}{a},$$
$$\text{aus } a = 0 \text{ folgt } b = -\frac{1}{y}, \quad \text{d. h.} \quad y = -\frac{1}{b}.$$

Die Lösungen x und y lassen sich also an reziproken Teilungen der Leitern (a) und (b) ablesen. Zwar sind zur Konstruktion vier gerade Linien zu ziehen; da aber Anfangspunkte und Zeicheneinheiten willkürlich wählbar sind, schmiegt sich die Konstruktion allen möglichen Bereichen leicht an.

Beispiel:

$$+\,30\,x - 0{,}2\,y + 1 = 0\,, \qquad\qquad \text{(I)}$$
$$-\,10\,x - 0{,}1\,y + 1 = 0\,. \qquad\qquad \text{(II)}$$

Die Geraden I und II bestimmen den Bildpunkt P; mit $b = 0$ ergibt sich aus P die Lösung $x = +\,0{,}02$ (Gerade 1), mit $a = 0$ die Lösung $y = +\,8$ (Gerade 2).

Abb. 125 bis 127.

Lineare Gleichungen mit drei Unbekannten

$$a_i x + b_i y + c_i z + 1 = 0\,, \quad i = 1,\,2,\,3,$$

führen auf räumliche Darstellungen. Die anschaulich einfachste Abbildung ergibt sich, wenn die Koeffizienten $(a,\,b,\,c)$ als Punktkoordinaten gedeutet werden; einem System von drei Gleichungen entspricht dann die Ebene, welche durch die drei zugehörigen Punkte bestimmt ist; aus ihren Achsenabschnitten $-\,1:x$, $-\,1:y$ und $-\,1:z$ können an reziproken Leitern sogleich die Lösungen abgelesen werden.

Eine zeichnerische Auswertung der Darstellung ist in cotierter Projektion oder in einem Mehrtafelbilde möglich. Abb. 127 erläutert den zweiten Weg an Hand des obenstehenden Beispiels. Der Schnittpunkt der Ebene ABC mit der z-Leiter wird mit Hilfe einer durch die z-Leiter gehenden Hilfsebene gefunden: die Projektion (zugleich Spur) $\infty\,B'$ bestimmt mit $A'C'$ den Punkt b'; die Gerade $B''b''$ liefert z. Entsprechend ergibt sich aus c'' und c' die Lösung y. Schließlich ist x aus der Horizontalspur mit Hilfe von c_1 ermittelt worden.

Auch hier bestehen verschiedene Möglichkeiten, die Darstellung durch Verzifferungen schmiegsam zu gestalten (siehe S. 60). Wenn einige der Koeffizienten, besonders b_i oder c_i, negativ sind, verliert die Darstellung aber leicht ihre Anschaulichkeit. In dem Falle sehen wir zweckmäßig von der räumlichen Verknüpfung der Bilder $A'B'C'$ und $A''B''C''$ ab und beachten lediglich ihre affine Zuordnung.

Abb. 125.

Wir benutzen dann drei beliebig angeordnete Systeme $(a,\,b)$, $(a,\,c)$ und $(b,\,c)$, deren beliebige Zeicheneinheiten voneinander unabhängig sind. In

$$a\,x + b\,y + c\,z + 1 = 0$$

sehen wir die Unbekannten als Konstanten, die Koeffizienten als Variable an. Die Funktion ist durch drei Wertetripel bestimmt. Für $b = 0$, $c = 0$ ergibt sich

$$a = -\,\frac{1}{x}\,, \quad \text{d. h.} \quad x = -\,\frac{1}{a}\,.$$

Bildet man also den Anfangspunkt der $(b,\,c)$-Tafel, O_x, affin in eine der beiden anderen Darstellungen ab, so wird dort $a = -\,1:x$, d. h. an einer (angelegten) reziproken Leiter kann die Lösung x abgelesen werden. Auf gleiche Weise liefert die affine Abbildung von O_y, $(a = 0,\,c = 0)$, die Lösung y, die Abbildung von O_z schließlich z. Abb. 125 bezieht sich auf das Eingangsbeispiel Abb. 126 u. 127.

Vgl. hierzu Abb. 124 sowie die Anwendung der Konstruktion auf die Lösung von allgemeinen Gleichungen mit zwei Unbekannten (S. 87) und die Bestimmung komplexer Wurzeln (S. 92).

Quadratische Gleichungen.

Abb. 128.

Nomographische Darstellungen für die reellen Wurzeln quadratischer Gleichungen

$$x^2 + Ax + B = 0 \qquad (1)$$

sind als Netztafeln und Leitertafeln zahlreich veröffentlicht[1]. Nur der Vollständigkeit halber geben wir in Abb. 138 eine Darstellung, die sich an Lehrb. d. Nomogr. S. 182, Abb. 96, anlehnt.

$$\text{Ansatz:} \qquad \mathfrak{x}_1 = 0, \qquad \mathfrak{y}_1 = -\frac{1}{A},$$

$$\mathfrak{x}_2 = \frac{1}{1-B}, \qquad \mathfrak{y}_2 = 0,$$

$$\mathfrak{x}_3 = \frac{1}{1+x^2}, \qquad \mathfrak{y}_3 = \frac{x}{1+x^2};$$

Träger (x): $\mathfrak{x}^2 + \mathfrak{y}^2 = \mathfrak{x}$. [dm; Verkl. ⅓].

Beispiel: $x^2 - 1{,}7x + 0{,}3 = 0$. $x_1 = +1{,}5$; $x_2 = +0{,}2$.

Abb. 129.

Die komplexen Wurzeln $\xi \pm i\eta$ von (1) können auf Grund von

$$A = -2\xi, \qquad B = \xi^2 + \eta^2 \qquad (2)$$

in einer Leitertafel ermittelt werden. Auf die Grundform mit parallelen, quadratisch geteilten Leitern (ξ) und (η) üben wir eine projektive Verzerrung aus, welche die (positiven) Bereiche (ξ) und (η) auf eine Strecke zusammendrängt.

$$\text{Ansatz: } x_1 = 0, \qquad y_1 = \frac{5 \cdot B}{10 + B},$$

$$\text{Träger (2): } y_2 = 5 \cdot x_2 + 5, \qquad y_2 = \frac{5 \cdot \xi^2}{5 + \xi^2} = \frac{5 \cdot A^2}{20 + A^2}; \text{ (reg. } \sim 2{,}6\text{);}$$

$$\text{Teilung: } s_2 = 0{,}2 \sqrt{26} \cdot y_2.$$

$$\text{Träger (3): } y_3 = -5x_3 + 5, \qquad y_3 = \frac{5\eta^2}{5 + \eta^2}; \text{ (reg. Stelle } \eta \sim 1{,}3\text{);}$$

$$\text{Teilung: } s_3 = 0{,}2 \sqrt{26} \cdot y_3.$$

[dm; Verkl. ⅓].

Beispiel: $x^2 + 2{,}6x + 2{,}9 = 0$. $x_{1,2} = -1{,}3 \pm 1{,}1\,i$.

A und ξ haben entgegengesetzte Vorzeichen. Wenn die Ablesegerade die Leiter (η) nicht schneidet, ergeben sich keine komplexen Wurzeln; insbesondere kann B nicht negativ sein.

---

[1] Siehe z. B. Lehrb. d. Nomogr. S. 130, Abb. 70; S. 133, Abb. 71; S. 179, Abb. 94; S. 180, Abb. 95; S. 182, Abb. 96; S. 188, Abb. 99.

Die reellen Wurzeln der kubischen Gleichungen.
Unvollständige Formen.

Abb. 130.

Wenn man von der reduzierten Form

$$x^3 + p\,x + q = 0 \tag{1}$$

ausgeht, die in ihren Koeffizienten linear ist, ergeben sich Fluchtlinientafeln mit geradlinigen Trägern (p) und (q).

$$\text{Ansatz:} \quad \xi_1 = \frac{1}{p}, \qquad \eta_1 = 0,$$

$$\xi_2 = 0, \qquad \eta_2 = -\frac{1}{q},$$

$$\xi_3 = -\frac{1}{x^2}, \quad \eta_3 = \frac{1}{x^3}, \quad (\text{Träger: } \eta^2 = -\xi^3).$$

[dm; Verkl. ¼].

Die Tafel dürfte sich zur Behandlung von Gleichungen (p, q) eignen, die nur eine reelle Wurzel besitzen. Die Krümmungsverhältnisse des Trägers (x) lassen zwar erkennen, daß die Ablesegerade den einen Zweig zweimal, den anderen einmal schneiden, also auf drei reelle Wurzeln führen kann; jedoch bilden sich die Schnittpunkte in diesen Lagen nicht mehr scharf aus. Tafeln, in denen gerade der „irreduzible Fall" mit besonderer Deutlichkeit auftritt, lassen sich unschwer ansetzen; wir wollen auf diesen Gegenstand aber nicht weiter eingehen, da andere Ausführungen lohnender erscheinen.

An Stelle der Reduktion, die sich zeichnerisch kaum befriedigend ausführen läßt, wählt man im graphischen Lösungsgang zweckmäßig andere Umformungen, die ebenfalls die Anzahl der wesentlichen Koeffizienten um eins herabsetzen. Die erstrebte Vereinfachung von

$$x^3 + A\,x^2 + B\,x + C = 0 \tag{2}$$

nehmen wir durch affine Transformation

$$x = \lambda z \tag{3}$$

vor, die (2) in

$$z^3 + \alpha\,z^2 + \beta\,z + \gamma = 0 \tag{4}$$

überführt, wobei

$$\alpha = \frac{A}{\lambda}, \quad \beta = \frac{B}{\lambda^2}, \quad \gamma = \frac{C}{\lambda^3}. \tag{5}$$

Diese bereits von Tschirnhausen benutzte Transformation hat Fürle schon in seinen älteren Arbeiten nomographisch ausgewertet[1]. Es ist das Ziel, jeweils einen Koeffizienten in (4) in einen konstanten Wert, z. B. in 1, umzuwandeln; dazu ist erforderlich, daß der zugehörige Koeffizient in (2) von Null verschieden ist.

---

[1] Rechenblätter 1902 (Jahresbericht der 9. Realschule Berlin); Rechenblätter 1903 (Berlin: Maier & Müller); Die Lösung der Gleichungen 4. Grades; 1910 (Jahresbericht der 9. Realschule, Berlin).

Wir untersuchen drei Fälle:

$$\text{I. } \gamma = 1; \quad \text{II. } \alpha = 1; \quad \text{III. } \beta = \pm 1.$$

I. Fall.

Wenn $C = 0$, so kann (3) ohne weiteres mittels einer quadratischen Gleichung gelöst werden. Wir setzen daher voraus

$$C \neq 0.$$

Mit

$$x = z \cdot \sqrt[3]{C} \qquad (3\,a)$$

ergibt sich

$$z^3 + \alpha z^2 + \beta z + 1 = 0, \qquad (4\,a)$$

wobei

$$\alpha = \frac{A}{\sqrt[3]{C}}, \quad \beta = \frac{B}{\sqrt[3]{C^2}}. \qquad (5\,a)$$

Gemeinsamer Typus von (3a) und (5a):

$$\varepsilon = \frac{E}{\sqrt[3]{C^n}}, \quad n = 1, 2.$$

Abb. 131.

Ansatz:

$$
\begin{aligned}
x_1 &= 0, & y_1 &= \log C, \\
x_2 &= -1,6 & y_2 &= \log \varepsilon, \quad (\varepsilon = \alpha, \;\; \varepsilon = \beta), \\
x_3 &= -1,2 & y_3 &= 0,75 \cdot \log A, \\
x_4 &= -0,96 & y_4 &= 0,6 \cdot \log B.
\end{aligned}
$$

[dm; Verkl. 0,4].

Die Vorzeichen von α, β und x, deren Zuordnung zu A, B und z in einer logarithmischen Tafel nicht hervortritt, lassen sich mit (3a) und (5a) bestimmen.

Beispiel:

$$x^3 - 31 x^2 - 34 x + 64 = 0. \qquad (6)$$

$C = 64$ ergibt mit $A = -31$ links $\alpha = -7,75$,

mit $B = -34$ links $\beta = -2,125$.

Die transformierte Gleichung lautet:

$$z^3 - 7,75 z^2 - 2,125 z + 1 = 0. \qquad (6\,a)$$

Fortsetzung des Beispiels weiter unten (6b).

Auf demselben Leitersystem, das

$$A = \alpha \cdot \sqrt[3]{C}$$

darstellt, kann sogleich

$$x = z \cdot \sqrt[3]{C}$$

ausgewertet werden, wenn die Beschriftungen entsprechend geändert werden. (In Abb. 131 unten.)

Abb. 132.

Da die transformierte Gleichung (4a)

$$z^3 + \alpha z^2 + \beta z + 1 = 0$$

nur zwei wesentliche Koeffizienten (Parameter) in linearer Verbindung enthält, ist nunmehr die nomographische Darstellung in einer Leitertafel mit geradlinigen Trägern (α) und (β) angezeigt.

Ansatz:

$$x_1 = 0, \qquad y_1 = \alpha,$$
$$x_2 = 5, \qquad y_2 = \beta,$$
$$x_3 = \frac{5}{1+z}, \qquad y_3 = -\frac{(z^2 + 1/z)}{1+z}$$

[cm; Verkl. ¾].

(Zur Diskussion des Trägers (3): Asymptoten $y = 3$, $x = 0$, $x = 5$. Maximum $x = 2{,}5$, $y = -1$.)

Fortsetzung des Beispiels (6).

Gerade I:

$$z^3 - 7{,}75\,z^2 - 2{,}125\,z + 1 = 0. \tag{6b}$$

$\alpha = -7{,}75$, $\quad \beta = -2{,}125$; $\quad z_1 = 8$, $\quad z_2 = 0{,}25$, $\quad z_3 = -0{,}50$.

Der Übergang zu Abb. 131 ergibt mit $C = 64$ aus $z_2 = 0{,}25$ die Wurzel $x_2 = 1$, aus $z_3 = -0{,}50$ die Lösung $x_3 = -2$; der Lösungsweg für $z_1 = 8$, $x_1 = 32$ ist nicht eingezeichnet.

Im Bereich $-2 < z < -0{,}50$ sind die Leiterpunkte z unerreichbar. Der Ansatz:

$$x_1 = 0, \qquad y_1 = \alpha,$$
$$x_2 = 5, \qquad y_2 = -\beta,$$
$$x_3 = \frac{5}{1-z}, \qquad y_3 = +\frac{z^2 + 1/z}{1-z}$$

verlegt alle negativen Wurzeln z in den Streifen zwischen (α) und (β). Da die zugehörige Tafel unter Erhaltung der (α)-Leiter zunächst nur durch Umkehrung der Teilung (β) auf ihrem Träger gekennzeichnet ist, können wir sie der vorhandenen Darstellung überlagern. Es ergibt sich dann ein Träger (z), der für den Bereich $-3 < z < -0{,}4$ in dünner Linienführung eingezeichnet ist. Die Ablesung erfolgt bei Benutzung dieser Teilung so, daß die Leiter (β) positiv nach unten fortschreitet.

Die Abb. 131 und 132 übertreffen in ihrer Verbindung alle Darstellungen der reduzierten Formen.

II. Fall.

Abb. 133.

Hier ist der Sonderfall $A = 0$ bereits durch Abb. 130 erledigt. Es bleibt also

$$A \neq 0.$$

Die Umformung

$$x = z \cdot A \tag{3b}$$

liefert

$$z^3 + z^2 + \beta z + \gamma = 0, \tag{4b}$$

$$\beta = \frac{B}{A^2}, \quad \gamma = \frac{C}{A^3}. \tag{5b}$$

[Für (3b) und (5b) sind keine Tafeln entworfen.]

Ansatz für (4b):

$$x_1 = 0, \qquad y_1 = 5\beta,$$
$$x_2 = 80, \qquad y_2 = 5\gamma,$$
$$x_3 = \frac{80}{1+z}, \quad y_3 = -5z^2.$$

[mm; Verkl. 0,4].

Ablesebeispiel:

$$z^3 + z^2 - 3z - 1 = 0.$$

$z_1 = -2,17\,(-0,0001), \quad z_2 = +1,48\,(+0,0012), \quad z_3 = -0,31\,(-0,0011)$

(Korrektionen in Klammern).

Abb. 134. Siehe Seite 67.

III. Fall.

Abb. 135 und 136.

Die auf B bezügliche Transformation erfordert die Unterscheidung zwischen $B > 0$, $B = 0$ und $B < 0$.

$$B > 0, \qquad\qquad\qquad B < 0,$$
$$x = z \cdot \sqrt{B}, \qquad\qquad\qquad x = z \cdot \sqrt{-B}, \tag{3c}$$
$$z^3 + \alpha z^2 + z + \gamma = 0. \qquad\qquad z^3 + \alpha z^2 - z + \gamma = 0. \tag{4c}$$
$$\alpha = \frac{A}{\sqrt{B}}, \quad \beta = +1, \quad \gamma = \frac{C}{B\sqrt{B}}. \qquad \alpha = \frac{A}{\sqrt{-B}}, \quad \beta = -1,$$
$$\gamma = \frac{C}{-B\sqrt{-B}}. \tag{5c}$$

Die zugehörigen Tafeln sind dadurch ausgezeichnet, daß der Träger (z) für alle Wurzeln innerhalb des Streifens liegt, den die Leitern (α) und (β) begrenzen.

Wenn $B = 0$, kann die Darstellung ohne vorhergehende Transformation vorgenommen werden; in Abb. 135 ist der zugehörige Entwurf in dünner Linienführung und Beschriftung eingezeichnet.

Ansatz:

$$x_1 = 0, \qquad y_1 = \alpha,$$
$$x_2 = 1, \qquad y_2 = \gamma,$$
$$x_3 = \frac{1}{1+z^2}, \quad y_3 = -z \quad (\text{Abb. } 135, B > 0),$$
$$y_3 = -\frac{z^3}{1+z^2} \quad (\text{Abb. } 135, B = 0),$$
$$y_3 = -\frac{z(z^2-1)}{1+z^2} \quad (\text{Abb. } 136, B < 0).$$

Indem Zabel[1] die Transformation (3) auf die reduzierte Form (1) ausübt, erhält er eine Gleichung mit nur einem wesentlichen Koeffizienten, z. B.

$$z^3 + r z + 1 = 0. \tag{7}$$

Zabel löst diese Gleichung dadurch, daß er nach Umformung

$$r = -\left(z^2 + \frac{1}{z}\right) \tag{8}$$

die feste Kurve $y_1 = -\left(z^2 + \frac{1}{z}\right)$ mit der beweglichen Geraden $y_2 = r$ zum Schnitt bringt; die Wurzeln erscheinen dann als Abszissen der Schnittpunkte.

Bei diesem Verfahren kann die Kurve (8) in bekannter Weise durch Doppelleitern ersetzt werden; hierbei wird die Wiederholung der Ablesewege vermieden. — Wir kommen auf die Funktion (7) bei Abb. 142 und 146 zurück.

Abb. 134.

Affine Verwandtschaft zwischen kubischen Funktionen. Daß man die ∞^3-fache Mannigfaltigkeit aller kubischen Gleichungen mit reellen Koeffizienten durch Reduktion und eine Transformation (3) an festen Grundkurven lösen kann, läßt sich geometrisch durch einfache Verzerrung veranschaulichen. Die zur kubischen Funktion

$$\boldsymbol{y = x^3 + A\,x^2 + B\,x + C} \tag{9}$$

gehörige Kurve wird bei Reduktion parallel zur Abszissenachse verschoben; die Transformation (3) bewirkt Maßstabänderungen in Abszissen- und Ordinatenrichtung. Wird schließlich noch eine Parallelverschiebung parallel zur Ordinatenachse vorgenommen, so ist im ganzen auf (9) die besondere Affinität

$$x = a_{11}\,\xi + a_{13}, \tag{10}$$
$$y = a_{22}\,\eta + a_{23}$$

---

[1] Zabel: Z. ang. Math. Mech. Bd. 6, S. 329—334. 1926.

ausgeübt worden. Es ergibt sich dann jeweils einer der drei Fälle:

$$\text{I. } \eta = \xi^3 + \xi, \quad \text{II. } \eta = \xi^3, \quad \text{III. } \eta = \xi^3 - \xi,$$

je nachdem (8) keine Extremwerte, einen Terrassenpunkt oder zwei Extremwerte besitzt. Die Affinität (10) ist aber nun durch die Paralleleninvarianz der Koordinatenlinien ausgezeichnet, sie kann also leicht auf Millimeterpapier lediglich durch Verschiebung des 0-Punktes und durch Verzifferung der Achsenteilungen verwirklicht werden. (Geometrische Anamorphose.)

Abb. 134 zeigt gestrichelt das Grundnetz (ξ, η) mit den drei Typen I, II, III. Das überlagerte, ausgezogene Netz (x, y) stellt an III die Funktion

$$y = \tfrac{1}{2}x^3 - 3x^2 + 2x - 4$$

dar. Die zugehörige Affinität lautet

$$x = 2\xi\sqrt{2} + 2,$$
$$y = 8\eta\sqrt{2} - 8.$$

Zusatz: Die allgemeine Affinität führt die Typen I, II und III ineinander über; jedoch ist die Benutzung der Grundkurve dann nur schwer durchführbar.

Die reellen Wurzeln der vollständigen kubischen Gleichung.

Fluchtlinientafeln. Die Funktion

$$x^3 + Ax^2 + Bx + C = 0 \tag{1}$$

enthält vier Veränderliche; da sie in A, B und C linear ist, läßt sie sich auf zwei geraden Leitern für zwei der Koeffizienten und in einem Netz für den dritten Koeffizienten und die Wurzeln darstellen. Dafür bestehen drei Möglichkeiten:

1. Form: Leitern (A) und (B), Netz (C, x). Abb. 137.
2. Form: Leitern (B) und (C), Netz (A, x). Abb. 138.
3. Form: Leitern (C) und (A), Netz (B, x). Abb. 139.

Gemeinsames Ablesebeispiel:

$$x^3 + x^2 - 3x - 1 = 0. \quad A = 1, \quad B = -3, \quad C = -1.$$
$$x_1 = -2{,}17\,(-0{,}0001); \quad x_2 = -0{,}31\,(-0{,}0011);$$
$$x_3 = +1{,}48\,(+0{,}0012).$$

(Korrektionen in Klammern).

Abb. 137.

1. Form. Ansatz: $\mathfrak{x}_1 = 0,$ $\qquad \mathfrak{y}_1 = 10 \cdot A,$

$$\mathfrak{x}_2 = 50, \qquad \mathfrak{y}_2 = 10 \cdot l \cdot B,$$
$$\mathfrak{x}_3 = \frac{50}{1 + lx}, \qquad \mathfrak{y}_3 = \frac{-10 \cdot l \cdot (x^3 + C)}{x(1 + lx)}.$$

[mm; Verkl. 0,6].

Dem Entwurf liegt $l = 1$ zugrunde; daher sind die Wurzeln in der Umgebung von $x = -1$ nicht erreichbar. Durch geeignete Wahl von l kann jeder vorgeschriebene Wert x der uneigentlichen Geraden zugeordnet werden.

Negative Wurzeln lassen sich auch innerhalb des Leiterstreifens ermitteln, wenn man mit

$$x = -z,\qquad\qquad\qquad (2)$$

$$z^3 - A z^2 + B z - C = 0 \qquad\qquad (3)$$

einstellt.

(Entwurf nach Mehmke.)

Abb. 138.

2. Form. Ansatz:
$$\mathfrak{x}_1 = 0,\qquad \mathfrak{y}_1 = 10\,B,$$
$$\mathfrak{x}_2 = 100,\qquad \mathfrak{y}_2 = 10 \cdot l \cdot C,$$
$$\mathfrak{x}_3 = \frac{200}{1 + l\,x},\qquad \mathfrak{y}_3 = \frac{-10 \cdot l \cdot (x^3 + A\,x^2)}{1 + l\,x}.$$

[mm; Verkl. ½].

Entwurf (nach d'Ocagne) mit $l = 1$. Es ist lediglich ein Bereich von positiven Wurzeln eingezeichnet, da die Einstellung von (3) die negativen Wurzeln liefert.

Abb. 139.

3. Form. Ansatz:
$$\mathfrak{x}_1 = 0,\qquad \mathfrak{y}_1 = 20 \cdot A,$$
$$\mathfrak{x}_2 = 200,\qquad \mathfrak{y}_2 = 20 \cdot l \cdot C,$$
$$\mathfrak{x}_3 = \frac{200}{1 + l\,x^2},\qquad \mathfrak{y}_3 = \frac{-20 \cdot l \cdot (x^3 + B\,x)}{1 + l\,x^2}.$$

[mm; Verkl. ½].

Der Entwurf, der positive und negative Wurzeln x in Überlagerung innerhalb des Leiterstreifens darstellt, ist mit $l = \frac{1}{2}$ durchgeführt. Tafeln dieser Art sind dadurch ausgezeichnet, daß die Schar (x)

$$\mathfrak{x}_3 = \frac{200}{1 + l\,x^2}$$

im Gegensatz zu den Formen 1 und 2 eine reguläre Stelle besitzt $\left(x_0 = \sqrt{\dfrac{1}{3l}}\right)$, die man durch entsprechende Wahl von l in einen vorgeschriebenen Bereich verlegen kann. Ferner ist der Verlauf der Kurvenschar günstiger als in den vorhergehenden Formen.

Auch die Bestimmung der negativen Wurzeln erledigt sich insofern einfacher, als die Kurve (B) beibehalten wird, der mühsamere Teil der Einstellung also erhalten bleibt.

Zusatz: 1. In allen drei Entwürfen bestimmen die Kurvenscharen auf den Geraden (x) reguläre Leitern. Dadurch wird die Konstruktion wesentlich vereinfacht, indem aus einigen berechneten Kurven die übrigen durch Interpolation eingezeichnet werden können.

2. Die Nomogramme für die unvollständigen Formen sind lediglich als Teildarstellungen der soeben entwickelten Tafeln anzusehen, da die Träger für die Wurzeln dort Einzelkurven aus den hier dargestellten Scharen sind.

Abb. 132 zeigt die Kurve $C = 1$ aus Abb. 137,
„ 133 „ „ „ $A = 1$ „ „ 138,
„ 135 und 136 zeigen die Kurven $B = 0$, $B = + 1$ und $B = - 1$ aus Abb. 139.

Abb. 140 und 141.

Wanderkurvenblatt für die kubische Gleichung. Eine ältere Darstellung der kubischen Gleichung ist das von Reuschle angegebene Wanderkurvenblatt, das wir in neuerer Ausgestaltung bringen.

Die gegebene Gleichung

$$x^3 + A x^2 + B x + C = 0, \tag{1}$$

wird in

$$x \cdot y = - C, \tag{2}$$

$$y = x^2 + A x + B \tag{3}$$

zerlegt. Über der festen Hyperbelschar (2) wird die Parabel (3)

$$y = x^2$$

derart verschoben, daß der Scheitelpunkt die Abszisse $\mathfrak{x}_0 = - \tfrac{1}{2} A$ erhält und die Kurve selbst auf der Ordinatenachse den Abschnitt B bestimmt. Durch geeignete Beschriftungen läßt sich die Benutzung eines derartigen Nomogramms handlich gestalten.

In Abb. 140 trägt die Hyperbelschar unmittelbar die Zahlenwerte C. Am oberen Rand ist die Teilung $\mathfrak{x}_0 = - \tfrac{1}{2} A$ angebracht, so daß sich die Achse der Parabel (Abb. 141) sogleich festlegen läßt. Da die Einstellung der Achsenabschnitte B wegen der Steilheit der Parabel nicht immer scharf genug erfolgen kann, formt man (3) zweckmäßig um:

$$y = \left(x + \frac{1}{2} A\right)^2 + \left(B - \frac{A^2}{4}\right). \tag{4}$$

Der Wert

$$d = B - \frac{A^2}{4} \tag{5}$$

gibt die Ordinate $\mathfrak{y}_0$ des Scheitelpunktes. Die Schablone Abb. 141 enthält eine Leiter für d.

Bei einem Grundblatt, das auch die Horizontalschar (B) ausgebildet enthält, kann die Achse der Parabel mit einer Funktionsleiter $\pm \dfrac{A^2}{4}$ versehen werden, so daß auch die Bildung von d mechanisch erfolgen kann. In phoronomischer Umkehrung läßt sich entsprechend die Schablone mit Hilfe einer Parallelschar $\left(\pm \dfrac{A^2}{4}\right)$ an der festen Leiter (B) einstellen. Aus zeichnerischen Gründen wurde diese Erweiterung, die besser in farbiger Ausführung zur Geltung kommt, hier unterdrückt.

Wenn zwei Wurzeln zusammenfallen, so tritt zwischen der beweglichen Parabel und einer Hyperbel Berührung ein. Für den Fall, daß alle drei Wurzeln zusammenfallen, ist die Ableseparabel Schmiegungskurve einer Hyperbel. — Bei reduzierten Gleichungen wird die Parabel $y = x^2$ lediglich in y-Richtung verschoben.

Die soeben entwickelte Zerlegung einer Funktion stellt ein vielfach geübtes Verfahren dar.

So formt man die reduzierte Gleichung

$$z^3 + \beta z + \gamma = 0$$

in

$$y_1 = -z^3 \quad \text{und} \quad y_2 = \beta z + \gamma$$

um und bringt die feste Kurve $y_1 = -z^3$ mit der beweglichen Geraden $y_2 = \beta z + \gamma$ zum Schnitt[1].

Ähnlich wird

$$z^3 + z^2 + \beta z + \gamma = 0$$

im Koordinatensystem (z, y) durch Schnitt der Geraden

$$y = \beta z + \gamma$$

mit der festen Kurve

$$y = -(z^3 + z^2)$$

gelöst.

Diese im Ansatz so überaus einfachen Methoden benutzen zur Ablesung einen Anstieg (β). Nun ist aber die Einstellung eines Anstiegs i. a. nicht sehr bequem. Man könnte zwar die Ablesegerade nach der Vorschrift der Kreuztafeln an einem rechtwinkligen Kreuz[2] regulär geteilter Achsen β und γ orientieren, was allerdings hier einen verhältnismäßig großen Aufwand bedeuten würde; auch der Ausweg, eine weitere Abschnittsteilung von $\dfrac{\gamma}{\beta}$ einzuführen, befriedigt wenig[3]. In der Ablesung sind die Tafeln handlicher, in die unmittelbar die Koeffizienten eingesetzt werden können.

Die Benutzung eines Anstiegs läßt sich als Einstellung eines Punktes auf der uneigentlichen Geraden auffassen. Sobald man also die uneigentliche Gerade durch eine Projektivität in eine eigentliche überführt, wandelt man die Konstruktionen mit Anstiegsbenutzung in Tafeln mit Punktablesung um. So geht die zuletzt genannte Konstruktion in den Entwurf Abb. 133 über, wenn man auf die Grundebene (z, y) die projektive Verzerrung

$$\xi = \frac{1}{1 + l z}, \quad \eta = \frac{l y}{1 + l z}$$

ausübt.

Punkte der uneigentlichen Geraden, $z \to \infty$, $\dfrac{y}{z} \to \beta$, transformieren sich in Leiterpunkte $\xi = 0$, $\eta = \beta$; die y-Achse ($z = 0$), auf welcher der Achsenabschnitt

---

[1] Vgl. z. B. Konorski: Die Grundlagen der Nomographie, S. 48, Abb. 44.

[2] Dieses Verfahren hat sich in technischen Nomogrammen, wie Alexander Fischer mehrfach gezeigt hat, sehr bewährt.

[3] Vgl. z. B. Werkmeister S. 138, Abb. 119. Konorski: Hilfsbuch für Betriebsberechnungen, Berlin: Julius Springer 1930, erreicht auf diesem Wege eine Vereinfachung des Tafelbildes.

$y = \gamma$ eingestellt wird, geht in die Leiter $\xi = 1$, $\eta = l\gamma$ über; schließlich ergibt sich als Bild der Kurve $y = -(z^3 + z^2)$ der Träger:

$$\xi = \frac{1}{1+lz}, \quad \eta = \frac{-lz^2(1+z)}{1+lz}.$$

Mit $l = 1$ erhält man den auf S. 66 mitgeteilten Entwurf.

Die komplexen Wurzeln der kubischen Gleichungen.
Abb. 142.

Wenn auf die reduzierte Form

$$x^3 + px + q = 0 \tag{1}$$

die oben (S. 63) behandelte Transformation

$$x = z \cdot \sqrt[3]{q} \tag{2}$$

ausgeübt wird, ergibt sich

$$z^3 + r \cdot z + 1 = 0 \tag{3}$$

mit

$$r = \frac{p}{\sqrt[3]{q^2}}. \tag{4}$$

Die reelle Wurzel z_1 und die konjugiert komplexen Wurzeln

$$z_{2,3} = \xi \pm i\eta$$

bilden dann je eine eindimensionale Mannigfaltigkeit, stellen sich also in der Gaußschen Zahlenebene als Linienzüge dar. Bei Bezifferung dieser Linien (Träger) erscheint das Bild als Nomogramm.

Es gelten die Beziehungen

$$r = \frac{1}{2\xi} - 4\xi^2, \tag{5}$$

$$\eta^2 = \frac{1}{2\xi} - \xi^2. \tag{6}$$

Wir wollen nur Gleichungen (3) erfassen, die komplexe Wurzeln besitzen; also muß η reell existieren, d. h. ξ ist auf den Bereich

$$0 < \xi \leqq \sqrt[3]{0,5} \, (= 0{,}7937)$$

beschränkt. Der kleinste Wert, den r an der oberen Schranke dieses Bereiches annimmt, ist

$$r = -1{,}5 \cdot \sqrt[3]{2} = -1{,}89.$$

Abb. 142 zeigt den Träger (6) mit der Bezifferung (5). Die Teilung ist durch Einzeichnung der Ordinaten η in Abhängigkeit von r zu entwerfen.

Abb. 143.

Jedem Wert r gehören in der Gau ß schen Ebene drei Punkte (r) zu, die ein gleichschenkliges Dreieck mit der Spitze z_1 und dem Schwerpunkt 0 bilden. Die Mannigfaltigkeit dieser Dreiecke läßt sich in einem räumlichen System (ξ, η, r) darstellen; wir bewegen die (ξ, η)-Ebene parallel so, daß der 0-Punkt die Flächennormale in gleichförmiger Abhängigkeit von r durchläuft; dann erzeugen die Ecken des Dreiecks (z_1, z_2, z_3) Kurven, die Seiten Regelflächen, so daß ein „Wurzelkörper" entsteht.

Die sichtbaren Schnittkurven mit den Koordinatentafeln sind eingezeichnet; während die rechts gelegene Fläche rein-zylindrisch ist, sind die links vorn und hinten liegenden Flächen verwunden. Die Gratlinie links ist unten scharf und wird mit wachsenden Werten r stumpfer. Mit $r \to \infty$ wird der Körper in ξ-Richtung immer flacher und strebt gegen die (η, r)-Tafel. Es wäre möglich, auch die Gleichungen mit drei reellen Wurzeln aufzunehmen, dann würde sich die Darstellung in der (ξ, r)-Tafel nach unten als ebene Figur fortsetzen.

Abb. 144.

Den Charakter einer Netztafel für die komplexen Wurzeln $x_{2,3} = \xi \pm i\eta$ von

$$x^3 + px + q = 0$$

nimmt eine Darstellung der Wurzeln in der Gau ß schen Ebene an. Die Kurven

$$3\xi^2 - \eta^2 + p = 0, \tag{7}$$

$$2\xi(\xi^2 + \eta^2) - q = 0 \tag{8}$$

bestimmen ein Netz, das Abb. 144 in der oberen Halbebene zeigt. Eine gegebene Gleichung (p, q) wird in einen Netzpunkt (eigentlich in ein Punktepaar) abgebildet, dessen Koordinaten ξ und η sogleich die Wurzel $x_2 = \xi + i\eta$ und damit auch $x_3 = \xi - i\eta$ angeben. Die Beschriftung von ξ wurde in der Zeichnung von der reellen Achse ab nach unten verschoben. Das Geradenpaar $p = 0$ ist Ort der Wendepunkte der Kurven (q).

Abb. 145.

Für die Darstellung ergibt sich eine Erleichterung, wenn man die (ξ, η)-Ebene in ein quadratisches Netz

$$u = 3 \cdot \xi^2, \quad v = \eta^2$$

abbildet. Dann gehen nämlich die Hyperbeln (7) in die Geraden

$$v = u + p,$$

die Kurven (8) in

$$v = -\frac{1}{3}u + \frac{1}{2}q\sqrt{3} \cdot \frac{1}{\sqrt{u}}$$

über. An Hand der Werte $\frac{1}{2}\sqrt{\frac{3}{u}}$ lassen sich die Linien (q) dann leicht einzeichnen.

Abb. 146 (Tafel 64 und 65).

Die affine Transformation der kubischen Gleichung scheint ihre besonderen Vorzüge bei der tabellarischen Rechnung zu entfalten, da man die komplexen Wurzeln sämtlicher Gleichungen in einer Tabelle mit einem Eingang zusammenfassen kann. Eine derartige Tabelle wurde berechnet und in Abb. 146 als Dreifachleiter wiedergegeben. An der mittleren Teilung (r) sind beiderseits die Werte ξ und η vermerkt. Das zuerst von Pirani benutzte, von Werkmeister in mannigfachen Spielarten dargestellte Verfahren, die Teilungen zu „brechen", ermöglicht es, auf kleinem Raum verhältnismäßig große Genauigkeiten zu erreichen. So können im vorliegenden Falle die Werte r zwischen $+10{,}00$ und $-1{,}60$ unschwer auf $0{,}01$, zwischen $-1{,}600$ und $-1{,}889$ auf $0{,}002$ eingesetzt werden; von ξ sind überall, von η wenigstens im größten Bereich der Tafel die ersten drei (von Null verschiedenen) Ziffern zu ermitteln.

Gleichungen vierten Grades.

Die allgemeine Gleichung vierten Grades

$$x^4 + Ax^3 + Bx^2 + Cx + D = 0 \tag{1}$$

enthält fünf Variable. Zu einer einfachen nomographischen Darstellung gelangt man, wenn einer der Koeffizienten durch Reduktion oder affine Transformation einen konstanten Wert erhält. Da sich die Transformation $x = \lambda \cdot z$ graphisch übersichtlicher erledigt, wählen wir zunächst den zweiten Weg. Es bieten sich hier vier Möglichkeiten dar: in $x = \lambda \cdot z$ kann λ so bestimmt werden, daß in der transformierten Gleichung

$$z^4 + \alpha z^3 + \beta z^2 + \gamma z + \delta = 0$$

jeweils einer der Koeffizienten konstant (und von Null verschieden), z. B. gleich 1 wird, falls nicht der zugehörige Koeffizient in (1) bereits selbst Null ist.

I	II	III	IV
$A \neq 0$	$B \neq 0;\ \ B \gtrless 0$	$C \neq 0$	$D \neq 0;\ \ D \gtrless 0$
$\lambda = A$	$\lambda = \sqrt{|B|}$	$\lambda = \sqrt[3]{C}$	$\lambda = \sqrt[4]{|D|}$
$\alpha = 1$	$\alpha = A : \sqrt{|B|}$	$\alpha = A : \sqrt[3]{C}$	$\alpha = A : \sqrt[4]{|D|}$
$\beta = B : A^2$	$\beta = \pm 1$	$\beta = B : \sqrt[3]{C^2}$	$\beta = B : \sqrt{|D|}$
$\gamma = C : A^3$	$\gamma = C : \sqrt{|B|^3}$	$\gamma = 1$	$\gamma = C : \sqrt[4]{|D|^3}$
$\delta = D : A^4$	$\delta = D : B^2$	$\delta = D : \sqrt[3]{C^4}$	$\delta = \pm 1$

In den Fällen II und IV muß man zwischen $B > 0$ und $B < 0$ bzw.
$D > 0$ und $D < 0$ Unterschiede machen, so daß in dem Falle zwei
Darstellungsformen notwendig werden. Einheitlich laufen die Transformationen I und III ab. Wir haben davon abgesehen, alle vier Entwürfe bildlich wiederzugeben, beschränken uns vielmehr auf III.
Abb. 147.

$$\text{Transformation:} \quad \lambda = \sqrt[3]{C}, \quad x = z \cdot \sqrt[3]{C}. \tag{2}$$

$$a = A : \sqrt[3]{C}, \quad \beta = B : \sqrt[3]{C^2}, \quad \gamma = 1 = \left(C : \sqrt[3]{C^3}\right), \quad \delta = D : \sqrt[3]{C^4}. \tag{3}$$

Der gemeinsame Typus ist $\varepsilon = E : \sqrt[3]{C^n}$, $n = 1, 2, 3, 4$.

Ansatz:

$$
\begin{aligned}
x_1 &= 0, & y_1 &= 100 \cdot \log C, \\
x_2 &= -160, & y_2 &= 100 \cdot \log \varepsilon, \quad (\varepsilon = \alpha, \beta, \delta). \\
x_3 &= -120, & y_3 &= 75 \cdot \log A, \\
x_4 &= -96, & y_4 &= 60 \cdot \log B, \\
x_5 &= -68{,}6, & y_5 &= 42{,}9 \cdot \log D.
\end{aligned}
$$

[mm; Verkl. 0,4].

Beispiel:

$$C = 64; \quad B = 48. \quad \beta = 3.$$

Abb. 148 (s. u. nach Abb. 149).

Abb. 149.

Für die transformierte Gleichung

$$z^4 + \alpha z^3 + \beta z^2 + z + \delta = 0 \tag{4}$$

bestehen drei verschiedene Darstellungsmöglichkeiten in Leitertafeln,
je nachdem welcher Koeffizient in eine Kurvenschar und welche Koeffizienten in Leiterpunkte abgebildet werden.

1. Form: Leitern (α) und (β), Netz (δ, x),
2. Form: Leitern (α) und (δ), Netz (β, x),
3. Form: Leitern (β) und (δ), Netz (α, x).
Wir beschränken uns auf zwei Beispiele.

$$C \neq 0.$$

Abb. 149 entspricht dem Ansatz erster Form:

$$
\begin{aligned}
x_1 &= 0, & y_1 &= 10\,\alpha, \\
x_2 &= 100, & y_2 &= 5\,\beta, \\
x_3 &= \frac{200}{2+z}, & y_3 &= -10 \cdot \frac{z^2 + \dfrac{1}{z} + \dfrac{\delta}{z^2}}{2+z}.
\end{aligned}
$$

[mm; Verkl. 0,5].

Die reellen Wurzeln erscheinen auf der geradlinigen Vertikalschar.

Beispiel:
$$x^4 + 48\,x^2 + 64\,x - 768 = 0\,.$$

Die Transformation $(x = 4 \cdot z)$ ergibt mit Abb. 147
$$z^4 + 3\,z^2 + z - 3 = 0\,.$$
$$\alpha = 0\,, \quad \beta = 3\,, \quad (\gamma = 1)\,, \quad \delta = -3\,.$$

Das Ableselineal durch $\alpha = 0$ und $\beta = 3$ schneidet die Kurvenzweige $\delta = -3$ bei $z = -1$ und $z \sim +0{,}8$. Diese Werte werden mit Abb. 147 in $x = -4$ und $x \sim +3{,}13$ zurückgewandelt.

Abb. 148.

Für den Fall, daß die Gleichung vierten Grades reduziert ist, $A = 0$, also auch $\alpha = 0$, erhalten wir nach der Transformation in Abb. 147 eine zweidimensionale Mannigfaltigkeit von Gleichungen
$$z^4 + \beta\,z^2 + z + \delta = 0, \tag{5}$$

deren Nomogramm mit geraden Leitern (β) und (δ) nun lediglich eine krummlinige Leiter (z) enthält (Sonderfall dritter Form).

Ansatz:
$$\begin{aligned}
x_1 &= 0\,, & y_1 &= 20\,\beta\,, \\
x_2 &= 150\,, & y_2 &= 20\,\delta\,, \\
x_3 &= \frac{150}{1 + z^2}\,, & y_3 &= \frac{20 \cdot z \cdot (1 + z^3)}{1 + z^2}\,.
\end{aligned}$$

[mm; Verkl. 0,5].

Beispiel (wie in Abb. 149):
$$z^4 + 3\,z^2 + z - 3 = 0\,. \quad z_1 = -1\,, \quad z_2 = +0{,}78\,(+0{,}003)$$
(Korrektion in Klammern).

Aus dem Verlauf des Trägers (z) läßt sich erkennen, daß die reellen Wurzeln stets paarweise auftreten. Auch der Bereich der Gleichungen ohne reelle Wurzeln hebt sich hervor.

Wenn sich bei der Reduktion mit $A = 0$ zugleich auch $C = 0$ ergibt, so wird
$$z^4 + \beta\,z^2 + \delta = 0$$
mit Hilfe einer quadratischen Gleichung gelöst; ein zugehöriges Nomogramm ist hier nicht wiedergegeben.

Abb. 150. Die Abb. befindet sich auf Tafel 104 am Ende des Tafelteiles.

An der reduzierten Gleichung soll der oben unter II skizzierte Weg (s. S. 74) verfolgt werden. In
$$x^4 + B\,x^2 + C\,x + D = 0$$

sind die Fälle $B > 0$ und $B < 0$ zu unterscheiden. Wenn

$$\boldsymbol{B > 0,} \qquad \boldsymbol{B < 0,}$$

so ergibt sich mit

$$x = u\sqrt{B}, \qquad x = v\sqrt{-B}$$

die transformierte Gleichung

$$u^4 + u^2 + \gamma u + \delta = 0. \qquad v^4 - v^2 + \gamma v + \delta = 0.$$

Der Ansatz für beide Fälle stimmt in Trägern

$$x_1 = 0, \qquad y_1 = 10\,\gamma,$$
$$x_2 = 100, \quad y_2 = \ 2\,\delta$$

überein. Für (u) bzw. (v) erhält man

$$x_3 = \frac{500}{5 + u}, \qquad\qquad x_3 = \frac{500}{5 + v},$$
$$y_3 = -\,0{,}02 \cdot x_3 \cdot u^2\,(u^2 + 1), \qquad y_3 = -\,0{,}02 \cdot x_3 \cdot v^2\,(v^2 - 1).$$

[mm; Verkl. 0,5].

Die Transformationen sind nicht wiederholt und auch nicht zeichnerisch dargestellt, da die zugehörigen Tafeln nichts Neues bieten.

Der Fall $B = 0$, in dem sich die Transformation erübrigt, da sofort eine Leitertafel mit linearen Leitern (C) und (D) angegeben werden kann, ist als Sonderfall nicht dargestellt.

Beispiele: 1. $u^4 + u^2 - 6u - 8 = 0,$

$\qquad\qquad\qquad u_1 = +2, \qquad u_2 = -1.$

$\qquad\qquad\qquad u_{3,4}$ konjugiert komplex.

$\qquad\qquad$ 2. $v^4 - v^2 - 12v + 12 = 0.$

$\qquad\qquad\qquad v_1 = +1, \qquad v_2 = +2.$

$\qquad\qquad\qquad v_{3,4}$ konjugiert komplex.

Gleichungen fünften Grades.

Um die Anzahl der Veränderlichen herabzudrücken, wird man Nomogramme für die Gleichung fünften Grades zweckmäßig an die reduzierte Form

$$x^5 + a\,x^3 + b\,x^2 + c\,x + d = 0 \tag{1}$$

anschließen. Durch affine Transformation

$$x = \lambda\,z \tag{2}$$

erhält man

$$z^5 + \alpha\,z^3 + \beta\,z^2 + \gamma\,z + \delta = 0, \tag{3}$$

wobei

$$\alpha = \frac{a}{\lambda^2}, \quad \beta = \frac{b}{\lambda^3}, \quad \gamma = \frac{c}{\lambda^4}, \quad \delta = \frac{d}{\lambda^5}. \tag{4}$$

Für die Ermittlung von λ bestehen, entsprechend den Ausführungen auf S. 74, zunächst vier Fälle.

I	II	III	IV
$a \gtrless 0$	$b \gtrless 0$	$c \gtrless 0$	$d \gtrless 0$
$\lambda = \sqrt{a}$	$\lambda = \sqrt[3]{b}$	$\lambda = \sqrt[4]{c}$	$\lambda = \sqrt[5]{d}$
$\alpha = \pm 1$	$\alpha = \dfrac{a}{\sqrt[3]{b^2}}$	$\alpha = \dfrac{a}{\sqrt[4]{c}}$	$\alpha = \dfrac{a}{\sqrt[5]{d^2}}$
$\beta = \dfrac{b}{a\sqrt{a}}$	$\beta = 1$	$\beta = \dfrac{b}{\sqrt[4]{c^3}}$	$\beta = \dfrac{b}{\sqrt[5]{d^3}}$
$\gamma = \dfrac{c}{a^2}$	$\gamma = \dfrac{c}{b \cdot \sqrt[3]{b}}$	$\gamma = \pm 1$	$\gamma = \dfrac{c}{\sqrt[5]{d^4}}$
$\delta = \dfrac{d}{a^2 \cdot \sqrt{a}}$	$\delta = \dfrac{d}{b \cdot \sqrt[3]{b^2}}$	$\delta = \dfrac{d}{c \cdot \sqrt[4]{c}}$	$\delta = 1$

In den Fällen I und III müssen die Vorzeichen von a bzw. von c berücksichtigt werden; eine vom Vorzeichen unabhängige Darstellung wird sich daher auf II oder IV beziehen müssen. Damit die Transformation (2) und (4) mit dem Rechenstab erledigt werden kann, wird im folgenden der Fall II zugrunde gelegt.

$b \gtrless 0$.

$$z^5 + \alpha z^3 + z^2 + \gamma z + \delta = 0 , \tag{5}$$

$$x = z \cdot \sqrt[3]{b} . \tag{2a}$$

Die in α, γ und δ lineare Gleichung (5) läßt nunmehr drei Darstellungsformen zu:

Form 1. Leitern (α) und (γ), Netz (δ, z).

$$
\begin{aligned}
x_1 &= 0 , & y_1 &= n \cdot \alpha , \\
x_2 &= m , & y_2 &= n \cdot l \cdot \gamma , \\
x_3 &= \frac{m}{1 + l \cdot z^2} , & y_3 &= \frac{-n \cdot l \cdot (z^4 + z + \delta \cdot z^{-1})}{1 + l \cdot z^2} .
\end{aligned}
$$

Form 2. Leitern (α) und (δ), Netz (γ, z).

$$
\begin{aligned}
x_1 &= 0 , & y_1 &= n \cdot \alpha , \\
x_2 &= m , & y_2 &= n \cdot l \cdot \delta , \\
x_3 &= \frac{m}{1 + l z^3} , & y_3 &= \frac{-n \cdot l \cdot (z^5 + z^2 + \gamma z)}{1 + l z^3} .
\end{aligned}
$$

Form 3. Leitern (γ) und (δ), Netz (α, z).

$$
\begin{aligned}
x_1 &= 0 , & y_1 &= n \cdot \gamma , \\
x_2 &= m , & y_2 &= n \cdot l \cdot \delta , \\
x_3 &= \frac{m}{1 + l z} , & y_3 &= \frac{-n \cdot l \cdot (z^5 + z^2 + \alpha z^3)}{1 + l z} .
\end{aligned}
$$

Abb. 151 und 152.

Abb. 151 zeigt einen Entwurf der ersten Form mit dem Ansatz $m = 200$, $n = 20$, $l = \frac{1}{2}$:

$$x_1 = 0, \qquad y_1 = 20\alpha,$$
$$x_2 = 200, \qquad y_2 = 10\gamma,$$
$$x_3 = \frac{400}{2 + z^2}, \qquad y_3 = \frac{-20 \cdot (z^4 + z + \delta \cdot z^{-1})}{2 + z^2}.$$

[mm; Verkl. 0,45]. Reguläre Stelle der Schar $(z) \sim 0{,}8$.

Eine Tafel dieser Art ist vor Entwürfen zweiter oder dritter Form dadurch ausgezeichnet, daß (bei endlichen Werten α und γ) keine uneigentlichen Darstellungselemente für z, wie es in der zweiten und dritten Form der Fall ist, auftreten können, denn für alle positiven und negativen Werte (z) liegt das Netz (δ, z) stets innerhalb des Leiterstreifens, wenn $l > 0$. Allerdings ist es aus zeichnerischen Gründen angebracht, die Teilnetze für $z > 0$ und $z < 0$ zu trennen; während nämlich die Teilscharen $(+ z)$ und $(- z)$ identisch sind, zeigt die Schar (δ) für $z < 0$ einen anderen Aufbau als für $z > 0$. Abb. 152 gibt den Entwurf für negative Wurzeln.

Abb. 153.

$b = 0$.

Wenn bei der Reduktion sich zugleich
$$b = 0$$
ergibt,
$$x^5 + ax^3 + cx + d = 0, \tag{6}$$
so kann eine Darstellung sofort ohne weitere Transformation Platz greifen. Der Entwurf Abb. 153 lehnt sich im Aufbau eng an die Tafeln Abb. 151 und 152 an.

Ansatz:
$$\mathfrak{x}_1 = 0, \qquad \mathfrak{y}_1 = 20a,$$
$$\mathfrak{x}_2 = 200, \qquad \mathfrak{y}_2 = 10c,$$
$$\mathfrak{x}_3 = \frac{400}{2 + x^2}, \qquad \mathfrak{y}_3 = \frac{-20 \cdot (x^4 + d \cdot x^{-1})}{2 + x^2}.$$

[mm; Verkl. 0,45]. Reguläre Stelle der Schar $(x) \sim 0{,}8$.

Somit können die Konstruktionsunterlagen von Abb. 151 fast vollständig benutzt werden.

Auch hier sind positive und negative Wurzeln überlagert, die Trennung erfolgt aber sehr einfach. Die Wurzel x tritt nur einmal in ungerader Potenz auf, und zwar in $\mathfrak{y}_3$. Für negative Werte von x entwickelt sich die Schar (d) mit entgegengesetztem Zeichen; [dies läßt sich übrigens algebraisch sofort an der Gl. (6) erkennen].

Durch Trennung der positiven und negativen Wurzeln ist zwar die Ablesung innerhalb der Tafel übersichtlich geworden, aber es läßt sich doch nur schwer ein Überblick über die Anordnung und Anzahl der Wurzeln gewinnen. Deshalb soll noch ein Entwurf gezeigt werden, der positive und negative Wurzeln in einer Tafel darstellt, wenn auch die Ablesung nicht ganz so günstig ist.

Abb. 154.

$$b + 0.$$

Entwurf dritter Form mit dem Ansatz $m = 100$, $n = 10$, $l = \tfrac{1}{4}$:

$$x_1 = 0, \qquad y_1 = 10\gamma,$$
$$x_2 = 100, \qquad y_2 = 2,5\delta,$$
$$x_3 = \frac{400}{4 + z}, \qquad y_3 = \frac{-10 \cdot (z^5 + z^2 + \alpha z^3)}{4 + z}$$

[mm; Verkl. 0,45].

Trinomische Gleichungen.

Trinomische Gleichungen

$$x^n + a\,x^m + b = 0, \quad n > m \tag{1}$$

lassen sich bei festen Exponenten n und m stets in Leitertafeln mit geradlinigen (und linearen) Teilungen (a) und (b) und krummlinigem Träger (x) lösen. Ein Typus dieser Tafeln ist bereits bei der reduzierten kubischen Gleichung (s. S. 63, Abb. 130) hervorgetreten.

Abb. 155.

Als Beispiel werde

$$x^5 + a\,x^4 + b = 0 \tag{2}$$

behandelt.

Ansatz:
$$x_1 = 0{,}05\,a, \qquad y_1 = 1,$$
$$x_2 = 0{,}05\,b, \qquad y_2 = 0,$$
$$x_3 = \frac{-0{,}05\,x^5}{1 + x^4}, \qquad y_3 = \frac{x^4}{1 + x^4},$$
$$= -\frac{20}{x}\,x_3.$$

[dm; Verkl. ⅔].

Aus der Gestalt des Trägers (x), der für alle Werte x innerhalb des Streifens $y = 0 \dots 1$ verläuft, geht hervor, daß (2) höchstens drei reelle Wurzeln haben kann.

Abb. 156. Siehe unten Seite 83 nach Abb. 163.

Abgesehen davon, daß die Genauigkeit derartiger Nomogramme beschränkt bleibt, ist es natürlich nicht möglich, die ∞^2-fache Mannigfaltigkeit aller Gleichungen (1) mit n und m als Parametern auf diesem Wege zu erfassen. Ein allgemeiner Weg, zunächst die positiven Wurzeln zu ermitteln, bietet sich bei Benutzung der Gaußschen goniometrischen Lösungsweise dar. Wie dann mit $z = -x$ auch die negativen Wurzeln gefunden werden, bedarf keiner weiteren Ausführung.

Abb. 157 und 158.

Man hat in (1) drei Fälle zu unterscheiden:

$$\left.\begin{array}{lll} \text{Fall} & \text{I:} & x^n + A\,x^m - B = 0\,, \\ \text{,,} & \text{II:} & x^n - A\,x^m - B = 0\,, \\ \text{,,} & \text{III:} & x^n - A\,x^m + B = 0\,. \end{array}\right\} \quad (3)$$

Hierin sind A und B nun absolute Zahlen. Setzt man

$$\boldsymbol{y = B^{n-m} \cdot A^{-n}}\,, \qquad (4)$$

so wird die Lösung mit dem Hilfswinkel φ herbeigeführt,

$$\left.\begin{array}{lllll} \text{der im Falle} & \text{I} & \text{durch} & \sqrt{y_1} = \sin^m \varphi \cos^{-n} \varphi\,, \\ \text{,,} & \text{,,} & \text{II} & \text{,,} & \sqrt{y_2} = \sin^{n-m} \varphi \cos^{-n} \varphi\,, \\ \text{,,} & \text{,,} & \text{III} & \text{,,} & \sqrt{y_3} = \sin^m \varphi \cos^{n-m} \varphi \end{array}\right\} \quad (5)$$

bestimmt wird. Die Hilfsfunktion hat die Form

$$\sqrt{y} = \sin^q \varphi \cos^{-p} \varphi\,. \qquad (6)$$

$$\begin{array}{lllll} \text{Lösung:} & \text{Fall} & \text{I:} & x^n = B \cdot \sin^2 \varphi\,, \\ & \text{,,} & \text{II:} & x^{n-m} = A \cdot \cos^{-2} \varphi\,, \\ & \text{,,} & \text{III:} & x^{n-m} = A \cdot \sin^2 \varphi\,. \end{array}$$

Die Funktion (4) enthält im allgemeinen Falle fünf Variable. Eine nomographische Lösung zeigt das Schema Abb. 157 an:

$$\begin{aligned} \text{Ansatz:} \quad & x_1 = 0\,, & & y_1 = \log B\,, \\ & x_2 = \frac{\alpha}{m+\beta}\,, & & y_2 = \frac{\gamma - \log y}{m+\beta}\,, \\ & x_3 = \frac{\alpha}{n+\beta}\,, & & y_3 = \frac{n \cdot \log A + \gamma}{n+\beta}\,. \end{aligned}$$

(α, β und γ sind freie Parameter des Ansatzes). Der Leiterpunkt (B) liegt mit dem Netzpunkt (A, n) und dem Netzpunkt (m, y) fluchtrecht. Da y sehr kleine Werte annimmt, $\log y < 0$, überdecken sich die Netzfelder, was allerdings nicht stört, da die Scharen (m) und (n) identisch sind. Auf vorgedrucktem einfach-logarithmischem Papier mit farbigem Untergrund kann die Tafel leicht entworfen werden (Abb. 158).

Beispiel:

$$x^5 - 2\,x^4 - 8,83 = 0\,,$$

$A = 2$, $B = 8,83$, $n = 5$, $m = 4$. Die Verbindungsgerade des Punktes $B = 8,83$ mit dem Netzpunkt $A = 2$, $n = 5$ ergibt auf $m = 4$ den Wert $y \sim 0,276$.

Abb. 159 und 160.

Den Verlauf der Funktionen (5) stellt Abb. 159 im einfach-logarithmischen Netz $\xi = \varphi$, $\eta = \log y$, für den Fall (2) $x^5 + a\,x^4 + b = 0$ dar. Man erkennt den weiten Änderungsbereich von y, sowie ferner, daß im Falle I und II jedesmal genau eine Lösung φ, d. h. genau eine positive Wurzel x existiert, daß im Falle III dagegen entweder keine Lösung oder zwei positive Wurzeln x vorliegen. Die Kurve *I* ist bei kleinen Winkeln $\varphi \to 0^0$ asymptotische Kurve für *III*, bei $\varphi \to 90^0$ asymptotische Kurve für *II*. Der logarithmische Charakter der Darstellung bedingt, daß bei $\varphi = 0^0$ und bei $\varphi = 90^0$ Pole vorhanden sind. Da es sich im logarithmischen Bilde nicht deutlich ausprägt, mit welcher Schärfe das Maximum von *III* eintritt, ist in Abb. 160 eine reguläre Darstellung für denselben Sonderfall gegeben. Der eingezeichnete Wert $y = 0,0656$ bezieht sich auf das Beispiel $x^5 - 2\,x^4 + 2,1 = 0$ und zeigt die lösenden Winkel $\varphi_1 \sim 71\tfrac{1}{2}^0$ und $\varphi_2 \sim 54\tfrac{1}{2}^0$ an.

Abb. 161 und 162.

Nomogramme zur Bestimmung des lösenden Winkels φ für alle trinomischen Gleichungen. Ein allgemeines Nomogramm zur Bestimmung des Winkels φ hat großen praktischen Wert, da es für die numerische Auswertung der Methode vorteilhaft ist, sogleich einen guten Näherungswert von φ zu besitzen, in dessen Umgebung die tabellarische Rechnung einsetzen kann.

Fluchtlinientafel für (5, I).

$$\text{Ansatz:} \quad x_1 = 0\,, \qquad\qquad\qquad y_1 = 0,1\,m\,,$$

$$x_2 = -1\,, \qquad\qquad\qquad y_2 = -0,1\,n\,,$$

$$x_3 = \frac{-\log\cos\varphi}{\log\sin\varphi + \log\cos\varphi}\,, \quad y_3 = \frac{0,05\log y}{\log\sin\varphi + \log\cos\varphi}\,.$$

[dm; nat. Größe].

(Abb. 161 ist durch eine affine Verzerrung umgeformt worden.)

In derselben Tafel können auch die Fälle II und III Darstellung finden, wenn nämlich bei Fall II für p und q [vgl. (6)] die Werte n und $(n - m)$, hier die Zahlen 5 und 1, bei Fall III entsprechend $(m - n)$ und m, hier -1 und $+4$, eintreten. Die Anordnung der Geraden *I*, *II*, *III* läßt die Verwandtschaft mit Abb. 159 erkennen.

Für Fall III ist in Abb. 162 das Nomogramm gesondert entworfen, so daß sich günstige Schnittverhältnisse ergeben. Die Tafeln gliedern sich leicht der numerischen Rechnung ein und führen sofort in einen engen Interpolationsbereich für φ.

Sieht man die Abb. 161 und 162 als Netztafeln an, so stellen sie Verzerrungen von Abb. 159 dar, bei denen alle ∞^2-Kurven (m, n) gestreckt sind.

Abb. 163.

Die Tafeln 161 und 162 sind so entworfen, daß alle „gleichartigen" Gleichungen $n = \text{const}$, $m = \text{const}$ durch dieselbe Ablesegerade dargestellt werden.

Andere Form des Ansatzes für Fall I (5):

$$x_1 = 0, \quad y_1 = m,$$
$$x_2 = 2, \quad y_2 = 3 - \log y,$$
$$x_3 = \frac{2}{1 + 2\log \operatorname{tg} \varphi}, \quad y_3 = x_3 \cdot (3 + (n-m)\log \cos \varphi).$$

[dm; Verkl. $^1/_6$].

Abb. 156 (Tafel 70).

Eine rein zeichnerische Durchführung der Gaußschen Methode zeigt Abb. 156 für den Fall III

$$x^5 - A x^4 + B = 0.$$

Beispiel:

$$x^5 - 4 x^4 + 8{,}8 = 0.$$

Aus $A = 4$ und $B = 8{,}8$ findet man auf Leiter I den Wert $\varphi \sim 35\frac{1}{2}°$; mit demselben Wert φ auf II und $A = 4$ ergibt sich $x = 1{,}35$. Der Übergang von I zu II wird durch „Richtungslinien" vermittelt, so daß sich die Ablesung eines Zahlenwertes φ erübrigt[1]. In der Figur ist der Bereich φ nur bis zum Maximum berücksichtigt. Das Nomogramm übertrifft die Abb. 155 an Genauigkeit.

Einheitswurzeln.

Abb. 164.

Darstellungen der Einheitswurzeln

$$z^n = 1,$$
$$z_k = x + iy = \cos\frac{2k\pi}{n} + i\sin\frac{2k\pi}{n}, \quad k = 0,1,\ldots, (n-1),$$

lassen sich auf einfache Produktformen für

$$\alpha = \frac{2k\pi}{n}$$

---

[1] Während der Drucklegung sind zahlreiche technische Nomogramme erschienen, in denen statt der Richtungslinien der Zahlensprung von Leiter zu Leiter bevorzugt wird. — Tafeln mit überzähligen Ableseelementen (wie Abb. 156) sind nur dann brauchbar, wenn die Rechenrichtung festliegt; Umkehrungen, die hier allerdings nicht in Betracht kommen, lassen sich nicht einwandfrei erledigen.

zurückführen. Die Leiter (α) wird mit

$$\alpha = \operatorname{arc\,cos} x = \operatorname{arc\,sin} y$$

als Doppelleiter unmittelbar nach x und y beziffert.

Abb. 164 zeigt einen logarithmischen Entwurf; daß in der Tafel $k = 0$ nicht als eigentliches Element enthalten ist, kann nicht als Nachteil gelten, da $z_0 = 1$ selbstverständlich ist.

Näherungsmethoden.

Abb. 165.

Abschätzungen für eine obere Grenze der positiven Wurzeln. In der algebraischen Gleichung

$$x^n + c_1 x^{n-1} + c_2 x^{n-2} + \cdots + c_n = 0$$

sei der (absolut) größte negative Koeffizient A, der erste negative Koeffizient (c_a) stehe an der Stelle a, der größte (positive) Koeffizient vor der Stelle a sei $c_b = B$. Dann gelten die folgenden Abschätzungen für eine obere Grenze der positiven Wurzeln:

$$\text{Maclaurin:} \quad G = 1 + A . \tag{1}$$

$$\text{Lagrange:} \quad G = 1 + \sqrt[a]{A} . \tag{2}$$

$$\text{Tillot:} \quad \mathbf{G = 1 + \sqrt[a-b]{A:B}.} \tag{3}$$

Mit $b = 0$, $B = 1$ ergibt sich aus (3) die Abschätzung (2), schließlich mit $a = 1$ die Abschätzung (1).

Darstellung in einer Fluchtlinientafel.

$$
\begin{aligned}
\text{Ansatz:} \quad & x_1 = 0 , & & y_1 = 120 \cdot \log (G - 1) , \\
& x_2 = -150 : a , & & y_2 : x_2 = -0{,}8 \cdot \log A , \\
& x_3 = -150 : b , & & y_3 : x_3 = -0{,}8 \cdot \log B .
\end{aligned}
$$

[mm; Verkl. 0,4].

Beispiel:

Der erste negative Koeffizient sei c_5,   also $a = 5$,

der größte negative Koeffizient $A = 20$,

der größte positive Koeffizient

vor c_5 sei $c_2 = 10$,   also $b = 2$,

$$B = 10 .$$

Weg I, horizontal, gibt den Maclaurinschen Wert $G = 21$.

Weg II, horizontal von $a = 5$, $A = 20$ nach rechts, ergibt den Lagrangeschen Wert $G = 2{,}82$.

Weg III, Verbindungsgerade der Punkte $b = 2$, $B = 10$ und $a = 5$, $A = 20$ ergibt die Tillotsche Schätzung $G = 2{,}26$.

Abb. 165 bis 168.

Regula falsi. Für den bei Anwendung der Regula falsi begangenen Fehler ξ hat Milhaud[1] die Abschätzung

$$\xi \leqq \left| \frac{(x_1 - x_2)^3 \cdot N}{8 \cdot [f(x_1) - f(x_2)]} \right|$$

gegeben, wenn N den größten Wert bedeutet, den f'' im Intervall $x_1 \ldots x_2$ annimmt.

Bei der an sich einfachen Formel kommt es im wesentlichen auf die Bestimmung der Größenordnung an; daher soll das Nomogramm sofort den Stellenwert angeben.

$$\begin{aligned}
\text{Ansatz:} \qquad \mathfrak{x}_1 &= 0, & (\mathfrak{y}_1 &= 1{,}2 \cdot \log t), \text{ Zapfenlinie,} \\
\mathfrak{x}_2 &= 3, & \mathfrak{y}_2 &= -3 \cdot \log (f_1 - f_2), \\
\mathfrak{x}_3 &= -2, & \mathfrak{y}_2 &= +6 \cdot \log (x_1 - x_2), \\
\mathfrak{x}_4 &= 2, & \mathfrak{y}_4 &= -2 \cdot \log N, \\
\mathfrak{x}_5 &= -3, & \mathfrak{y}_5 &= +3 \cdot \log (8\xi).
\end{aligned}$$

Abb. 169 bis 172.

Iterationen. Die gegebene Gleichung $f(x) = 0$ wird in

$$x = \varphi(x)$$

umgeformt. Ist x_1 ein Näherungswert für x_0, $(f(x_0) = 0)$, so ist

$$x_2 = \varphi(x_1)$$

ein besserer Näherungswert, wenn im Annäherungsintervall

$$|\varphi'(x)| < 1.$$

Die Wurzel x_0 wird durch den Schnittpunkt der Geraden $y_1 = x$ mit der Kurve $y_2 = \varphi(x)$ dargestellt. Ein Näherungswert x_1 bestimmt an der Kurve φ die Ordinate x_2, der horizontale Weg zur Geraden stellt nun die Abszisse x_2 her, die an der Kurve auf die Ordinate x_3 führt usw. Der in starker Linienführung hervorgehobene Streckenzug macht die Konvergenz anschaulich. Zugleich ist ersichtlich, daß der „Fehler" z_2 des zweiten Näherungswertes x_2 kleiner ist als der „Fehler" z_1 des Ausgangswertes x_1,

$$z_2 < m \cdot z_1, \quad z_n < m^{n-1} \cdot z_1,$$

wenn m der größte Anstieg von φ im Annäherungsintervall ist. Sobald $|\varphi'(x)| > 1$, wird das Verfahren illusorisch. Hier wählt man die Zerlegung in die inversen Funktionen

$$\psi(x) = x,$$

---

[1] Nouv. Ann. 1914, S. 13 bis 15.

was auf eine Spiegelung von $\varphi(x)$ an der Geraden $y = x$ hinausläuft. (Gestrichelte Kurve, Abb. 170.) Für

$$-1 < \varphi'(x) < 0$$

tritt eine alternierende Näherungsfolge auf (Abb. 171).

Abb. 172.

Fluchtlinientafel für die Abschätzung des Fehlers bei Iterationen.

$$z_n < m^{n-1} \cdot z_1, \quad m = \varphi'_{\max}.$$

Ansatz:
$$x_1 = 0, \qquad y_1 = \log m,$$
$$x_2 = 1, \qquad y_2 = \frac{1}{2} \cdot \log z_1,$$
$$x_3 = \frac{2}{1+n}, \quad y_3 = \frac{1}{2} \cdot x_3 \cdot \log z_n.$$

Gleichungen mit zwei Unbekannten.

Abb. 173 bis 179.

Zur zeichnerischen Auflösung von zwei Gleichungen mit zwei Unbekannten

$$\left|\begin{array}{l} f(x, y) = 0 \\ g(x, y) = 0 \end{array}\right| \tag{1}$$

bringt man im regulären Netz (x, y) die Kurven $f = 0$ und $g = 0$ zum Schnitt. Wenn man in der Umgebung eines Schnittpunktes kurze Bogenstücke durch die zugehörigen Sehnen ersetzt, gewinnt man Näherungslösungen. Dazu müssen für jede der beiden Gleichungen zwei Wertepaare (x, y) vorliegen, die der Gleichung genügen. Nun scheitert aber in vielen Fällen die Einzeichnung der Kurven und selbst die Ermittlung von wenigen Wertepaaren (x, y) daran, daß die Auflösung von $f(x, y) = 0$ oder $g(x, y) = 0$ nach x oder y rechnerisch schwierig oder unausführbar ist. (Auf diese Frage gehen wir bei der Ermittlung komplexer Wurzeln weiter ein, vgl. S. 90.)

Das folgende Verfahren führt zu einem sehr übersichtlichen Ergebnis und stellt eine Verallgemeinerung der Regula falsi dar.

Setzt man in (1) beliebige Werte x und y ein, so ergeben sich Funktionen

$$u = f(x, y),$$
$$v = g(x, y), \tag{2}$$

die wir in einem räumlichen kartesischen System (x, y, z) als Flächen deuten ($z = u$ bzw. $z = v$). Die oben genannten Kurven $f = 0$ und $g = 0$ erweisen sich als Spuren dieser Flächen in der (x, y)-Tafel.

Abb. 173 bezieht sich auf das
Beispiel:

$$3x^3 - 2y^2 + 4 = 0,$$
$$2x^2 y - y^2 + 1 = 0.$$

Die Flächen $\qquad u = 3x^3 - 2y^2 + 4$

und $\qquad\qquad v = 2x^2 y - y^2 + 1$

sind im Bereich $0 \leq x \leq 1$, $1 \leq y \leq 2$ dargestellt; die Spuren, die in Abb. 176 gesondert gezeichnet sind, zeigen die Lösung $x = 0{,}69$, $y = 1{,}58$.

Wir ersetzen nun jede der beiden Flächen innerhalb eines kleinen Bereiches durch ein Ebenenstück, und zwar durch ein Dreieck, dessen Ecken in der Fläche liegen. Abb. 174 bestimmt das Ersatzdreieck für die Fläche $u = f(x, y)$ aus

$$P_1:\ x_1 = 1,\quad y_1 = 1;\quad u_1 = 5;$$
$$P_2:\ x_2 = 1,\quad y_2 = 2;\quad u_2 = -1;$$
$$P_3:\ x_3 = 0,\quad y_3 = 2;\quad u_3 = -4.$$

An denselben Stellen P_1, P_2, P_3 wird das Ersatzdreieck für die Fläche $v = g(x, y)$ gebildet. Der Schnittpunkt P' der Dreiecksspuren liefert eine Näherungslösung $x = 0{,}67$, $y = 1{,}67$ (Abb. 175).

In Abb. 176 ist die (x, y)-Tafel mit den Spuren der Flächen und ihrer Ersatzdreiecke gezeichnet. Wie der Punkt P' wandert, die Güte der Annäherung also schwankt, wenn die Probepunkte P andere Lage besitzen, kann aus Abb. 177 und 178 erschlossen werden. Wir halten P_1 und P_2 fest und lassen P_3 wandern; dann ändert sich die Lage der Ersatzdreiecke, damit auch die Lage ihrer Spuren und des Näherungspunktes P'. Es entspricht also jeder Lage von P_3 im Netz Abb. 177 ein Punkt P' in Abb. 178. Durchläuft P_3 eine Gerade $x_3 = $ const, so wandert P' auf einer Kurve, die nach demselben Wert $x_3 = $ const beziffert ist; in gleicher Weise ergeben sich Kurven (y_3) als Bildkurven der Geraden $y_3 = $ const. Der Aufbau des Netzes (x_3, y_3) in Abb. 178 zeigt, daß das Verfahren sehr rasch konvergiert.

Wie sich in Anlehnung an die Newtonsche Näherungsmethode die Benutzung der Tangentialebenen gestaltet, ist in Abb. 179 an demselben Beispiel dargestellt. Berührungspunkt $P_0 = P_2$ ($x = 1$, $y = 2$). Die Näherungslösung ist $x = 0{,}78$, $y = 1{,}63$.

Abb. 180.

Aus den vorhergehenden Betrachtungen ergibt sich eine äußerst elegante Übertragung der Regula falsi auf zweidimensionale Aufgaben[1], insbesondere auf die Bestimmung komplexer Wurzeln (vgl. S. 92).

Wenn die Flächen, welche die Funktionen (2) darstellen, durch Ebenenstücke ersetzt werden, treten an Stelle von (2) die linearen Näherungsfunktionen

$$\left. \begin{aligned} u &= a_{11} x + a_{12} y + a_{13}, \\ v &= a_{21} x + a_{22} y + a_{23}. \end{aligned} \right| \tag{3}$$

---

[1] Scheffers, G.: Sitzgsber. Berl. Math. Ges. 1916, S. 29. Über die Fehlerregel.

Damit wird aber eine affine Abbildung zwischen einer Ebene (x, y) und einer Ebene (u, v) bewirkt. Eine Lösung der Gleichungen (3) und damit eine Näherungslösung von (1) wird nun dadurch gewonnen, daß der 0-Punkt der (u, v)-Ebene in die (x, y)-Ebene abgebildet wird.

Die eingangs gewählten Werte

$$x_1 = 1\,,\ y_1 = 1\,;\quad x_2 = 1\,,\ y_2 = 2\,;\quad x_3 = 0\,,\ y_3 = 2$$

bestimmen in der (x, y)-Ebene die Punkte

$$P_1\,,\qquad\qquad P_2\,,\qquad\qquad P_3\,;$$

durch

$$u_1 = 5\,,\ v_1 = 2\,;\quad u_2 = -1\,,\ v_2 = +1\,;\quad u_3 = -4\,,\ v_3 = -3$$

werden die zugehörigen Bildpunkte

$$Q_1\,,\qquad\qquad Q_2\,,\qquad\qquad Q_3$$

festgelegt (Abb. 180). Zur Abbildung von $Q'(u = 0,\ v = 0)$ werden die Transversalen $Q_1 B_1$, $Q_2 B_2$ und $Q_3 B_3$ gezogen. Da das Teilungsverhältnis eine Invariante der Affinität ist, sind die Punkte A_1, A_2 und A_3 einfach zu ermitteln, beispielsweise A_3 auf Grund von

$$P_1 A_3 : A_3 P_2 = Q_1 B_3 : B_3 Q_2\,.$$

Der Schnittpunkt P' der Transversalen $P_1 A_1$, $P_2 A_2$ und $P_3 A_3$ stellt die Näherungslösung dar. Die Figur zeigt außerdem die Spuren $u = 0$ und $v = 0$.

Als wesentliches Merkmal dieser affinen Konstruktion ist anzusehen, daß sie ohne Kenntnis der Koeffizienten abläuft. Bei der Bestimmung der Werte u und v handelt es sich ferner nicht um die Lösung einer Gleichung, sondern einfach um Ermittlung von Funktionswerten. Daß diese Werte in der Umgebung einer Lösung zu suchen sind, bedarf natürlich keiner Betonung. — Schließlich sei kurz auf die Lösung linearer Gleichungen (S. 61) hingewiesen.

Verfahren zur Darstellung impliziter Funktionen.
Abb. 181.

Wenn das Kurvenbild einer impliziten Funktion

$$F(x, y) = 0 \tag{1}$$

dargestellt werden soll, setzt die Aufgabe, Wertepaare (x, y) zu ermitteln, jedenfalls die Auflösung von (1) nach x oder nach y voraus; dies läßt sich aber nicht immer, bisweilen nur mit Aufwand erheblicher Hilfsmittel bewerkstelligen. Für derartige Fälle arbeitet ein eigenartiges Abbildungsverfahren, das zuerst von Pirani[1] zur Verdichtung von Kurvenscharen benutzt worden ist, außerordentlich schnell.

An Stelle von (1), $F(x, y) = 0$, wird die Funktion

$$z = F(x, y) \tag{2}$$

---

[1] Pirani: Z. ang. Math. Mech. 1923, S. 235. Ferner Lehrb. d. Nomogr. S. 31 bis 33.

betrachtet. Wählt man zur Darstellung von (2) eine Netztafel mit dem Netz (x, z), so daß sich also die Kurvenschar nach dem Parameter (y) entwickelt, so bereitet der Entwurf der Tafel auch im allgemeinen Falle keinerlei Schwierigkeiten, da es sich unter Festhaltung von y nunmehr lediglich um die Ausrechnung der Werte z abhängig von x, also um einfaches Einsetzen handelt.

Abb. 181 bezieht sich auf das Beispiel

$$F(x, y) = e^{0,25\,x} + \sin(xy) - \cos y - 0,5 = 0.$$

Die Auflösung nach x oder y dürfte nur schwer durchführbar sein. Im oberen Teil zeigt die Abbildung das Netz (x, z) und die Kurvenschar (y) für

$$z = e^{0,25\,x} + \sin(xy) - \cos y - 0,5.$$

Mit $y = $ const sind die einzelnen Kurven leicht herstellbar.

Aus dem Netz (x, z) kann das Netz (x, y) auf geometrischem Wege abgeleitet werden. Da die Funktion (1) aus (2) durch $z = 0$ hervorgeht, handelt es sich hier allein um die Abbildung der x-Achse $(z = 0)$. Jeder Punkt Q der x-Achse stellt ein Zahlenpaar (x, y) dar, das der Funktion (1) genügt. Unter Erhaltung der Abszissen wird der Bildpunkt P in der (x, y)-Ebene auf derjenigen Linie (y) gewonnen, welche dieselbe Bezifferung trägt wie die zugehörige y-Kurve im oberen Tafelteil. Abb. 181 zeigt die Abbildung von Q in P am Beispiel $x = 0,632$, $y = 0,40$.

Entsprechende Überlegungen gelten für eine Darstellung im Netz (z, y) mit der Kurvenschar (x). Der zugehörige Konstruktionsgang ist in Abb. 182 für dasselbe Beispiel gezeigt. Hier kann die horizontale Übersetzung der Punkte $z = 0$ mit Hilfe der Zeichenschiene erledigt werden.

Letzten Endes liegt den soeben besprochenen Darstellungen die Regula falsi zugrunde. Während man aber bei Anwendung der Fehlerregel jedenfalls schon Näherungswerte besitzen muß, die in der Umgebung von gesuchten Wertepaaren (x, y) liegen, ergeben sich nach dem Abbildungsverfahren derartige Paare innerhalb einer leicht zu bestimmenden Folge und sogleich in der Genauigkeit, die für die Darstellung von $F(x, y) = 0$ gewählt wird.

Interessant ist die geometrische Deutung der in Abb. 181 und 182 vorgenommenen Verzerrungen. Deuten wir $z = F(x, y)$ in einem räumlichen regulären System (x, y, z) als Fläche, so stellt in Abb. 181 das obere Bild die (x, z)-Projektion der Fläche dar, das untere Bild zeigt die (x, y)-Projektion, die im vorliegenden Falle lediglich die Spur der Fläche enthält. Die Abb. 181 kann unmittelbar als Zweitafelprojektion im Sinne der darstellenden Geometrie gelesen werden. Entsprechendes gilt für Abb. 182.

Deutungen dieser Art finden sich zeichnerisch ausgeführt bei Auerbach[1].

---

[1] Auerbach: Physik i. graph. Darstellungen, Tafel 123 (Zustandsfläche eines idealen Gases). Ferner: Lehrb. d. Nomogr. Abb. 18, 19, 20.

Ermittlung komplexer Wurzeln beliebiger Gleichungen.

Abb. 183.

Eng mit der Darstellung impliziter Funktionen hängt die Bestimmung komplexer Wurzeln beliebiger (also auch transzendenter) Gleichungen zusammen. Die Gleichung

$$F(z) = 0, \quad z = x + iy \tag{1}$$

führen wir in die Funktion

$$F(z) = w, \quad w = u + iv \tag{2}$$

über. Aus der Vergleichung der reellen und der imaginären Bestandteile ergeben sich die Funktionen

$$\left.\begin{aligned} u &= f(x, y), \\ v &= g(x, y). \end{aligned}\right\} \tag{3}$$

Zur Lösung von (1) handelt es sich unmittelbar darum, in der z-Ebene die Kurven

$$f(x, y) = 0 \quad \text{und} \quad g(x, y) = 0 \tag{4}$$

miteinander zum Schnitt zu bringen. Wenn die Einzeichnung dieser Kurven (4) auf Schwierigkeiten stößt, werden zunächst die Funktionen (3) dargestellt (Schema Abb. 183), und zwar $v = g(x, y)$ im Netz (x, v) mit der Schar (y) und $u = f(x, y)$ im Netz (x, u). Durch Abbildung der Achsen $v = 0$ und $u = 0$ in eine (x, y)-Ebene ergeben sich dann die Kurven (4)

$$f(x, y) = 0 \quad \text{und} \quad g(x, y) = 0,$$

deren Schnittpunkte komplexe Wurzeln $x + iy$ darstellen.

Der Übergang aus der (x, v)-Ebene und der (x, u)-Ebene in eine (x, y)-Tafel kann nun aber gespart werden, wenn die (x, v)-Ebene sogleich in die (x, u)-Ebene abgebildet wird. Wir bestimmen Werte z, die zunächst überhaupt erst reelle Werte w zur Folge haben, d. h. wir bilden die Abszissenachse $v = 0$ aus der oberen Tafel mit Hilfe der Schar (y) in die untere (x, u)-Tafel ab. Dies gelingt einfach mit Hilfe von Schiene und Zeichendreieck. Jeder Schnittpunkt der Bildkurve $v = 0$ mit der Abszissenachse $u = 0$ stellt eine Wurzel z dar, wobei x und y sogleich abgelesen werden können.

Abb. 184.

Beispiel:

$$z - e^z = 0. \tag{1*}$$

Mit

$$z - e^z = w \tag{2*}$$

ergeben sich die Funktionen

$$\left.\begin{aligned} u &= x - e^x \cos y, \\ v &= y - e^x \sin y. \end{aligned}\right\} \tag{3*}$$

Für $y = 0{,}9 \ldots 1{,}4$ ist die Abbildung der Achse $v = 0$ durch Pfeile gekennzeichnet. Der Schnittpunkt B der Bildkurve mit der Achse $u = 0$ liefert

$$x = 0{,}32; \quad y = 1{,}34, \quad \text{d. h. } z = 0{,}32 + 1{,}34\,i \,.$$

Die Bildkurve $v = 0$ ermittelt (natürlich innerhalb eines gewissen Bereiches) sogleich auch komplexe Wurzeln der Gleichungen

$$F(z) - a = 0, \quad a \text{ Parameter};$$

damit rückt die „Konstruktion" in den Bereich nomographischer Darstellung. So zeigt beispielsweise der Punkt A, der Schnittpunkt der Bildkurve $v = 0$ mit $u = -0{,}5$, für $z - e^z + 0{,}5 = 0$ die Wurzel $z = 0{,}163 + 0{,}972\,i$.

Schließlich können in $F(z) = w$ auch komplexe Werte w vorgeschrieben werden. Um

$$z - e^z = -0{,}5 + 0{,}5\,i$$

zu lösen, hat man die Linie $v = +0{,}5$ aus der oberen (x, v)-Tafel in die untere (x, u)-Tafel abzubilden; der Schnittpunkt C der Bildkurve mit $u = -0{,}5$ ergibt den Näherungswert

$$z = -0{,}25 + 1{,}24\,i \,.$$

Wenn es die Schnittverhältnisse anzeigen, wird man die Abbildung aus der unteren (x, u)-Ebene in die obere (x, v)-Tafel vornehmen. Unter Umständen kann es sich empfehlen, die Bildkurven als Mehrfachleitern auszubilden. Vgl. hierzu Abb. 142.

Das vorliegende Verfahren wurde unter anderen Gesichtspunkten von Apt[1] im Anschluß an eine raum-zeitliche Darstellung imaginärer Elemente angegeben und für die reduzierte kubische Gleichung durchgeführt.

Abb. 185 und 186.

Im Beispiel

$$z - e^z = w \tag{2*}$$

können die Funktionen

$$u = x - e^x \cos y \quad \text{und} \quad v = y - e^x \sin y \tag{3*}$$

leicht in orthogonalen Funktionsnetzen durch Geradenscharen dargestellt werden.

Schar (v). Netz: $\mathfrak{x} = e^x$, $\qquad \mathfrak{y} = v$. (Abb 185).

Schar (u). Netz: $\mathfrak{x} = \cos y$, $\quad \mathfrak{y} = u$. (Abb. 186).

Während bei regulärer Darstellung (Abb. 184) die Übersetzung der Geraden $v = $ const an Koordinatenlinien, also mit Schiene und Zeichendreieck, erfolgen kann, müssen die Bildkurven $v = $ const hier allerdings punktweise mit Hilfe der Zahlenwerte x abgebildet werden. Dieser Nachteil wird jedoch durch den Vorteil geradliniger Darstellung bei weitem aufgewogen.

---

[1] Z. math. naturw. Unterr. 1929, S. 210—213.

Punkt B liefert für $z - e^z = 0$ die Wurzel $z = 0{,}32 + 1{,}34\,i$,
Punkt C für $z - e^z + 0{,}5 - 0{,}5\,i = 0$ die Wurzel $z = -0{,}25 + 1{,}24\,i$.

Abb. 187.

Die Regula falsi im komplexen Gebiet. Zur Verschärfung der Näherungswerte wendet man die Regula falsi in unmittelbarer Anlehnung an die Abbildung der z-Ebene in die w-Ebene an.

Liegen drei Näherungswerte z_1, z_2, z_3 so dicht (Dreieck $P_1 P_2 P_3$ der z-Ebene), daß die Bildpunkte w_1, w_2, w_3 ebenfalls ein kleines Dreieck bestimmen ($Q_1 Q_2 Q_3$), so darf die Abbildung in erster Näherung als affin angesehen werden. Der zum 0-Punkt $w = 0$ gehörige Originalpunkt z stellt dann eine bessere Annäherung an die gesuchte Wurzel dar. (Vgl. hierzu S. 87 bis 88, Abb. 180.)

Abb. 187 gibt eine Verbesserung der Wurzel B aus Abb. 184.

V. Funktionen.

Tabellenrechnungen.

Abb. 188 und 189.

Quadratische Interpolation.

Wenn in einer Zahlentafel $y = f(x)$ die quadratische Interpolation angezeigt ist, beträgt der Zuschlag

$$\Delta y = \binom{m}{1} \cdot \Delta_1 + \binom{m}{2} \cdot \Delta_2,$$

wobei Δ_1 die erste Differenz, Δ_2 die zweite Differenz und

$$0 \leqq m \leqq 1.$$

Die Interpolationsformel ist durch zwei verschiedene Nomogramme dargestellt.

Abb. 188 geht von Δ_1 und Δ_2 aus und bestimmt Δy innerhalb des Netzes. Ein Nomogramm dieser Art eignet sich in erster Linie dazu, an einer bestimmten Stelle x der Tafel mehrere Einschaltungen vorzunehmen: Δ_1 und Δ_2 sind also bleibend, und die Werte Δy werden abhängig von m an der festgehaltenen Ablesegeraden ermittelt.

In Abb. 189 läßt sich einfacher ablesen, welchen Einfluß das Glied mit Δ_2 als „Korrektion" ausübt.

Ansatz:

Abb. 188.		Abb. 189.	
$x_1 = 0$,	$y_1 = 5 \cdot \Delta_1$;	$x_1 = 0$,	$y_1 = 4 \cdot \Delta y$;
$x_2 = 100$,	$y_2 = 5 \cdot \Delta_2$;	$x_2 = 50$,	$y_2 = 5 \cdot \Delta_1$;
$x_3 = 100\,\dfrac{m-1}{m+1}$,	$y_3 = \dfrac{10 \cdot \Delta y}{m \cdot (m+1)} \cdot$	$x_3 = \dfrac{200\,m}{4m-5}$,	$y_3 = \dfrac{10\,m\,(m-1)}{4m-5} \cdot \Delta_2.$

[mm; Verkl. 0,6.]

Abb. 190.

Unsicherheit von Logarithmus und Numerus. In einer vierstelligen Tafel für

$$y = \log x$$

überträgt sich die Unsicherheit der Mantisse M um n Einheiten der vierten Stelle auf N Einheiten der vierten Ziffer des Numerus:

$$N \sim 0{,}23 \cdot 10^{M} \cdot n.$$

$$0 \leqq M \leqq 1.$$

Abb. 191.

Wenn

$$y = \log \sin x$$

um n Einheiten der vierten Stelle unsicher ist, beträgt die Unsicherheit des Winkels

$$N' \sim 0{,}793 \cdot \operatorname{tg} x \cdot n.$$

Die Leiter $(\operatorname{tg} x)$ wird unmittelbar nach $\log \sin x$ beziffert. Die Tafeldifferenz $\varDelta$ pro $1'$, $\varDelta = 1{,}26 \cdot \operatorname{ctg} x$, ist als Doppelleiter eingezeichnet.

Abb. 192.

Für

$$y = \log \operatorname{tg} x$$

ist der Winkel um

$$N' \sim 0{,}396 \sin 2 x \cdot n$$

unsicher, falls $\log \operatorname{tg} x$ um n Einheiten der vierten Stelle variiert. Die Leiter $\log \operatorname{tg} x$ trägt zwei Belegungen.

Abb. 193 bis 195.

Interpolationsfehler. Bei tabellarischer Darstellung einer Funktion $y = f(x)$ wird die kontinuierliche Wertemannigfaltigkeit y in eine diskontinuierliche Wertefolge „zerhackt", indem alle Werte y, die in ein Intervall $y_0 - h < y < y_0 + h$ fallen, durch dieselbe, um höchstens h auf- oder abgerundete Zahl y_0 gekennzeichnet werden. Ein graphisches Bild dieser Zuordnung ergibt sich, wenn parallel zur x-Achse Streifen von der Breite $2h$ angelegt werden; alle Funktionswerte, die in denselben Streifen fallen, erscheinen dann in derselben durch Auf- oder Abrundung entstehenden Zahl.

So werden in Abb. 193 die Funktionswerte $\log \sin x$ für $x = 21^0 0{,}1'$, $x = 21^0 0{,}2'$ und $x = 21^0 0{,}3'$ bei vierstelliger Rechnung durch dieselbe Zahl $9{,}5544 - 10$ bezeichnet; ebenso ergibt sich für $x = 21^0 0{,}4'$ bis $0{,}6'$ und $x = 21^0 0{,}7'$ bis $0{,}9'$ jeweils eine gemeinsame Abrundungszahl, da die entsprechenden Bildpunkte in ein und demselben Streifen liegen.

Es mögen einer vierstelligen Tafel die aufeinander folgenden Werte

x	y	
x_0	y_0	$\varDelta$
x_1	y_1	
$\ldots$	$\ldots$	

$$(1)$$

entstammen, wobei das Gefüge der Tafel eine lineare Interpolation zulasse. Eine genauere (also mindestens fünfstellige) Tabelle gibt am gleichen Platze die Werte:

x	y	
x_0	$y_0 + t_0$	(2)
x_1	$y_1 + t_1$	
$\ldots$	$\ldots$	

Auch hier sei auf Grund des Tafelgefüges die lineare Einschaltung gestattet.

Die Interpolation in Zehntelschritten ($m = 1, 2, \ldots, 9$) führt nun in der Tafel (1) an der Stelle $x_0 + \dfrac{m}{10}(x_1 - x_0)$ auf den Zahlenwert

$$y = y_0 + \frac{m}{10}\Delta + \delta(m, \Delta),$$

wenn $\delta(m, \Delta)$ den von m und von der Endziffer der Differenz Δ abhängigen Auf- oder Abrundungsbetrag der Proportionalteile bedeutet, angegeben in Einheiten der vierten Stelle.

Beispiel:

m	$\Delta = 12$	$\Delta = 13$
1	$\delta = -0,2$	$\delta = -0,3$
2	$-0,4$	$+0,4$
3	$+0,4$	$+0,1$
4	$+0,2$	$-0,2$
5	0	$\pm 0,5$
6	$-0,2$	$+0,2$
7	$-0,4$	$-0,1$
8	$+0,4$	$-0,4$
9	$+0,2$	$+0,3$

Für denselben Abszissenwert $x_0 + 0,1 \cdot m \cdot (x_1 - x_0)$ liefert die genauere Tafel (2) den Funktionswert

$$\bar{y} = y + t_0 + \frac{m}{10}(y_1 + t_1 - y_0 - t_0),$$

wobei der Abrundungsbetrag der Proportionalteile, da er erst in eine spätere Stelle eingeht, hier nicht berücksichtigt wird.

Nach Umformung ergibt sich

$$\bar{y} = y_0 + \frac{m}{10}\cdot\Delta + t_0 + \frac{m}{10}\cdot(t_1 - t_0),$$
$$= y + F.$$

$$F = -\delta(m, \Delta) + t_0 + \frac{m}{10}\cdot(t_1 - t_0). \tag{3}$$

Der aus der vierstelligen Tafel ordnungsgemäß ermittelte Funktionswert y bedarf also (in erster Näherung) einer Korrektion F. Es zeigt sich nun, daß F sehr häufig den Betrag von $\frac{1}{2}$ Einheit der letzten (vierten) Stelle übersteigt, so daß also das Interpolationsergebnis um eine (ganze) Einheit der letzten Stelle falsch erscheint.

Die Abb. 193 und 194 zeigen derartige Fälle. Interpoliert man $\log \sin x$ zwischen $x = 21^0\, 0'$ und $x = 21^0\, 1'$, so legt man von der Streifenmitte bei $21^0\, 0'$ zur Streifenmitte bei $21^0\, 1'$ die Gerade und gibt für die Zwischenwerte x als Funktionswert jedesmal die „Nummer" des Streifens an, der den Schnittpunkt der Interpolationsgeraden mit der gewählten Linie (x) enthält. Die genaueren Werte

sind durch Einzelpunkte dargestellt und die fehlerhaft interpolierten Zwischenwerte, die also bereits in einen Nachbarstreifen fallen, durch volle Punkte der
richtigen Werte hervorgehoben (z. B. Abb. 193 $10 + \log \sin 21^0 0{,}1' = 9{,}554\,\underline{4}$,
Interpolationsergebnis $9{,}554\,\underline{3}$). Abb. 194 stellt einen Interpolationsschritt dar, in
dem vier Zwischenwerte fehlerhaft werden.

Abb. 195.

Für Differenzen mit der Endziffer 5 können allgemeine Erörterungen nicht
Platz greifen; das Entsprechende gilt für alle Differenzen Δ mit ungerader Endziffer an der Stelle $m = 5$; in beiden Fällen ist die Art der Auf- oder Abrundung
von weiteren Zifferngruppen abhängig.

In (3) setzen wir statt der Korrektionen t_0 und t_1 sofort die Endziffern e_0 und e_1
der fünfstelligen Funktionswerte; dann ist auch $\delta(m, \Delta)$ in Einheiten der fünften
Stelle anzugeben. Für jede der Endziffern $1, 2, \ldots 4, 6, \ldots 9$ von Δ wird
eine Fluchtlinientafel entworfen. Die Leitern für F sind nicht beziffert, sondern
jedesmal nur so weit ausgeführt, als der Wert F den Betrag von 5 Einheiten der
fünften $((n + 1)^{\text{ten}})$ Stelle übersteigt. Fehlerhaft werden diejenigen Einschaltungen,
für welche die Fluchtlinie die zugehörigen m-Strecken schneidet.

Beispiel I (im Anschluß an Abb. 193):
$$10 + \log \sin 21^0 0' = 9{,}5543\,\underline{3}; \quad e_0 = 3.$$
$$10 + \log \sin 21^0 1' = 9{,}5546\,\underline{6}; \quad e_1 = 6.$$

In der vierstelligen Tafel ist $\Delta = 4$. Die Fluchtgerade in dem Nomogramm $\Delta = 4$
(unten links) durch $e_0 = 3$ und $e_1 = 6$ schneidet die Strecken $m = 1$ und $m = 9$,
die Einschaltungen bei $0{,}1'$ und $0{,}9'$ werden fehlerhaft.

Beispiel II (im Anschluß an Abb. 194):
$$10 + \log \sin 17^0 0' = 9{,}4659\,\underline{4}; \quad e_0 = 4.$$
$$10 + \log \sin 17^0 1' = 9{,}4663\,\overline{5}; \quad e_1 = \overline{5}.$$

Die Fluchtgerade zeigt an, daß die Einschaltungen mit $m = 1$, $m = 3$, $m = 6$
und $m = 8$ unrichtig werden.

In welchem Sinne der Fehler jedesmal liegt, bedarf keiner Erläuterung.

Ansatz:
$$x_1 = 0, \qquad y_1 = t_0 \text{ (Bezifferung nach } e_0).$$
$$x_2 = 10, \qquad y_2 = t_1 \text{ (Bezifferung nach } e_1).$$
$$x_3 = m, \qquad y_3 = F + \delta(m).$$

$[t_0, t_1, F$ und δ in Einheiten der fünften Stelle.$]$

Abb. 196.

Mittelwerte. Das arithmetische Mittel $M = \dfrac{\Sigma x}{n}$ stellt sich auf regulärer Leiter als Schwerpunkt der Bildpunkte der Zahlen x dar. Entsprechend kann das geometrische Mittel $G = \sqrt[n]{x_1 x_2 \ldots x_n}$ auf einer
logarithmischen Leiter gefunden werden, da $\log G = \dfrac{\Sigma \log x}{n}$; hierbei
sind die Bildpunkte mit gleichem Gewicht zu bewerten. Das harmo-
nische Mittel H ist Schwerpunkt der Bildpunkte x auf einer reziproken
Leiter, wie aus $1 : H = \left(\sum \dfrac{1}{x} \right) : n$ folgt.

Beispiele: $n = 4$; $x_1 = 3$, $x_2 = 4$, $x_3 = 9$, $x_4 = 12$. $M = 7$, $G = 6$, $H = 5{,}14 \ldots$ sind Schwerpunkte der eingezeichneten Bildpunkte.

Abb. 197.

Für zwei Zahlen a und b lassen sich M, G und H in einer Fluchtlinientafel darstellen, da a und b Wurzeln der Gleichung $z^2 - 2M \cdot z + G^2 = 0$ sind und $G^2 = M \cdot H$.

Beispiele: $a = 0{,}8$, $b = 3{,}2$, Die Fluchtlinie zeigt $G = 1{,}6$, $M = 2$, $H = 1{,}28$.

Wenn $a = b$, ist die Ablesegerade Tangente an den Halbkreis (a, b), sie schneidet dann auf sämtlichen drei geradlinigen Trägern jeweils untereinander gleiche Zahlenwerte aus ($a = b = 0{,}5$; $G = H = M = 0{,}5$).

Da die Leiter (H) regulär ist, können alle Teilungen durch „Projektion in sich", also rein konstruktiv, aufgebaut werden.

Der Mittelwertsatz.

Abb. 198 bis 200.

Im Mittelwertsatz

$$\frac{f(x+h) - f(x)}{h} = f'(x + \vartheta h), \quad 0 \leqq \vartheta \leqq 1$$

ist ϑ von x und h abhängig; ϑ bestimmt den Berührungspunkt der Tangente, die parallel zur Sehne des Intervalls $x \ldots x + h$ verläuft. Abb. 198 zeigt diese Abhängigkeit am Beispiel

$$f(x) = \sin x,$$

und zwar für $x = 0 \ldots 0{,}5$ und $-0{,}4 < h < +0{,}4$, so daß die in der Umgebung eines Wendepunktes vorliegende Besonderheit hervortritt.

Man erkennt, daß der Wert ϑ für $0 < h < 0{,}4$ dicht bei $\frac{1}{2}$ (zwischen $0{,}5$ und $0{,}6$) liegt. Wenn $h < 0$, ist es möglich, daß der Wendepunkt ($x = 0$) der Sinuslinie in das Intervall $x \ldots x + h$ fällt. Dann ergeben sich zwei Tangenten parallel zur Sehne und dementsprechend auch zwei Werte ϑ. (Siehe Skizze Abb. 199.)

Beispiel: $x = 0{,}1$; $h = -0{,}2$. $\vartheta_1 = 0{,}208$,
$$\vartheta_2 = 0{,}792.$$

In Abb. 200 ist ein Teilbereich in größerem Maßstabe dargestellt.

Abb. 201.

Setzt man $x = a$, $x + h = b$, $x + \vartheta h = \xi$, so führt die Form

$$f(b) - f(a) = (b - a) \cdot f'(\xi), \quad a \leqq \xi \leqq b$$

stets auf eine übersichtliche Leitertafel. Abb. 201 bezieht sich weiter auf das Beispiel $f(x) = \sin x$.

Ansatz:
$$\mathfrak{x}_1 = \cos\xi, \qquad \mathfrak{y}_1 = 0,$$
$$\mathfrak{x}_2 = \frac{\sin x}{x}, \qquad \mathfrak{y}_2 = -\frac{1}{x}, \qquad x = a,$$
$$x = b$$

[dm; Verkl. 0,5].

Beispiel: $a = 0{,}7$; $b = 2{,}0$. $\xi = 1{,}365$.

Wenn $b \to a$, so strebt auch $\xi \to a$; die Ablesegerade wird Tangente des Trägers (a, b).

Um den gesamten Bereich $a, b = 0 \ldots \pi$ darzustellen, wurde auf die Tafel eine projektive Abbildung derart ausgeübt, daß die unzugänglichen Teile des Trägers (a, b) und der uneigentliche Punkt in erreichbares Gebiet fallen, daß aber die Leiter (ξ) in ihrem ganzen Verlauf invariant bleibt. So wird es möglich, beide Darstellungen zu überlagern. Der projektiv verzerrte Träger ist in dünner Linienführung eingezeichnet; das Beispiel $a = 0{,}7$, $b = 2{,}0$, $\xi = 1{,}365$ ist wiederholt.

Ansatz:
$$\mathfrak{x}_1 = \cos\xi, \qquad \mathfrak{y}_1 = 0,$$
$$\mathfrak{x}_2 = \frac{-4\cdot\sin x}{1+4x}, \qquad \mathfrak{y}_2 = \frac{2}{1+4x}. \qquad x = a,$$
$$x = b.$$

[dm; Verkl. 0,5].

Abb. 202 und 203.

Annäherung einer Funktion durch eine Potenzreihe.

Beispiel:

$$y = \frac{1}{1-x}. \tag{1}$$

Die Näherungsparabeln

$$y_n = 1 + x + x^2 + x^3 + \cdots \tag{2}$$

schmiegen sich der Hyperbel (1) im Konvergenzbereich

$$-1 < x < 1$$

an.

Wenn die Entwicklung (2) dem Funktionswert (1) so nahe kommen soll, daß (1) und (2) bis zur p^{ten} Dezimale (hinter dem Komma) übereinstimmen, muß

$$|y - y_n| = \left|\frac{x^{n+1}}{1-x}\right| < \frac{1}{2}\cdot 10^{-p} \tag{3}$$

sein. Hierbei ist zwischen $x < 0$ und $x > 0$ zu unterscheiden. Beide Fälle sind in der Leitertafel Abb. 203 in Überlagerung dargestellt.

Ansatz:

$$\xi_1 = 0, \qquad\qquad \eta_1 = n,$$

$$\xi_2 = 1, \qquad\qquad \eta_2 = -10p,$$

$$\xi_3 = \frac{1}{1 - 10\log x}, \qquad \eta_3 = \frac{-10\left[\log(1 - x) - \log 2x\right]}{1 - 10\log x}, \quad (x > 0),$$

$$\xi_3^* = \frac{1}{1 - 10\log(-x)}, \qquad \eta_3^* = \frac{-10\left[\log(1 - x) - \log(-2x)\right]}{1 - 10\log(-x)}, \quad (x < 0).$$

Beispiel: An der Stelle $x = 0{,}8$ müßte man die Reihe (2) bis zum Gliede x^{41} erstrecken, um dem Funktionswert (1) auf $p = 3$ Stellen nahe zu kommen.

Mißt man den „Abstand" s zwischen Hyperbel und Schmiegungsparabel auf der orthogonalen Trajektorie, so ergibt sich in erster Näherung

$$s = \frac{(1 - x)\,x^{n+1}}{\sqrt{1 + (1 - x)^4}} < \tfrac{1}{2}\,10^{-p}.$$

Die zugehörige Teilung (x) ist in der Abbildung auf gestricheltem Träger dargestellt.

Das Gaußsche Fehlergesetz.

$$\varphi(\varepsilon) = \frac{h}{\sqrt{\pi}}\,e^{-h^2\varepsilon^2}. \tag{1}$$

Abb. 204.

Bei Darstellung im regulären Netz (ε, φ) ergeben sich in Abhängigkeit von h Glockenkurven, von denen Abb. 204 je einen Halbzweig $\varepsilon \gtreqless 0$ für einige Glieder h zeigt. Die Hüllkurve der Schar, die Hyperbel

$$\varphi \cdot \varepsilon = \frac{1}{\sqrt{2\pi e}}, \tag{2}$$

ist zugleich Ort der Wendepunkte; der zwischen Hüllkurve und den Achsen liegende Teil der Ebene trägt eine zweifache Belegung.

Abb. 205.

Zeichnerisch deutlichere Bilder erhält man durch „Wechsel der Veränderlichen". Im Netz (h, φ) ergibt sich eine einfache Belegung, die einen spitzen Winkel erfüllt. Der Ort der Maxima (M),

$$\varphi = \frac{1}{\sqrt{\pi e}}\,h,$$

kann als „Bild" der Hüllkurve (2) aufgefaßt werden. Die Wendepunkte der Schar (ε) liegen auf der Geraden (W):

$$\varphi = \frac{1}{e\sqrt{\pi}}\,h.$$

Abb. 206.

Nach Logarithmierung zeigt sich, daß die Schar (h) aus Abb. 204 im Netz

$$\xi = \varepsilon^2, \quad \eta = \log \varphi \tag{3}$$

gestreckt wird.

Abb. 207 und 208.

Fluchtlinientafel für das Fehlergesetz. Da

$$\log \varphi = \log h - h^2 \varepsilon^2 \log e - \tfrac{1}{2} \log \pi$$

in $(\log \varphi)$ und (ε^2) linear ist, läßt sich eine Fluchtlinientafel mit geraden Leitern (φ) und (ε) entwerfen, die der Abb. 206 dual ist.

$$\text{A n s a t z:} \quad x_1 = 0, \qquad y_1 = 1{,}737\,\varepsilon^2,$$
$$x_2 = -1{,}5, \qquad y_2 = 2{,}342 + 1{,}8 \log \varphi,$$
$$x_3 = \frac{-30}{20 + 9\,h^2}, \qquad y_3 = \frac{37{,}9 + 36 \log h}{20 + 9\,h^2}.$$

(Die freien Parameter des Ansatzes wurden vorgeschriebenen Bereichen angepaßt). [dm; Verkl. 0,55].

Die Darstellung zeigt in Übereinstimmung mit Abb. 204 deutlich, daß die Änderung von φ im Bereich $\varepsilon = 0{,}4 \dots 0{,}5$ zwischen $h = 1$ und $h = 2$ gering ist. Für kleine Werte h ist die Funktion φ gegenüber Änderung von ε sehr träge, wie aus dem Verlauf der Leiter (h) hervorgeht.

Für größere Werte ε wird die quadratische Leiter (ε), $y_1 = 1{,}737\,\varepsilon^2$, bald unhandlich; daher ist bei Fortsetzung der Bereiche eine projektive Verzerrung angezeigt, die den uneigentlichen Punkt $y \to \infty$ in einen eigentlichen Bildpunkt überführt. In Abb. 208 ist auf einen Grundentwurf:

$$x_1 = 0, \qquad y_1 = 0{,}579\,\varepsilon^2,$$
$$x_2 = 1, \qquad y_2 = 2{,}3 + \log \varphi,$$
$$x_3 = \frac{4}{4 + 3\,h^2}, \qquad y_3 = \frac{4\,(2{,}051 + \log h)}{4 + 3\,h^2}$$

die Projektivität

$$\mathfrak{x} = \frac{-8\,x}{2\,y + 5}, \quad \mathfrak{y} = \frac{10\,y}{2\,y + 5}$$

ausgeübt worden [dm; Verkl. 0,55]. Die Leiter (ε),

$$\mathfrak{y}_1 = \frac{5{,}791\,\varepsilon^2}{1{,}158\,\varepsilon^2 + 5},$$

hat eine reguläre Stelle bei $\varepsilon_0 \sim 1{,}2$.

Abb. 209 und 210.

Für das Fehlerintegral

$$\Phi(x) = \frac{2}{\sqrt{\pi}} \int_0^x e^{-x^2}\, dx \tag{4}$$

ist die gebrochene rationale Funktion

$$f(x) = \frac{6}{\sqrt{\pi}} \cdot \frac{x}{3 + x^2} \tag{5}$$

bei $x \to 0$ eine gute Näherungsfunktion, wie sich aus den Reihenentwicklungen ablesen läßt. Den absoluten Betrag der Verbesserungen $|f(x) - \Phi(x)|$ gibt Abb. 210 im einfach-logarithmischen Netz. Bei $x = 1{,}53713$ ist $f(x) = \Phi(x)$; das logarithmische Bild der Verbesserungen muß daher an dieser Stelle einen Pol besitzen. Das Maximum

$$|f(x) - \Phi(x)| = 0{,}00459$$

liegt bei $x = 1{,}210$.

Abb. 211.

In einem Netz

$$\xi = b \cdot \sqrt{t}, \quad \eta = c e^{-a t'} \tag{6}$$

führt die Beziehung $t = t'$ auf

$$\eta = c e^{-\frac{a}{b^2}\xi^2}.$$

Wählt man also

$$c = \frac{h}{\sqrt{\pi}} \quad \text{und} \quad \frac{a}{b^2} = \pi c^2,$$

so erhält man eine Fehlerkurve (1), wenn man die Netzpunkte $t = t'$ verbindet. Da sowohl die Leiter ξ als auch die Leiter η für ganzzahlige Parameter t bzw. t' rein geometrisch mit Zirkel und Lineal konstruiert werden kann, ergibt sich auf diesem Wege eine Konstruktion der Fehlerkurve[1]. Das System (6) enthält einen überzähligen Faktor; infolgedessen kann die Konstruktion beliebig verdichtet werden; allerdings ist der zeichnerischen Ausführung dieses Rekursionsverfahrens bald eine praktische Grenze gesetzt.

Einige durch Integrale bestimmte Funktionen.

Die Grundintegrale

$$J = \int_0^x f(x)\, dx = \varphi(x) - \varphi(0)$$

lassen sich in einfacher Weise als Doppelleitern ausbilden. Legt man der Darstellung die reguläre Leiter (J), also die Funktionsleiter (x) zugrunde, so kann auch

$$J = \int_{x_1}^{x_2} f(x)\, dx = \varphi(x_2) - \varphi(x_1)$$

---

[1] Nach einer persönlichen Mitteilung von Felix Wolf.

unmittelbar mit dem Zirkel zwischen den Marken x_1 und x_2 abgegriffen werden (Stechzirkelnomogramm, Rechenstab). Da die Voraussetzung, daß J regulär erscheine, aber nicht immer vorteilhaft oder erfüllbar ist, wird man auch auf den Summentyp

$$J + \varphi(x_1) - \varphi(x_2) = 0$$

zurückgreifen, der sich durch Verzerrungen schmiegsamer gestalten läßt.

Enthält $f(x)$ und damit auch $\varphi(x)$ Parameter, so ergeben sich mehrteilige Tafeln.

Abb. 212.

$$J = \int\limits_{x_1}^{x_2} \operatorname{tg} x \, dx = \ln \cos x_1 - \ln \cos x_2 \, .$$

Der unmittelbare Ansatz eines Additionstyps führt im vorliegenden Falle zu keiner schönen Darstellung. Es erscheint vielmehr zweckmäßig, nach Umformung

$$e^J = \frac{\cos x_1}{\cos x_2}$$

eine Produktform zu wählen; die Leitern werden in ihrem Gefüge übersichtlicher, wenn Potenzleitern benutzt werden:

$$e^{n \cdot J} = \frac{\cos^n x_1}{\cos^n x_2} \, ,$$

wobei n ein freier Parameter ist. Falls x im Gradmaß bestimmt wird, ist es empfehlenswert, für n eine gerade Zahl zu setzen. Abb. 212 ist mit $n = 4$ entworfen:

$$\mathfrak{x}_1 = 0 \, , \qquad \mathfrak{y}_1 = 2 \cdot \cos^4 x_2 \, ,$$
$$\mathfrak{x}_2 = 1 \, , \qquad \mathfrak{y}_2 = 1{,}5 - \cos^4 x_1 \, ,$$
$$\mathfrak{y}_3 = \frac{3}{2 + e^{4J}} = \frac{3}{2} \mathfrak{x}_3 \, .$$

[dm; Verkl. 0,6]. Reguläre Stelle $J \sim 0{,}17$.

Vgl. hierzu S. 16, Abb. 22.

Abb. 213.

$$J = \int\limits_0^x x^n \, dx \, , \quad n \neq -1 \, .$$

Ansatz:
$$\mathfrak{x}_1 = 0 \, , \qquad \mathfrak{y}_1 = \log x \, ,$$
$$\mathfrak{x}_2 = 1 \, , \qquad \mathfrak{y}_2 = -\frac{1}{2} \log J \, ,$$
$$\mathfrak{x}_3 = \frac{2}{3 + n} \, , \qquad \mathfrak{y}_3 = \frac{\log(n + 1)}{3 + n} \, .$$

[dm; Verkl. 0,6].

Ablesebeispiele:

1.
$$\int_0^{0,25} \frac{dx}{\sqrt{x}} = 1 \,. \quad n = -\frac{1}{2}\,, \quad x = 0,25\,, \quad J = 1\,.$$

2.
$$\int_0^4 \frac{dx}{\sqrt{x}} = 4 \,. \quad n = -\frac{1}{2}\,, \quad x = 4\,, \quad J = 4\,.$$

Die Ablesegerade schneidet im Beispiel 2 die Leiter (n) ein zweites Mal in $n = 0$; $\int_0^4 dx = 4$ (siehe Abb. 214).

Abb. 215.

$$J = \int_0^x \frac{dx}{a^2 - x^2} = \frac{1}{2} \ln \frac{a+x}{a-x}\,.$$

$$x = a \cdot \mathfrak{Tg}\, J\,.$$

Ansatz:　　　$\mathfrak{x}_1 = 0\,,$　　$\mathfrak{y}_1 = x\,,$

　　　　　　　　$\mathfrak{x}_2 = 4\,,$　　$\mathfrak{y}_2 = 10 - a\,,$

　　　　　　　　　　　　$\mathfrak{y}_3 = 5\,(1 - e^{-2J}) = 2,5\,\mathfrak{x}_3\,.$

[cm; Verkl. 1:1].

Abb. 216.

$$\int_0^{x_1} \frac{dx}{\sqrt{a+bx}} = J(x_1) = \frac{2}{b} \left(\sqrt{a+bx_1} - \sqrt{a} \right)\,.$$

Die Umformung

$$J^2 \cdot b + 4J\sqrt{a} - 4x_1 = 0$$

weist auf drei Darstellungsmöglichkeiten in Fluchtlinientafeln mit Netzen:

	Die Funktion ist linear in	Geradlinige Leitern	Netz-Kurven
(1)	$\sqrt{a}$ und x_1	(a) und (x_1)	(b) und (J)
(2)	b ,, x_1	(b) ,, (x_1)	(a) ,, (J)
(3)	$\sqrt{a}$,, b	(a) ,, (b)	(x_1) ,, (J)

Von diesen Tafeln zeichnet sich der Entwurf (3) durch eine gewisse Symmetrie in Darstellung und Ablesevorschrift aus, da die Parameter a und b die Lage des Ablesefadens bestimmen, der innerhalb des Netzes nun als (variable) Doppelleiter erscheint, indem zusammengehörige Werte x_1 und J längs eines festgehaltenen Fadens abgelesen werden. Wir geben hier lediglich den Entwurf (3) bildlich wieder.

Ansatz:

$$\mathfrak{x}_1 = 0, \qquad\qquad \mathfrak{y}_1 = 10 \cdot b,$$
$$\mathfrak{x}_2 = 150, \qquad\qquad \mathfrak{y}_2 = 20 \cdot \sqrt{a},$$
$$\mathfrak{x}_3 = \frac{300}{2+J}, \qquad\qquad \mathfrak{y}_3 = \frac{40 \cdot x_1}{J(2+J)}.$$

Schar (x_1): $\mathfrak{y} = \dfrac{\mathfrak{x}^2}{15 \cdot (150 - \mathfrak{x})} \cdot x_1$.

[mm; Verkl. 0,6].

Abb. 218.

$$J = \int_0^x \frac{dx}{a + bx}.$$

Umformung:

$$\frac{x}{a} = \frac{e^{b \cdot J} - 1}{b} = t.$$

Darstellung in einer zweiteiligen Netztafel mit Rechenlinien (t).

Beispiel:

$$\int_0^{2,7} \frac{dx}{1,8 + 1,5 x} = 0,786.$$

Aus $x = 2,7$ ergibt sich mit $a = 1,8$ im rechts gelegenen Tafelteil ein Ablesepunkt; die zugehörige wagerechte Rechenlinie schneidet im links gelegenen Tafelteil die Kurve $b = 1,5$ bei $J = 0,786$.

Abb. 219.

$$\varphi(x) = x^n \cdot e^{-ax}.$$

Ansatz:

$$\mathfrak{x}_1 = 0, \qquad\qquad \mathfrak{y}_1 = n,$$
$$\mathfrak{x}_2 = 8, \qquad\qquad \mathfrak{y}_2 = -4 \cdot \log \varphi,$$
$$\mathfrak{x}_3 = \frac{8}{1 + 4 \log x}, \qquad \mathfrak{y}_3 = \frac{4 \cdot x \cdot \log e \cdot a}{1 + 4 \log x}.$$

[cm; Verkl. 0,5].

(Die $\mathfrak{x}$-Achse des Konstruktionssystems geht schräg nach rechts oben durch $n = 0$ und $\varphi = 1$.)

Abb. 220.

$$J = \int_0^\infty x^n e^{-ax}\, dx = \frac{n!}{a^{n+1}}.$$

Ansatz:

$$\mathfrak{x}_1 = 0, \qquad \mathfrak{y}_1 = \log a,$$
$$\mathfrak{x}_2 = -0,5, \qquad \mathfrak{y}_2 = -\frac{1}{2} \log J,$$
$$\mathfrak{x}_3 = \frac{1}{n-1}, \qquad \mathfrak{y}_3 = \frac{\log (n!)}{n-1}.$$

[dm; Verkl. ⅓].

(Die $\mathfrak{x}$-Achse des Konstruktionssystems geht schräg nach rechts unten durch $a = 1$ und $J = 1$.)

Funktionen mit komplexem Argument.

Die im folgenden dargestellten Funktionen e^z, sin z und tg z definieren ebene Koordinatensysteme, die bereits oben (Abschnitt II) behandelt worden sind. Unter geeigneten Verzifferungen können die Nomogramme für die Übergangsformeln zwischen verschiedenen Koordinatensystemen sogar unmittelbar zur Auswertung der Funktionen benutzt werden. Die folgenden Ausführungen stehen aber unter neuen Gesichtspunkten, so daß es ratsam erscheint, auch besondere Tafelformen anzusetzen.

Die Exponentialfunktion und der Logarithmus.

$$w = e^z \qquad\qquad z = \ln w$$
$$u + iv = e^{x+iy} \qquad\qquad x + iy = \ln(u + iv). \tag{1}$$

Zwischen den reellen Größen x und y sowie u und v bestehen die Gleichungen:

$$u = e^x \cdot \cos y, \qquad u^2 + v^2 = e^{2x},$$
$$v = e^x \cdot \sin y, \tag{2} \qquad v : u = \operatorname{tg} y. \tag{3}$$

Abb. 221.

Im regulären Netz (u, v), d. h. in der regulären w-Ebene, ergibt sich nach (3) eine Schar konzentrischer Kreise (x), Mittelpunkt im 0-Punkt, Radius e^x. Der Bereich $x < 0$ erfüllt das Innere, der Bereich $x > 0$ das Äußere des Einheitskreises. Die Werte y werden durch die Glieder eines Strahlenbüschels mit dem 0-Punkt als Träger dargestellt. Da sich die Strahlen (y) mit der Periode 2π wiederholen, erweist sich die Ebene als Riemannsche Fläche; die Funktion e^z hat die Periode $2\pi i$. Zwischen $y = 6$ und $y = 2\pi$ ist die Zeichnung ausgespart. Beschränken wir uns auf die Hauptwerte (y zwischen 0 und 2π), so gehen durch jeden Punkt (u, v) genau eine Linie (x) und eine Linie (y), und jeder Schnittpunkt (x, y) bestimmt genau ein Wertepaar (u, v). Die aus der Theorie der konformen Abbildung bekannte Figur kann sogleich als Netztafel für e^z und ln w benutzt werden. Während man in der Funktionentheorie zwischen einer Funktion und ihrer Umkehrungsfunktion unterscheidet, je nachdem man die Koordinatenlinien (x) und (y) in die reguläre w-Ebene abbildet oder umgekehrt verfährt, tritt diese Scheidung für die nomographische Betrachtungsweise zurück.

Die Beziehungen (3) zeigen, daß die Funktion $w = e^z$ den Übergang zwischen einem kartesischen System (u, v) und einem Polarkoordinatensystem (r, φ) vollzieht, wenn

$$e^x = r, \quad \text{d. h.} \quad x = \ln r$$
$$\text{und} \quad y = \varphi$$

gesetzt wird (vgl. S. 23).

Abb. 222.

Durch Verzerrung

$$\mathfrak{x} = u^2, \quad \mathfrak{y} = v^2$$

ergibt sich eine Streckung der Kreise der w-Ebene; die Schar (y) bleibt als Strahlenbüschel, wenn auch mit anderem Gefüge, erhalten. Der gesamte Bereich der primitiven Periode $0 < y < 2\pi$ erfüllt nunmehr den (ersten) Darstellungsquadranten. Die Strahlen sind durch Richtungslinien am Rande festgelegt, so daß die Ablesung mit Hilfe eines Fadens oder eines Lineals erfolgen muß. Dadurch ist die Darstellung innerhalb der gesamten Periode ermöglicht worden; die Beschriftung des Bildes läßt die Vorzeichen von u und v hervortreten.

Gemeinsames Beispiel für Abb. 221 bis 224:

$z = 0{,}13 + 0{,}66\,i$ (Beschriftung y am innersten Rande);
$w = 0{,}9 + 0{,}7\,i$.

Abb. 223.

In der regulären z-Ebene wiederholt sich das Gefüge der Tafel in den Parallelstreifen $y = n \cdot 2\pi \ldots (n+1) \cdot 2\pi$, wodurch die Periode der Funktion augenscheinlich wird. Die Tafel gestaltet sich für Werte $x < 0$ nomographisch günstiger als Abb. 221.

Wenn man die Vorzeichen von u und v auf Grund von (2) auswertet, ist für die Darstellung bereits der Streifen $0 < y < \tfrac{1}{2}\pi$ hinreichend; aus zeichnerischen Gründen wird man von diesem Umstand aber besser bei anderen Tafelformen Gebrauch machen.

Abb. 224.

Auf Abb. 222 ist eine Projektivität derart ausgeübt worden, daß die Parallelscharen (u) und (v) in Strahlenbüschel, das Büschel (y) in eine Parallelschar übergehen und die Parallelschar (x) als solche erhalten bleibt. Dabei kann der Schnittwinkel der Scharen (x) und (y) gleich 90° gemacht werden. Projektive Bilder dieser Art haben — abgesehen von der etwas schwierigeren Ablesevorschrift — den Vorzug, daß sich das Feld des Netzes von weiteren Darstellungslinien frei halten läßt.

$$\xi = \frac{2\mathfrak{x} + \mathfrak{y} - 1}{\mathfrak{x} + \mathfrak{y}}, \quad \eta = \frac{\mathfrak{x} + 2\mathfrak{y} - 1}{\mathfrak{x} + \mathfrak{y}}.$$

Bildebene:

Schar (u):   Träger: $\xi = 1$, $\eta = 2$. Anstieg: $\dfrac{1 + u^2}{1 - u^2}$.

Schar (v):   Träger: $\xi = 2$, $\eta = 1$. Anstieg: $\dfrac{1 - v^2}{1 + v^2}$.

Schar (x): $\xi + \eta = 3 - 2\,e^{-2x}$.

Schar (y): $\xi - \eta = \cos 2y$.

(Die Lage des Konstruktionssystems (ξ, η) ist durch Pfeile angedeutet.)

In den Scheitelpunkten werden Fäden oder drehbare Lineale befestigt, deren Stellung am Rande durch die Marken u und v festgelegt wird. Das Ablesebeispiel zeigt die Sonderlage

$$x = 0{,}13, \quad y = 0{,}66; \quad u = 0{,}90, \quad v = 0{,}70.$$

Die vorliegende Tafel kann unmittelbar als Streckung der Abb. 223 angesehen werden: die Parallelscharen (x) und (y) eines Streifens $y = 0 \ldots \tfrac{1}{2}\pi$ sind als solche invariant geblieben, ihr Gefüge ist so geändert, daß die Kurven (u) und (v) aus Abb. 223 in die Strahlen (u) und (v) übergehen. Die Verwandtschaft tritt bei entsprechender Drehung der Abbildungen deutlich hervor.

Abb. 225.

Fluchtlinientafel für $w = e^z$ und $z = \ln w$. Auf Grund von (3) kann die Funktion in einer Leitertafel derart dargestellt werden, daß durch Einstellung von z, d. h. von x und y, zugleich beide Werte u und v abgelesen werden können:

$$\text{Ansatz:} \qquad \xi_1 = 0, \qquad \eta_1 = u^2,$$
$$\xi_2 = 7{,}5, \qquad \eta_2 = 12{,}5 - \tfrac{1}{2} v^2,$$
$$\xi_3 = 15, \qquad \eta_3 = 25 - e^{2x},$$
$$\eta_4 = \frac{5}{3}\,\xi_4 = \frac{25}{2 + \operatorname{tg}^2 y} \cdot \; [\text{cm; Verkl. } 0{,}4].$$

Der Sinus und verwandte Funktionen.

$$w = \sin z \qquad\qquad z = \operatorname{arc\,sin} w$$
$$u + i\,v = \sin(x + i\,y) \quad\Big|\quad x + i\,y = \operatorname{arc\,sin}(u + i\,v) \tag{1}$$
$$u = \sin x \cdot \mathfrak{Cof}\, y,$$
$$v = \cos x \cdot \mathfrak{Sin}\, y. \tag{2}$$

Abb. 226.

In der regulären w-Ebene definiert die Funktion ein elliptisches Koordinatensystem

$$\text{mit} \quad a = 1 \quad \text{und} \quad \lambda = \mathfrak{Sin}^2 y, \qquad \text{wenn} \quad \lambda > 0,$$
$$\lambda = -\cos^2 x, \qquad \text{wenn} \quad \lambda < 0.$$

Hyperbeln:

$$\frac{u^2}{\sin^2 x} - \frac{v^2}{\cos^2 x} = 1,$$

Ellipsen:

$$\frac{u^2}{\mathfrak{Cof}^2 y} + \frac{v^2}{\mathfrak{Sin}^2 y} = 1.$$

Die Funktion braucht nur für $y > 0$ dargestellt zu werden, da der Zeichenwechsel von y auch einen Zeichenwechsel von v bewirkt, während u allein von $|\,y\,|$ abhängt. Entsprechendes gilt für x.

Für $y = 0$ ergibt sich die zwischen den Brennpunkten liegende Strecke, auf der die Hyperbeln eine Leiter $u = \sin x$ ausschneiden; bei $x = 0$ fällt die Darstellung in die v-Achse, die eine Leiter $v = \mathfrak{Sin}\, y$ trägt. — Die Ebene ist eine Riemannsche Fläche; $w = \sin z$ hat die reelle Periode 2π.

Abb. 227.

Ein doppelt quadratisches Netz

$$\mathfrak{x} = u^2, \quad \mathfrak{y} = v^2$$

streckt sämtliche Bildkurven der w-Ebene. Die Geraden (x) und (y) sind Glieder einer Schar mit gemeinsamer Hüllkurve (Kegelschnitt). Vgl. S. 25.

Abb. 228.

Reguläre z-Ebene. Die Darstellung ist für den Bereich $-\pi \leq x \leq +\pi$ entworfen; sie wiederholt sich in allen Vertikalstreifen, die um die Periode 2π verschoben sind. Auch hier ist bei geeigneter Kennung der Vorzeichen eine Beschränkung auf einen Viertelstreifen der Periode möglich.

Abb. 229.

Fluchtlinientafel für $w = \sin z$. Leitertafeln, die aus Abb. 227 dual hervorgehen, enthalten geradlinige Leitern (u) und (v); die Teilungen (x) und (y) liegen auf demselben Träger, und zwar auf einem Kegelschnitt. Es wurde ein Entwurf mit parabolischem Träger gewählt.

$$\begin{aligned}
\text{Ansatz:} \quad & \xi_1 = 0, & & \eta_1 = u^2, \\
& \xi_2 = 1, & & \eta_2 = 2 - v^2, \\
& \xi_3 = \mathfrak{Cof}^2\, y, & & \eta_3 = \mathfrak{Cof}^2\, y \cdot (3 - \mathfrak{Cof}^2\, y), \\
& \xi_3^* = \sin^2 x, & & \eta_3^* = \sin^2 x \cdot (3 - \sin^2 x);
\end{aligned}$$

$$\text{Träger (3):} \quad \eta = 3\,\xi - \xi^2.$$

Nomogramme für die Funktion $w = \cos z$ entwickeln sich in gleicher Weise wie Tafeln für $w = \sin z$. Infolge

$$\cos z = \sin(\tfrac{1}{2}\pi - z)$$

können die vorliegenden Darstellungen ohne weiteres auch zur Auswertung von $\cos z$ benutzt werden, wobei lediglich einfache Verzifferungen vorzunehmen sind. Würde man x im Gradmaß bestimmen, so könnte man das Gefüge einer Schar oder Teilung (x) sogleich für $(90^0 - x)$ heranziehen; im Bogenmaß wird eine neue Teilung erforderlich, die in Leitertafeln verhältnismäßig leicht, in Netztafeln allerdings schwieriger unterzubringen ist.

Auch die hyperbolischen Funktionen

$$w = \mathfrak{Sin}\, z \quad \text{und} \quad w = \mathfrak{Cof}\, z$$

ergeben keine wesentlich verschiedenen Formen.

$$u' + iv' = \mathfrak{Sin}\,(x' + iy'),$$
$$i(u' + iv') = \sin[i(x' + iy')],$$
$$\mp v' + iu' = \sin(\mp y' + ix').$$

Die vorliegenden Tafeln werten also

$$\boldsymbol{w = \mathfrak{Sin}\,z}$$

aus, wenn die Werte $z = y' + ix'$ und $w = v' + iu'$ eingestellt werden: y' wird durch die Leiter oder Schar (x), x' durch die Folge (y) dargestellt, v' wird an der Teilung (u), schließlich u' bei v abgelesen.

Mit ähnlichen Verzifferungen liefern die Tafeln auch

$$w = \mathfrak{Cof}\,z = \mathfrak{Cof}\,(x' + iy').$$

Abb. 230.

Auf zwei einander parallelen Tangenten des Einheitskreises bestimmt eine beliebige Tangente Abschnitte t und t', die einander reziprok sind $(t \cdot t' = r^2)$. Entwirft man also auf einer Tangente die Leiter $t = e^x$, so wird auf der parallelen Tangente durch eine beliebige den Kreis berührende Ablesegerade die Strecke $t' = e^{-x}$ abgeschnitten; es können also die Werte e^{-x} an regulärer Leiter abgelesen werden. Mithin ergibt sich auf der regulären Leiter, die parallel zu den beiden ersten Trägern durch den Mittelpunkt hindurchgeht, der Wert

$$\tfrac{1}{2} \cdot (e^x + e^{-x}) = \mathfrak{Cof}\,x.$$

Diese von F. Wolf angegebene Konstruktion der Funktionen an regulären Teilungen gewinnt dadurch an Reiz, daß die Teilung e^x mit Zirkel und Lineal gewonnen werden kann (vgl. S. 100).

Abb. 231.

Die Tangensfunktion. Durch

$$\boldsymbol{w = \operatorname{tg} z}, \quad \boldsymbol{z = \operatorname{arctg} w} \tag{1}$$

wird ein System von Kreiskoordinaten mit $c = 1$ definiert (vgl. S. 32 bis 33). Abb. 231 zeigt den ersten Quadranten der regulären w-Ebene. Der Bereich $x = 0 \ldots \dfrac{\pi}{4}$ fällt in das Innere des Einheitskreises. Der Darstellung ist ein Polarnetz (r, φ) überlagert, so daß zugleich die Werte

$$r \cdot e^{i\varphi} = \operatorname{tg}(x + iy) \tag{2}$$

abgeschätzt werden können; die Strahlenschar (φ) ist am Rande durch Richtungslinien gekennzeichnet.

Aus (1) folgen die Übergangsformeln zwischen reellen Größen:

$$u = \frac{\sin 2x}{\cos 2x + \mathfrak{Cof}\,2y}, \quad (3\,\mathrm{a}) \qquad\qquad \operatorname{tg} 2x = \frac{2u}{1 - (u^2 + v^2)}, \quad (4\,\mathrm{a})$$

$$v = \frac{\mathfrak{Sin}\,2y}{\cos 2x + \mathfrak{Cof}\,2y}, \quad (3\,\mathrm{b}) \qquad\qquad \mathfrak{Tg}\,2y = \frac{2v}{1 + (u^2 + v^2)}. \quad (4\,\mathrm{b})$$

Es lassen sich für jede der vier Formeln Fluchtlinientafeln angeben, die aber nicht so überlagert werden können, daß die Ablesung mittels einer einzigen Einstellung des Ablesefadens erfolgen kann. Wenn somit für den umkehrbaren Übergang zwischen z und w eigentlich vier Teiltafeln erforderlich sind, kann die Ablesevorschrift jedoch so gegeben werden, daß sich aus jeder Gruppe bereits eine Formel als ausreichend erweist. Wir wählen (3b) und (4a):

Abb. 232.

Ansatz [für (3b)]:

$$\xi_1 = 0, \qquad\qquad \eta_1 = \frac{1}{2\,v},$$

$$\xi_2 = 1{,}5, \qquad\qquad \eta_2 = 1{,}5 - \cos 2x,$$

$$\xi_3 = \frac{1{,}5}{1 + 2\cdot\mathfrak{Sin}\,2y}, \qquad \eta_3 = \frac{1{,}5 + \mathfrak{Cos}\,2y}{1 + 2\cdot\mathfrak{Sin}\,2y}.$$

[dm; Verkl 0,4].

Abb. 233.

Ansatz [für (4a)]:

$$\xi_1 = 0, \qquad \eta_1 = \operatorname{ctg} 2x,$$

$$\xi_2 = 1{,}5, \qquad \eta_2 = 2\cdot v^2 - 1{,}5,$$

$$\xi_3 = \frac{1{,}5}{1 + 4u}, \qquad \eta_3 = \frac{-2\cdot u^2 + 0{,}5}{1 + 4u}$$

[dm; Verkl. 0,4].

Beispiel: $\operatorname{tg}\left(\dfrac{\pi}{4} + \dfrac{i}{2}\right) = 0{,}648 + 0{,}762\,i$.

I. Gegeben: $x = \dfrac{\pi}{4}, \quad y = 0{,}5$.

In Abb. 232 findet man zunächst $v = 0{,}762$; mit diesem Wert v und $x = \dfrac{\pi}{4}$ ergibt sich in Abb. 233 dann $u = 0{,}648$.

II. Gegeben: $u = 0{,}648, \quad v = 0{,}762$.

Abb. 233 liefert zunächst $x = \dfrac{\pi}{4}$; sodann erhält man in Abb. 232 mit $x = \dfrac{\pi}{4}$ und $v = 0{,}762$ den imaginären Bestandteil aus $y = 0{,}5$.

Abb. 234.

Zu recht einfacher Streckung führt (2):

$$\left.\begin{aligned} \operatorname{tg}\varphi &= \frac{\mathfrak{Sin}\,2y}{\sin 2x}, \\[4pt] \frac{1 - r^2}{1 + r^2} &= \frac{\cos 2x}{\mathfrak{Cos}\,2y}. \end{aligned}\right\} \ (5) \qquad \left.\begin{aligned} \operatorname{tg} 2x &= \frac{2r}{1 - r^2}\cdot\cos\varphi, \\[4pt] \mathfrak{Tg}\,2y &= \frac{2r}{1 + r^2}\cdot\sin\varphi. \end{aligned}\right\} \ (6)$$

Beide Formeln (5) werden im Netz

$$\mathfrak{x} = \sin^2 2x, \quad \mathfrak{y} = \tfrac{1}{2}\cdot\mathfrak{Sin}^2 2y, \quad x = 0\cdots\frac{\pi}{4},$$

durch Strahlenbüschel dargestellt:

Schar (φ): $\mathfrak{y} = \left(\tfrac{1}{2}\,\mathrm{tg}^2\,\varphi\right)\cdot\mathfrak{x}$,   Träger: $\mathfrak{x}_0 = 0$, $\mathfrak{y}_0 = 0$.

Schar (r): $\left(\mathfrak{y} + \dfrac{1}{2}\right) = -\dfrac{1}{2}\left(\dfrac{1 + r^2}{1 - r^2}\right)^2\cdot(\mathfrak{x} - 1)$, Träger: $\mathfrak{x}_0 = 1$, $\mathfrak{y}_0 = -\tfrac{1}{2}$.

Die Verzerrung erfüllt den ersten Quadranten der Bildebene und stellt den Bereich $0 \leqq \varphi \leqq \tfrac{1}{2}\pi$ dar; das Strahlenbüschel (r) weist dagegen doppelte Belegung auf

$$\text{für} \qquad r = 0 \ldots 1$$
$$\text{und} \qquad r = 1 \ldots \rightarrow \infty\,.$$

Daher muß man die Belegungen trennen und den Bereich (r) einmal auf das Innere und dann auf das Äußere des Einheitskreises beschränken (Abb. 231). Der linke Teil von Abb. 234 bezieht sich auf $r = 0 \ldots 1$.

Für den Bereich $r = 1 \ldots \rightarrow \infty$ wurde das Netz

$$\mathfrak{x} = 2 - \sin^2 2x, \qquad \mathfrak{y} = \tfrac{1}{2}\,\mathfrak{Sin}^2\,2y, \qquad x = \frac{\pi}{4}\cdots\frac{\pi}{2}$$

gewählt (Abb. 234, rechter Teil). Beide Verzerrungen können aneinander gelegt werden; auf diese Weise wird die Verwandtschaft mit Abb. 231 augenscheinlich.

Abb. 235.

Fluchtlinientafel für $r\cdot e^{i\varphi} = \mathrm{tg}\,(x + iy)$.

Ansatz: $\xi_1 = 0$, $\eta_1 = 2\cdot\mathfrak{Tg}^2\,2y$,

$$\eta_2 = -2\cdot\xi_2 + 2 = \frac{2\cdot\cos^2 2x}{2 - \sin^2 2x}\,,$$

$$\eta_3 = 2\cdot\xi_3 = \frac{2\cdot\sin^2 \varphi}{1 + \sin^2 \varphi}\,,$$

$$\xi_4 = 1\,, \qquad \eta_4 = 2\cdot\left(\frac{1 - r^2}{1 + r^2}\right)^2\,.$$

[dm; Verkl. 0,5]. Sämtliche Leitern haben reguläre Stellen.

Die Ablesung erfolgt mit einer Einstellung der Ablesegeraden. (Durch Verzifferung von r und x und auch von φ können andere Bereiche auf demselben Trägersystem dargestellt werden.)

Abb. 236.

Für $w = \mathrm{ctg}\,z$, $w = \mathfrak{Tg}\,z$ und $w = \mathfrak{Ctg}\,z$ können die vorliegenden Tafeln durch Verzifferungen in ähnlicher Weise herangezogen werden, wie es oben für $\sin z$ und die zugehörigen Funktionen gezeigt worden ist. So läßt sich insbesondere Abb. 235 zur Auswertung von

$$r\cdot e^{i\varphi} = \mathfrak{Tg}\,z \tag{7}$$

benutzen, wie sich aus Vergleich der folgenden Formeln (8) und (9) mit (5) und (6) ergibt:

$$\operatorname{ctg} \varphi = \frac{\operatorname{Sin} 2x}{\sin 2y}, \qquad (8\,\mathrm{a}) \qquad\qquad \operatorname{tg} 2y = \frac{2r}{1 - r^2} \cdot \sin \varphi, \qquad (9\,\mathrm{a})$$

$$\frac{1 - r^2}{1 + r^2} = \frac{\cos 2y}{\operatorname{Cof} 2x}, \qquad (8\,\mathrm{b}) \qquad\qquad \operatorname{Tg} 2x = \frac{2r}{1 + r^2} \cdot \cos \varphi. \qquad (9\,\mathrm{b})$$

Der in der Fernsprechtechnik benutzten Tafel von Ulfilas Meyer liegen die Formeln (8b) und (9b) zugrunde; die Teildarstellungen sind mit kongruentem Trägersystem so überlagert, daß jeweils nur die linken und nur die rechten Skalen zusammengehören.

Beispiel: Sind x und y gegeben, $x = 0{,}5$, $y = 0{,}2$, so findet man mit den rechts bezifferten Skalen zunächst $r = 0{,}502$ (Linie I), dann mit Hilfe der linken Skalen aus diesem Wert r und abermals $x = 0{,}5$ das Argument $\varphi = 18{,}33^{\circ}$ (Linie II).

Wenn r und φ vorliegen, ermittelt man auf den linken Teilungen zunächst x, dann mit den rechten Teilungen aus x und r den Betrag y. Ist $r > 1$, so geht man mit $1/r$ in die Tafel ein. In welcher Weise die Bereiche durch Verzifferung erweitert werden können, geht aus den Beziehungen (8) und (9) hervor.

Zum Schrifttum über mathematische Nomogramme.

Cranz, H.: Über das Entwerfen von Nomogrammen. Berlin: Bath 1919.
Gaußsches Fehlergesetz (Abb. 25).

Emde, F.: Sinusrelief und Tangensrelief in der Elektrotechnik. Sammlung Vieweg Nr. 69. Braunschweig 1924.

Fischer, Alexander: Über ein allgemeines Verfahren zum Entwerfen von graphischen Rechentafeln, insbesondere von Fluchtlinientafeln. Z. ang. Math. Mech. 7, 211—227 u. 383—408 (1927); 8, 309—335 (1928); 9, 402—419 (1930).
Cosinussatz. Viergliedrige Gleichungen. Keplersche Gleichung.

Fürle, H.: Ein Rechenblatt z. Auflösung der Gleichung vierten Grades mit Hilfe des Zirkels. Schulprogr. Nr. 165. Berlin: Weidmann 1910.

— Zur Theorie der Rechenschieber. Berlin: Progr. Nr. 126 d. 9. Realschule 1899.
Lösung von Exponentialgleichungen.

Konorski, B. M.: Die Grundlagen der Nomographie. Berlin: Julius Springer 1923.
Goniometrische Gleichungen.

Luckey, P.: Einführung in die Nomographie, 2. Aufl. Math.-phys. Bibl. Nr. 28. Leipzig: B. G. Teubner 1925.
Eulersche Tilgungsformel.

— Nomographie, 2. Aufl. Math.-phys. Bibl. Nr. 59, 60. Leipzig: B. G. Teubner 1927.
Sinussatz (Abb. 41). — Zinseszinsrechnung (Abb. 48). — Umfang der Ellipse (Abb. 51). — Cosinussatz (Abb. 53).

— Nomogramme für die Oberfläche des Quaders. Z. ang. Math. Mech. 5, 263 bis 267 (1925).

— Nomogramme für Kapitaltilgungen. Z. ang. Math. Mech. 6, 327—329 (1926).

— Über graph. Rechentafeln mit einer frei beweglichen Leiter. Z. ang. Math. Mech. 7, 155—158 (1927).

Mehmke, R.: Numerisches Rechnen. Enzykl. d. math. Wissensch. 1, 938ff. Leipzig 1902.

— Leitfaden zum graphischen Rechnen, 2. Aufl. Wien u. Leipzig: F. Deuticke 1924.
Logarithmische Netze. — Mehrgliedrige Gleichungen.

Meyer, Ulfilas: Rechentafeln zur Leitungsberechnung. Elektrot. Z. 42, 1225ff. (1921).

$$A + i\,B = \mathfrak{Cof}\,(\beta + i\alpha) \quad \text{und} \quad R \cdot e^{i\varphi} = \mathfrak{Tg}\,(\beta + i\alpha).$$

d'Ocagne, M.: Application des nomogrammes à alignement aux différents cas de résolution des triangles sphériques. L'Enseign. Math. 1917, H. 1.

Pirani, M.: Graphische Darstellung in Wissenschaft und Technik, 2. Aufl. besorgt von I. Runge. Berlin: Samml. Göschen 1931.
Zinseszinsrechnung (S. 139, Abb. 71).

Runge, C.: Graphische Methoden, 3. Aufl. Leipzig: B. G. Teubner 1929.
Zur sphär. Trigonometrie (Abb. 46, 70, 71). — Kubische Gleichung (Abb. 44). — Zinseszinsrechnung (Rechenstab).

Schilling, Fr.: Über die Nomographie von M. d'Ocagne. Eine Einführung in dieses Gebiet, 3. Aufl. Leipzig: B. G. Teubner.

Schreiber, P.: Grundzüge einer Flächen-Nomographie. Braunschweig: Vieweg 1921.
> Gleichungen.

Schwerdt: Lehrbuch der Nomographie auf abbildungsgeometrischer Grundlage. Berlin: Julius Springer 1924.
> Zeitgleichung nach Hoecken (Abb. 15, 16). — Verzerrungen an Kegelschnitten (Abb. 50—54) — Konchoide, Versiera v. Agnesi (Aufg. 75). — Sphär. Trigonometrie (Aufg. 81, 145). — Axonometrie (Aufg. 89, 90, 119, 120). — Krümmungsmasse (Aufg. 91). — Kegelschnitte (Aufg. 96, 97). — Funktionen mit komplexen Variabeln (Aufg. 134, 135, 138, 139).

— Einführung in die praktische Nomographie. Ma-Na-Te Bibl. 6. Berlin: Salle 1927.
> Kegelschnitte (Abb. 17). — Sphär. Trigonometrie (Abb. 11, 24, 49). — Stereometrisches (Abbild. 75). — Axonometrie und Perspektive (Abb. 28—33).

— Graphisches Rechnen, 2. Aufl. Reichskuratorium f. Wirtschaftl. Nr. 22. Berlin: Beuthverlag 1929.
> Richtlinien für Herstellung und prakt. Ausgestaltung von Rechentafeln.

— Über eine neue Auswertung von Dreiecksblättern. Z. math. naturw. Unterr. 56, 325—331 (1925).

Spielrein, J.: Über einen Rechenschieber für komplexe Zahlen. Elektrot. Z. 1924, 849f.

Wenner, F.: Praktische Rechenbildkunde (Nomographie). Aachen: Aachener Verl. u. Druckges. 1926.
> Geodäsie. — Pythagor. Lehrsatz (Abb. 9). — Zenitdistanz, Stundenwinkel, Deklination (Abb. 15).

Werkmeister, P.: Das Entwerfen von graphischen Rechentafeln (Nomographie). Berlin: Julius Springer 1923.
> Zur Neperschen Regel (Abb. 43—47, 63, 73, 76, 77). — Goniometrische Gleichungen (Abb. 67, 68, 80). — Zinseszinsrechnung (Abb. 113, 114, 151, 154). — Trinomische Gleichungen (ohne Abb., S. 138). — Sinussatz (Abb. 135, 136, 141, 142). — Cosinussatz (Abb. 118, 147). — Kubische Gleichung (Abb. 119, 148, 149).

Während der Drucklegung erschienen:

Grinsted, W. H.: Rechenstab für komplexe Zahlen. Elektrot. Z. 1930, 1401.
> Übersetzung einer Leitertafel nach Art der von Ulf. Meyer entworfenen in einen Rechenstab mit den Funktionen tg und sec.

Heck u. Walther: Nomogramme für die komplexen Wurzeln charakteristischer Gleichungen von Schwingungsproblemen. Ing.-Archiv 1, 611—618 (1930).
> Leitertafel für die komplexen Wurzeln der quadratischen Gleichung. (Unverzerrte reziproke Leitern).

Sachverzeichnis.

Vorlesungen über Differential- und Integralrechnung.
Von Professor R. Courant, Göttingen.
Erster Band: Funktionen einer Veränderlichen. Zweite, verbesserte Auflage. Mit 126 Textfiguren. XIV, 410 Seiten. 1930. Gebunden RM 18.60
Zweiter Band: Funktionen mehrerer Veränderlicher. Mit 88 Textfiguren. VII, 360 Seiten. 1929. Gebunden RM 18.60

Vorlesungen über allgemeine Funktionentheorie und elliptische Funktionen. Von Adolf Hurwitz †, weil. ord. Prof.
der Mathematik am Eidgenössischen Polytechnikum Zürich. Herausgegeben und ergänzt durch einen Abschnitt über Geometrische Funktionentheorie von R. Courant, ord. Professor der Mathematik an der Universität Göttingen. („Die Grundlehren der mathematischen Wissenschaften", Band 3.) Dritte, vermehrte und verbesserte Auflage. Mit 152 Abbildungen. XII, 534 Seiten. 1929. RM 33.—; gebunden RM 34.80

Darstellung und Begründung einiger neuerer Ergebnisse der Funktionentheorie. Von Dr. Edmund Landau, o. ö.
Professor der Mathematik an der Universität Göttingen. Zweite Auflage. Mit 10 Textfiguren. 122 Seiten. 1929. RM 9.60

Elementarmathematik vom höheren Standpunkte aus.
Von Felix Klein. Dritte Auflage. („Die Grundlehren der mathematischen Wissenschaften", Band 14—16.)
Erster Band: Arithmetik. — Algebra. — Analysis. Ausgearbeitet von E. Hellinger. Für den Druck fertig gemacht und mit Zusätzen versehen von Fr. Seyfarth. Mit 125 Abbildungen. XII, 321 Seiten. 1924. RM 15.—; gebunden RM 16.50
Zweiter Band: Geometrie. Ausgearbeitet von E. Hellinger. Für den Druck fertig gemacht und mit Zusätzen versehen von Fr. Seyfarth. Mit 157 Abbildungen. XII, 302 Seiten. 1925. RM 15.—; gebunden RM 16.50
Dritter Band: Präzisions- und Approximationsmathematik. Ausgearbeitet von C. H. Müller. Für den Druck fertig gemacht und mit Zusätzen versehen von Fr. Seyfarth. Mit 156 Abbildungen. X, 238 Seiten. 1928. RM 13.50; gebunden RM 15.—

Einführung in die mathematische Behandlung naturwissenschaftlicher Fragen. Von Professor Alwin Walther,
Darmstadt. Erster Teil: Funktion und graphische Darstellung. Differential- und Integralrechnung. Mit 174 Abbildungen. VIII, 220 Seiten. 1928. RM 8.60; gebunden RM 9.60

Rechenschablonen für harmonische Analyse und Synthese nach C. Runge. Von P. Terebesi, Darmstadt. Wissenschaftliche
Erläuterungen mit 8 Textabbildungen und 13 Tafeln. Dazu 26 Rechenschablonen, 2 Rechenbeispiele und 2 Kontrollblätter sowie 1 Gebrauchsanweisung. 13 Seiten, 5 Blätter; 4 Seiten, 28 Tafeln, 2 Blätter. 1930. In Mappe RM 18.—

Tafeln der Besselschen, Theta-, Kugel- und anderer Funktionen. Von Professor Keiichi Hayashi. Mit 14 Textabbildungen.
V, 125 Seiten. 1930. RM 24.—; gebunden RM 26.—

Sieben- und mehrstellige Tafeln der Kreis- und Hyperbelfunktionen und deren Produkte, sowie der Gammafunktion nebst einem Anhang: Interpolations- und sonstige Formeln.
Von Professor Keiichi Hayashi. VI, 284 Seiten. 1926. RM 45.—; gebunden RM 48.—

Theorie der Differentialgleichungen. Vorlesungen aus dem Gesamtgebiet der gewöhnlichen und der partiellen Differentialgleichungen. Von Professor **Ludwig Bieberbach**, Berlin. („Die Grundlehren der mathematischen Wissenschaften". Band 6.) Dritte, neubearbeitete Auflage. Mit 22 Abbildungen. XIII, 399 Seiten. 1930. RM 21.—; gebunden RM 22.80

Vorlesungen über Differenzenrechnung. Von Professor **Niels Erik Nörlund**, Kopenhagen. („Die Grundlehren der mathematischen Wissenschaften", Band 13.) Mit 54 Textfiguren. IX, 551 Seiten. 1924. RM 24.—; gebunden RM 25.20

Methoden der mathematischen Physik. Von Professor **R. Courant**, Göttingen, und Professor **D. Hilbert**, Göttingen. Erster Band. („Die Grundlehren der mathematischen Wissenschaften", Band 12.) Zweite, verbesserte Auflage. Mit 26 Abbildungen. XIV, 469 Seiten. 1931. RM 29.20; gebunden RM 30.80

Mathematische Hilfsmittel in der Physik. Bearbeitet von **A. Duschek, J. Lense, K. Mader, Th. Radakovic, F. Zernike.** Redigiert von **H. Thirring**. („Handbuch der Physik", Band 3.) Mit 138 Abbildungen. XIV, 647 Seiten. 1928. RM 57.—; gebunden RM 59.50

Die mathematischen Hilfsmittel des Physikers. Von Professor Dr. **Erwin Madelung**, Frankfurt a. M. („Die Grundlehren der mathematischen Wissenschaften", Band 4.) Zweite, verbesserte Auflage. Mit 20 Textfiguren. XIV, 284 Seiten. 1925. RM 13.50; gebunden RM 15.—

Mathematische Strömungslehre. Von Privatdozent Dr. **Wilhelm Müller**, Hannover. Mit 137 Textabbildungen. IX, 239 Seiten. 1928. RM 18.—; gebunden RM 19.50

Mathematische Schwingungslehre. Theorie der gewöhnlichen Differentialgleichungen mit konstanten Koeffizienten sowie einiges über partielle Differentialgleichungen und Differenzengleichungen. Von Dr. **Erich Schneider**. Mit 49 Textabbildungen. VI, 194 Seiten. 1924. RM 8.40; gebunden RM 10.—

Foundations of Potential Theory. Von Professor **Oliver Dimon Kellogg**, Cambridge, Mass. U.S.A. („Die Grundlehren der mathematischen Wissenschaften", Band 31.) Mit 30 Figuren. IX, 384 Seiten. 1929. RM 19.60; gebunden RM 21.40

Analytische Dynamik der Punkte und starren Körper. Mit einer Einführung in das Dreikörperproblem und mit zahlreichen Übungsaufgaben. Von Professor **E. T. Whittaker**, Edinburgh. Nach der zweiten Auflage übersetzt von Dr. **F. und K. Mittelsten Scheid**, Marburg a. L. („Die Grundlehren der mathematischen Wissenschaften", Band 17.) XII, 462 Seiten. 1924. RM 21.—; gebunden RM 22.50

Darstellungen von Dreiecksformen.

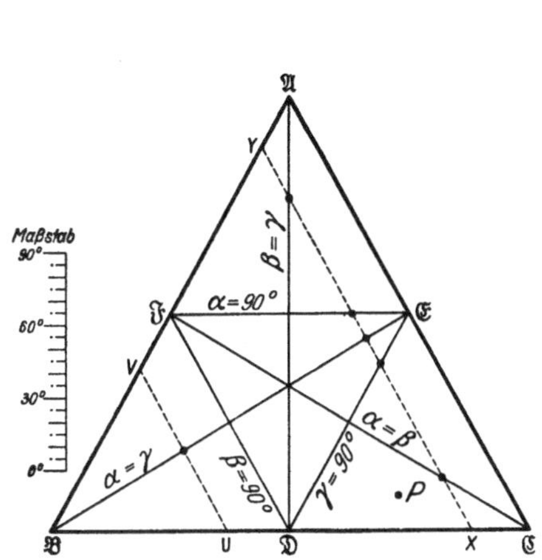

Abb. 1. Darstellung aller Dreiecksformen auf Grund des Winkelsummensatzes.

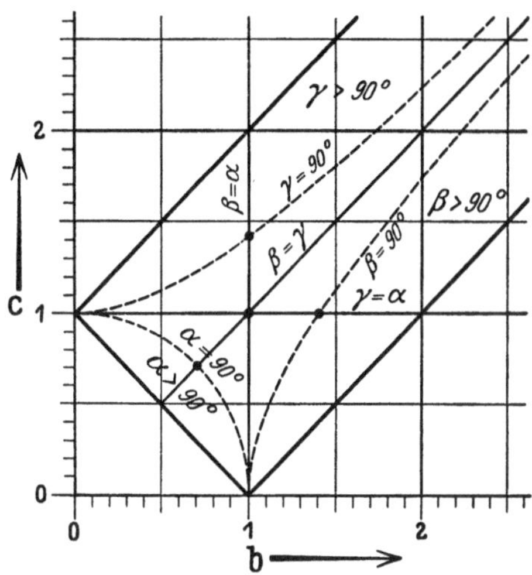

Abb. 2. Dreiecksformen $a = 1$ im regulären Netz (b, c).

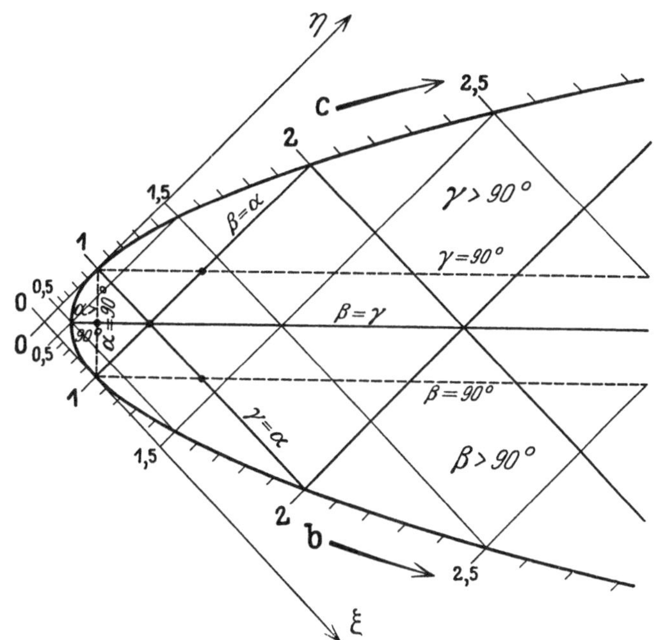

Abb. 3. Dreiecksformen $a = 1$ im quadratischen Netz $(\xi = b^2,\ \eta = c^2)$.

Pythagoreische Dreiecke.

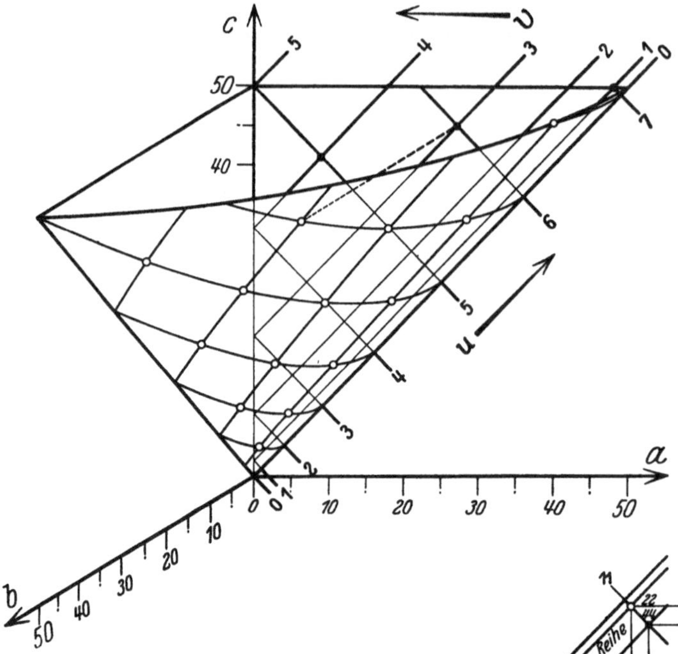

Abb. 5. Pythagoreische Dreiecke im räumlichen System (a, b, c).
(Schiefe Parallelprojektion; 30°, ¾.)

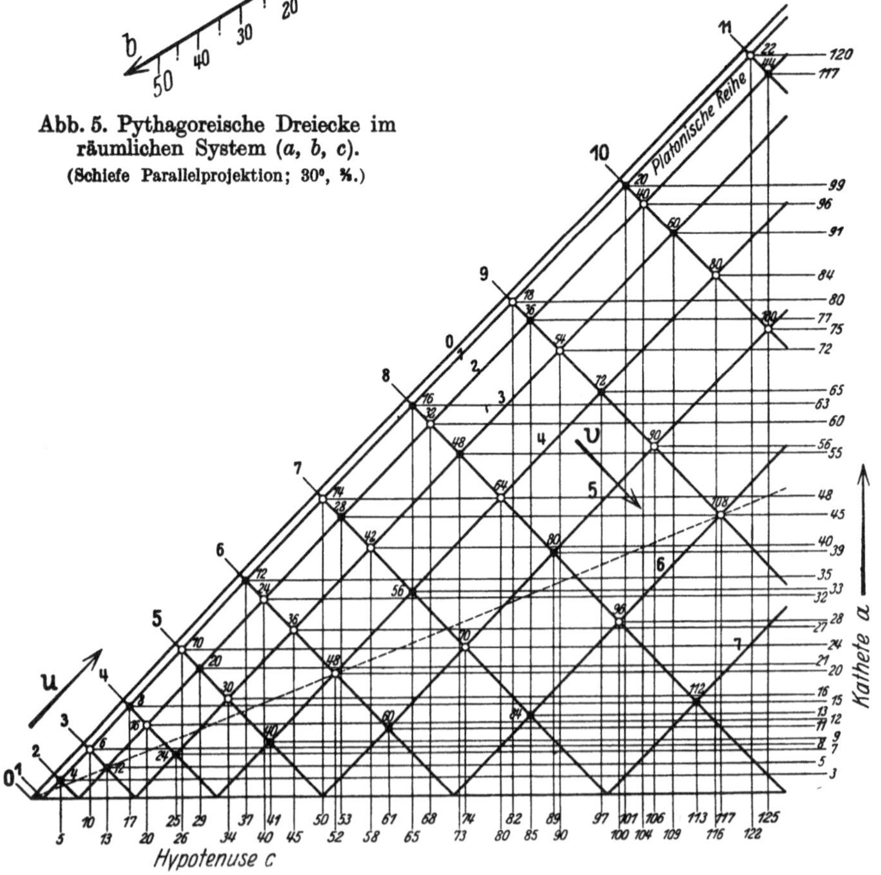

**Abb. 4. Pythagoreische Dreiecke $a^2 + b^2 = c^2$ im ebenen System (c, a) als
Gitterpunkte eines quadratischen Netzes.**

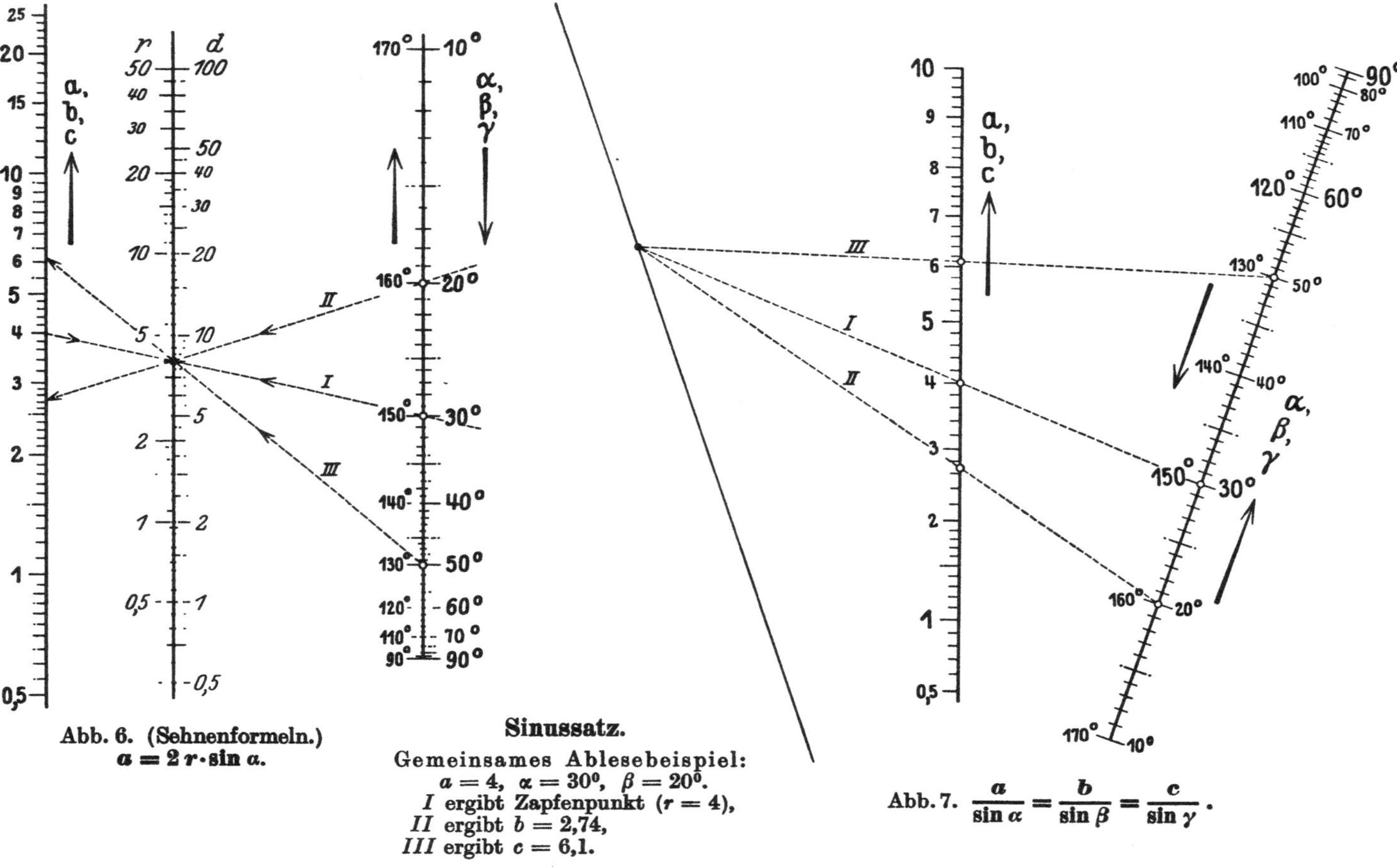

Abb. 6. (Sehnenformeln.) $a = 2\,r \cdot \sin\alpha$.

Sinussatz.

Gemeinsames Ablesebeispiel:
$a = 4$, $\alpha = 30^0$, $\beta = 20^0$.
I ergibt Zapfenpunkt ($r = 4$),
II ergibt $b = 2{,}74$,
III ergibt $c = 6{,}1$.

Abb. 7. $\dfrac{a}{\sin\alpha} = \dfrac{b}{\sin\beta} = \dfrac{c}{\sin\gamma}$.

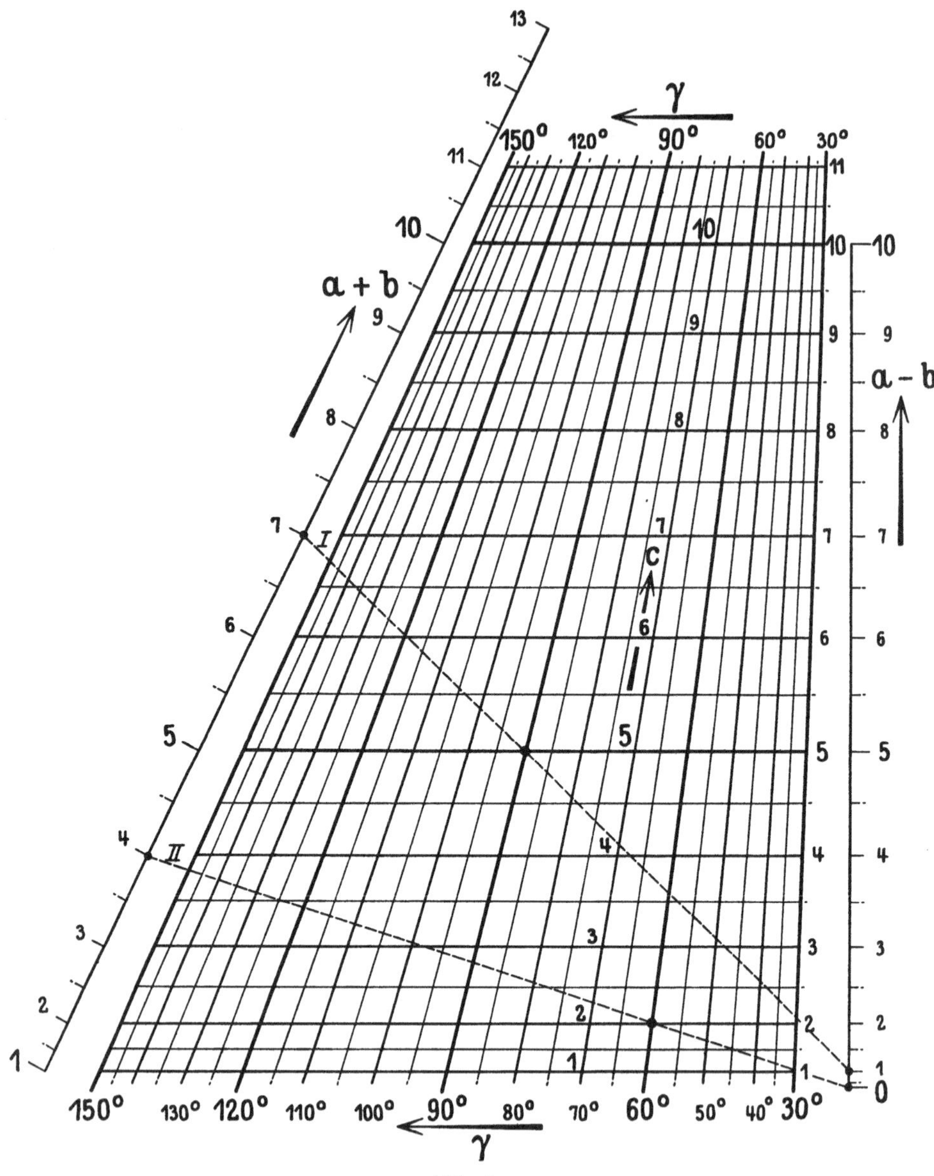

Abb. 8.

Cosinussatz $c^2 = a^2 + b^2 - 2\,a\,b\,\cos\gamma.$

Man bildet $(a + b)$ und $(a - b)$; die Fluchtlinie liefert dann Wertepaare (c, γ).

Beispiel I: Rechtwinkliges Dreieck $a = 4$, $b = 3$, $c = 5$.
Beispiel II: Gleichseitiges Dreieck $a = 2$.

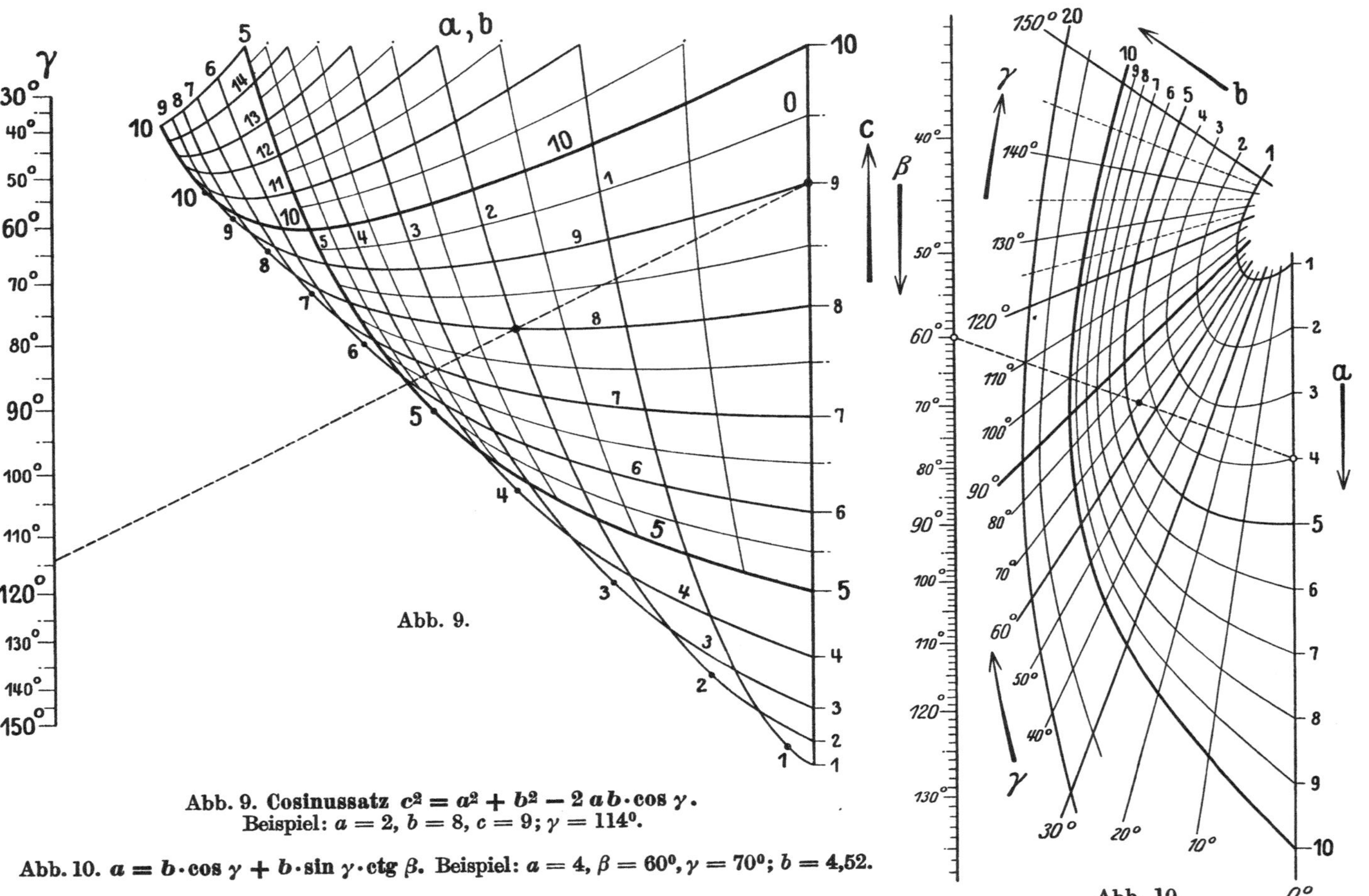

Abb. 9. Cosinussatz $c^2 = a^2 + b^2 - 2\,ab\cdot\cos\gamma$.
Beispiel: $a = 2$, $b = 8$, $c = 9$; $\gamma = 114^0$.

Abb. 10. $a = b\cdot\cos\gamma + b\cdot\sin\gamma\cdot\operatorname{ctg}\beta$. Beispiel: $a = 4$, $\beta = 60^0$, $\gamma = 70^0$; $b = 4{,}52$.

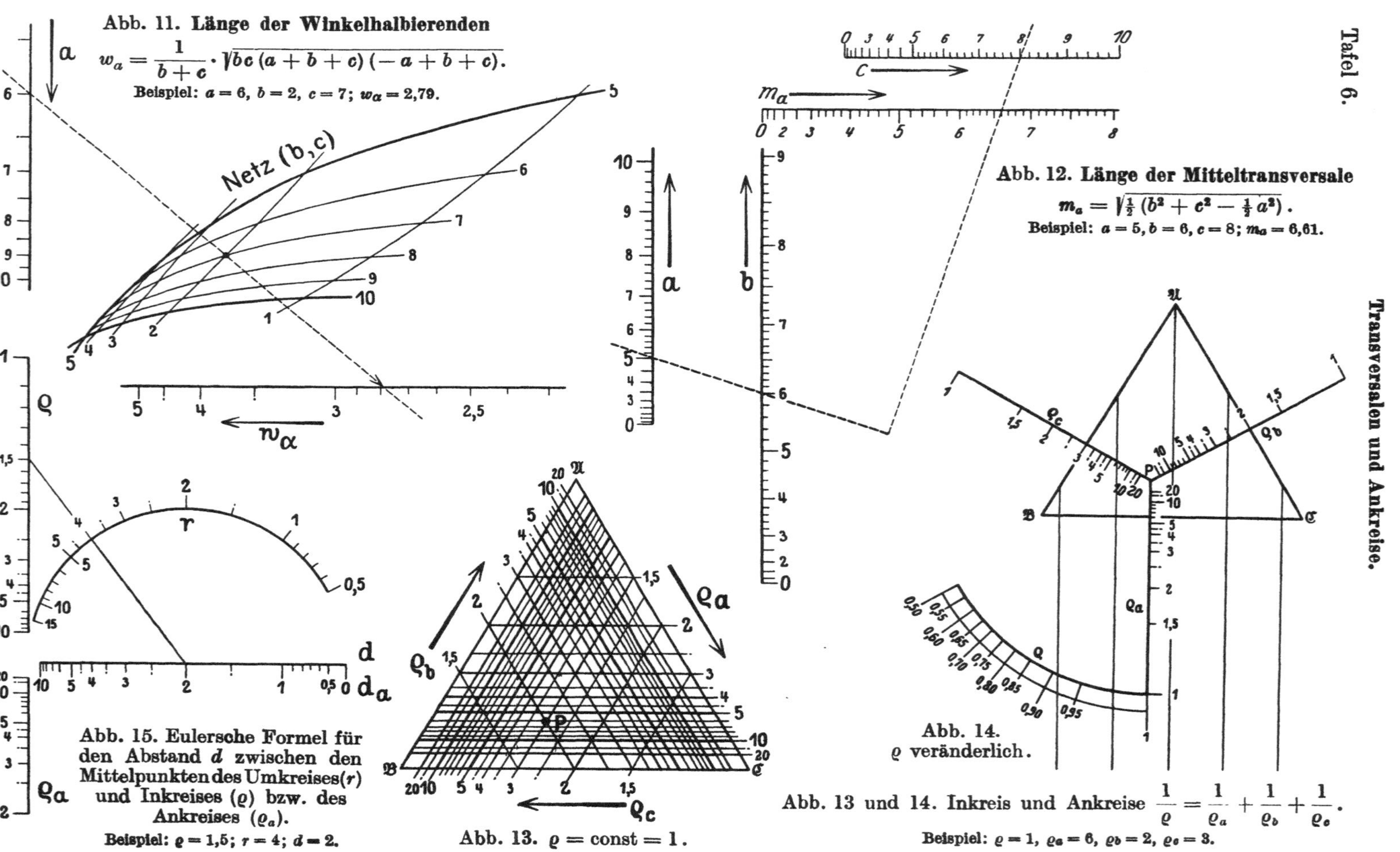

Tafel 6.

Abb. 11. Länge der Winkelhalbierenden
$w_a = \dfrac{1}{b+c} \cdot \sqrt{bc(a+b+c)(-a+b+c)}$.
Beispiel: $a=6$, $b=2$, $c=7$; $w_\alpha = 2{,}79$.

Netz (b,c)

Abb. 12. Länge der Mitteltransversale
$m_a = \sqrt{\tfrac{1}{2}(b^2 + c^2 - \tfrac{1}{2}a^2)}$.
Beispiel: $a=5$, $b=6$, $c=8$; $m_a = 6{,}61$.

Abb. 13 und 14. Inkreis und Ankreise $\dfrac{1}{\varrho} = \dfrac{1}{\varrho_a} + \dfrac{1}{\varrho_b} + \dfrac{1}{\varrho_c}$.
Beispiel: $\varrho=1$, $\varrho_a=6$, $\varrho_b=2$, $\varrho_c=3$.

Abb. 13. $\varrho = $ const $= 1$.

Abb. 14. ϱ veränderlich.

Abb. 15. Eulersche Formel für den Abstand d zwischen den Mittelpunkten des Umkreises (r) und Inkreises (ϱ) bzw. des Ankreises (ϱ_a).
Beispiel: $\varrho=1{,}5$; $r=4$; $d=2$.

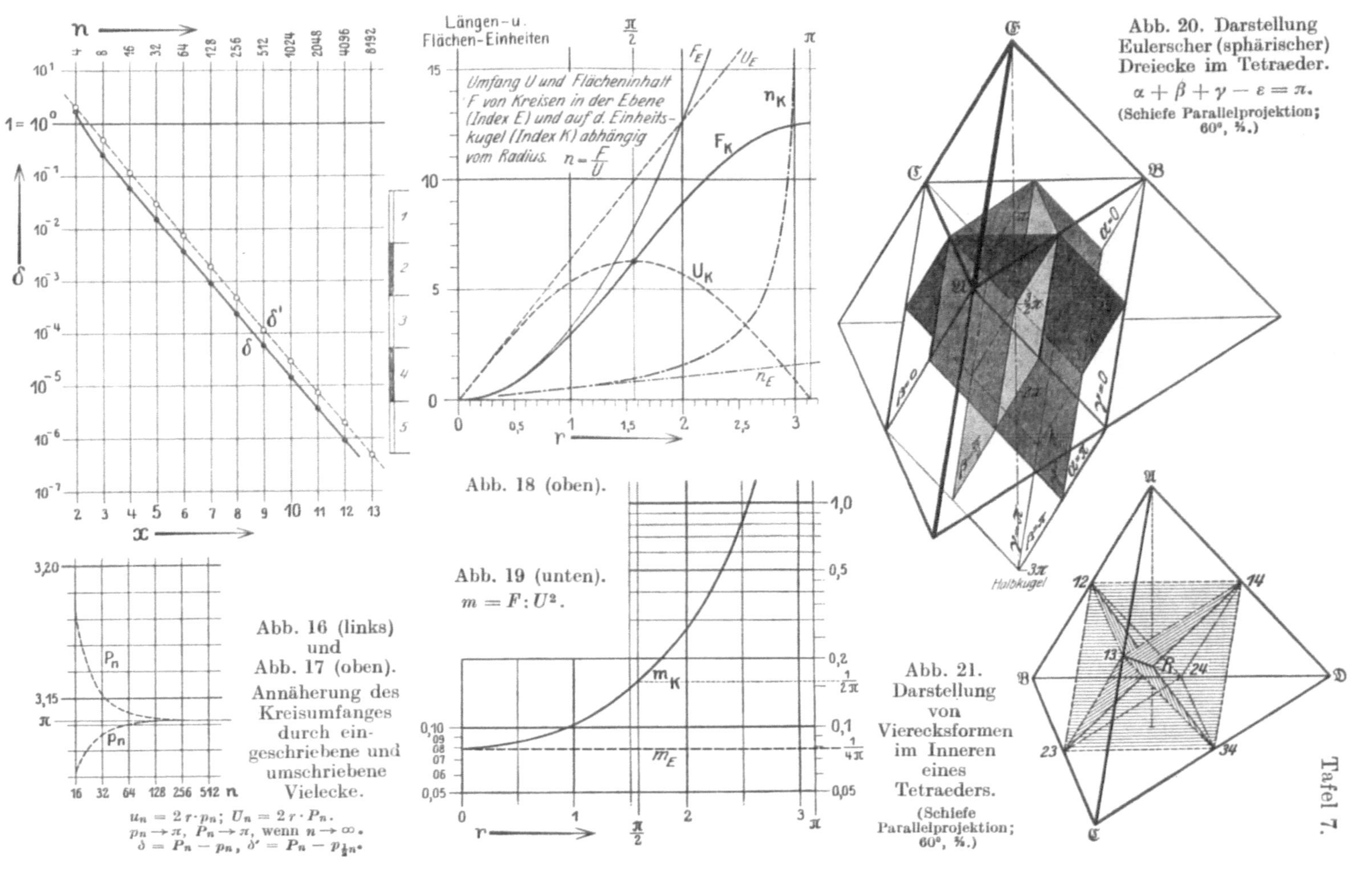

n
4 8 16 32 64 128 256 512 1024 2048 4096 8192
x
δ δ'
Längen- u. Flächen-Einheiten
Umfang U und Flächeninhalt F von Kreisen in der Ebene (Index E) und auf d. Einheitskugel (Index K) abhängig vom Radius. n = F/U
F_E U_E n_K F_K U_K n_E
r
Abb. 18 (oben).
Abb. 19 (unten).
m = F : U².
m_K m_E
r
Abb. 16 (links) und Abb. 17 (oben).
Annäherung des Kreisumfanges durch ein- geschriebene und umschriebene Vielecke.
P_n p_n
u_n = 2 r·p_n; U_n = 2 r · P_n.
p_n → π, P_n → π, wenn n → ∞.
δ = P_n − p_n, δ' = P_n − p_{½n}.
Abb. 20. Darstellung Eulerscher (sphärischer) Dreiecke im Tetraeder.
α + β + γ − ε = π.
(Schiefe Parallelprojektion; 60°, ¾.)
Halbkugel
Abb. 21. Darstellung von Vierecksformen im Inneren eines Tetraeders.
(Schiefe Parallelprojektion; 60°, ¾.)
Tafel 7.

Sphärische Dreiecke.

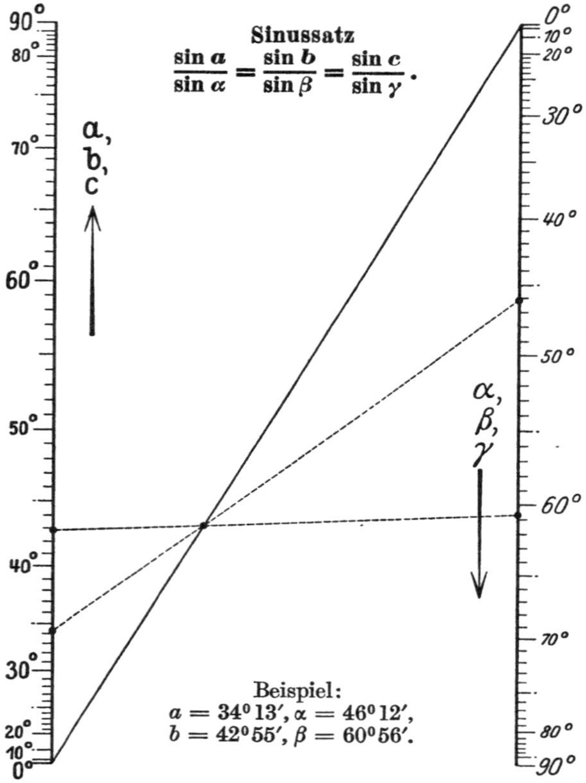
Sinussatz
$\frac{\sin a}{\sin \alpha} = \frac{\sin b}{\sin \beta} = \frac{\sin c}{\sin \gamma}$.
a, b, c
α, β, γ
Beispiel:
$a = 34^0 13'$, $\alpha = 46^0 12'$,
$b = 42^0 55'$, $\beta = 60^0 56'$.

Abb. 22.

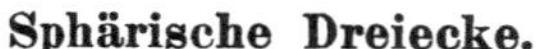

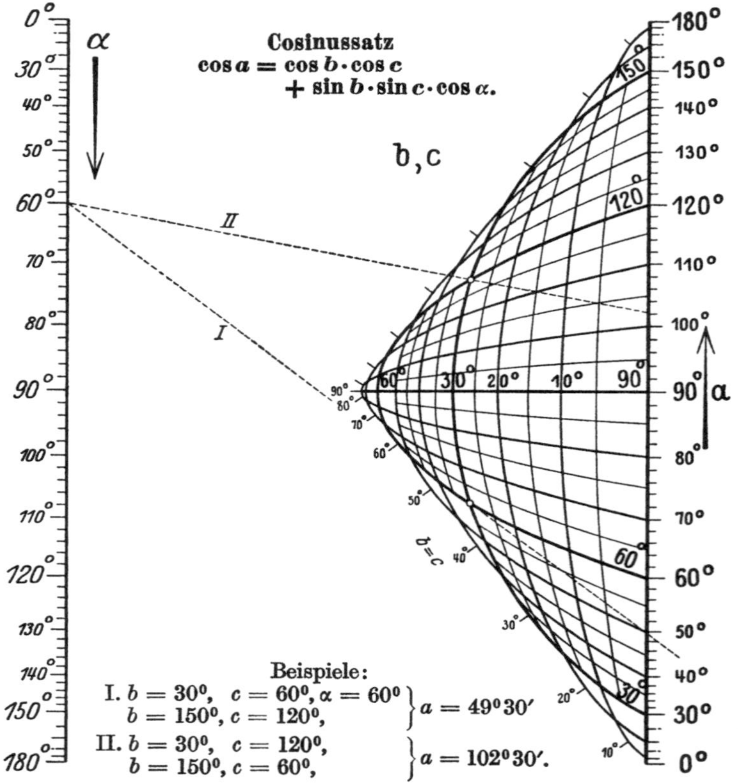
Cosinussatz
$\cos a = \cos b \cdot \cos c + \sin b \cdot \sin c \cdot \cos \alpha$.
α
b, c
a
b = c
I
II
Beispiele:
I. $b = 30^0$, $c = 60^0$, $\alpha = 60^0$ / $b = 150^0$, $c = 120^0$, } $a = 49^0 30'$
II. $b = 30^0$, $c = 120^0$, / $b = 150^0$, $c = 60^0$, } $a = 102^0 30'$.

Abb. 23.

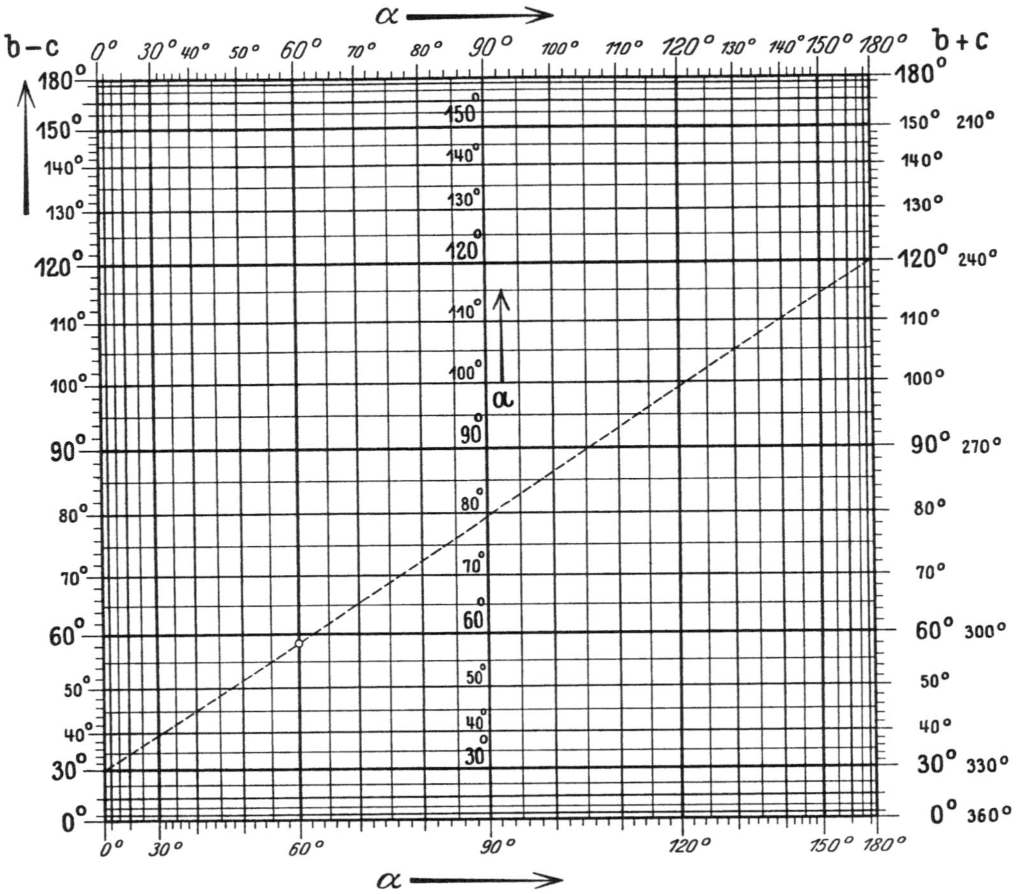

Abb. 24. Cosinussatz: $\cos a = \cos b \cdot \cos c + \sin b \cdot \sin c \cdot \cos \alpha$.
Man bildet $(b + c)$ und $(b - c)$. Beispiel: $b = 75^0$, $c = 45^0$; $\alpha = 60^0$, $a = 58^0 22'$.

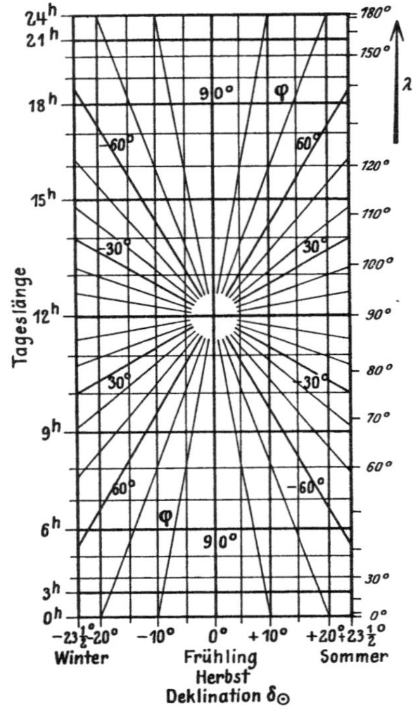

Abb. 25. **Tageslänge** abhängig von Deklination und geographischer Breite.

$$\cos \frac{\tau}{2} = -\operatorname{tg} \varphi \cdot \operatorname{tg} \delta.$$

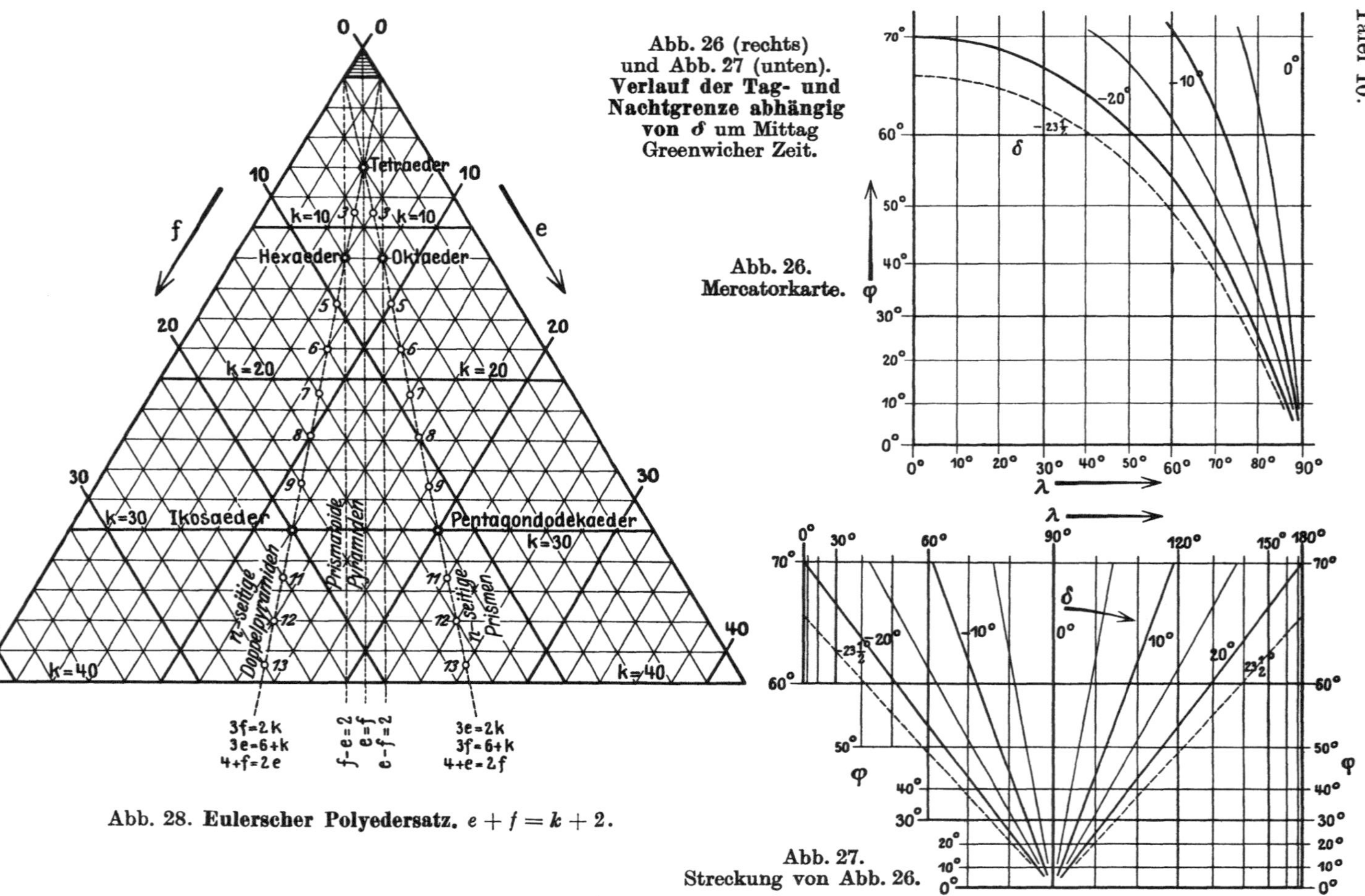

Abb. 26 (rechts) und Abb. 27 (unten). Verlauf der Tag- und Nachtgrenze abhängig von δ um Mittag Greenwicher Zeit.

Abb. 26. Mercatorkarte.

Abb. 27. Streckung von Abb. 26.

Abb. 28. Eulerscher Polyedersatz. $e + f = k + 2$.

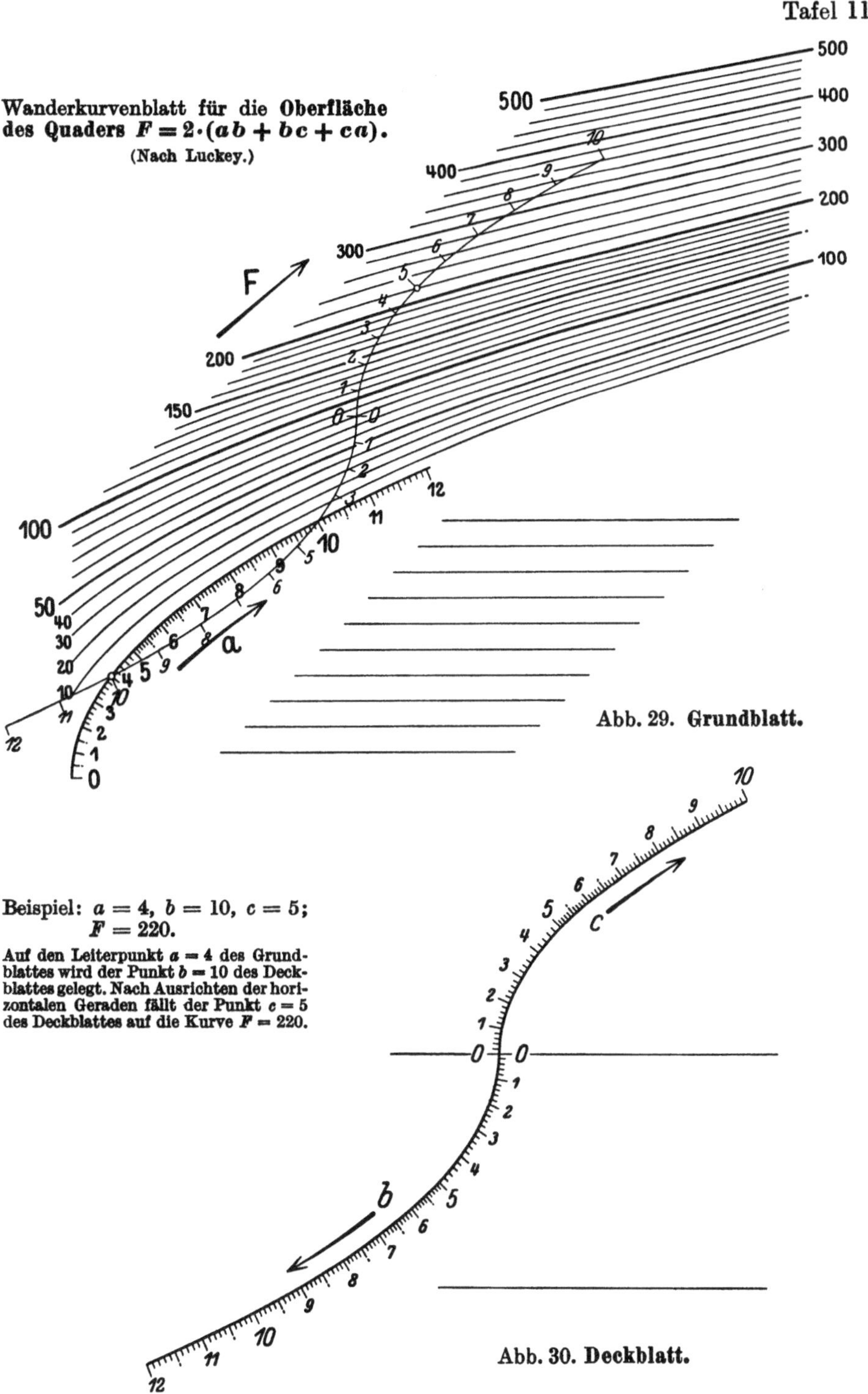

Abb. 29. Grundblatt.

Beispiel: $a = 4$, $b = 10$, $c = 5$;
$\qquad F = 220$.

Auf den Leiterpunkt $a = 4$ des Grundblattes wird der Punkt $b = 10$ des Deckblattes gelegt. Nach Ausrichten der horizontalen Geraden fällt der Punkt $c = 5$
des Deckblattes auf die Kurve $F = 220$.

Abb. 30. Deckblatt.

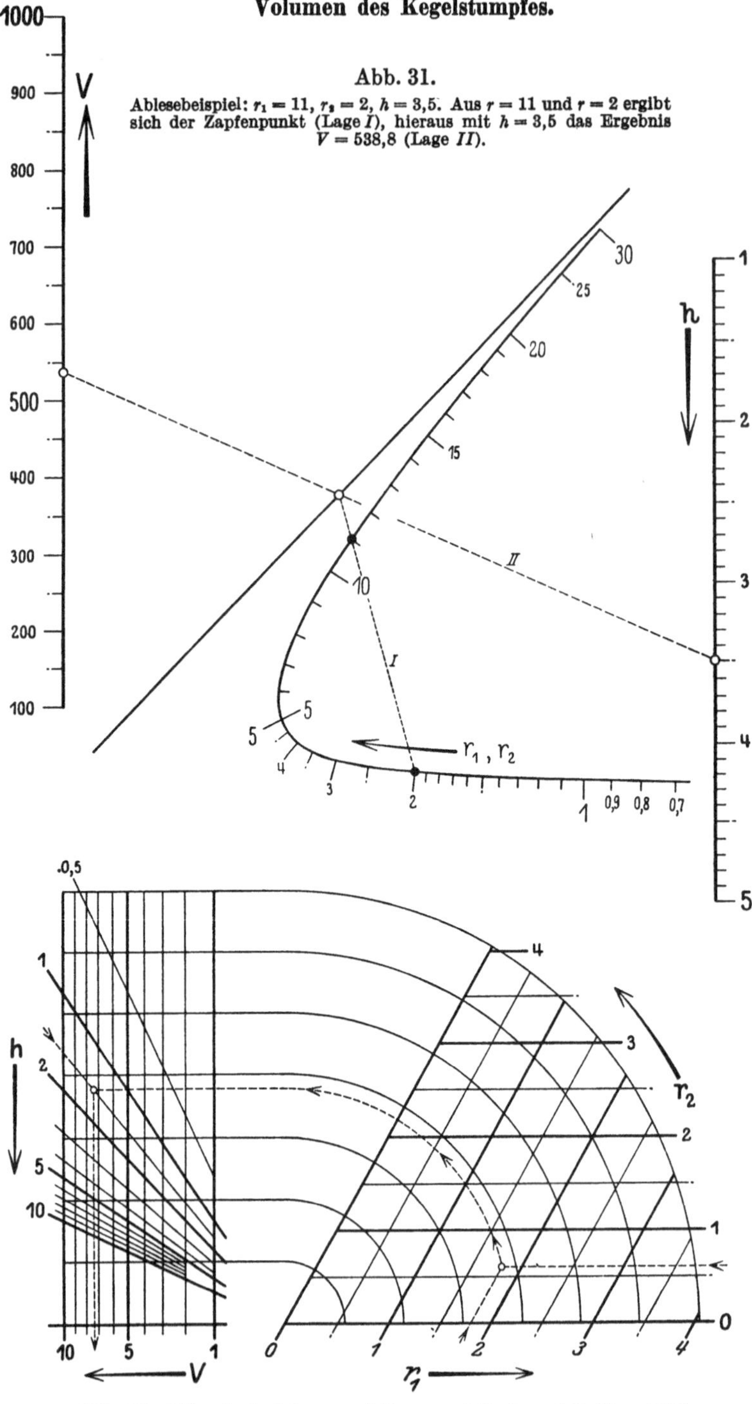

Abb. 32. Ablesebeispiel: $r_1 = 1,8$; $r_2 = 0,6$; $h = 1,5$. $V = 7,35$.

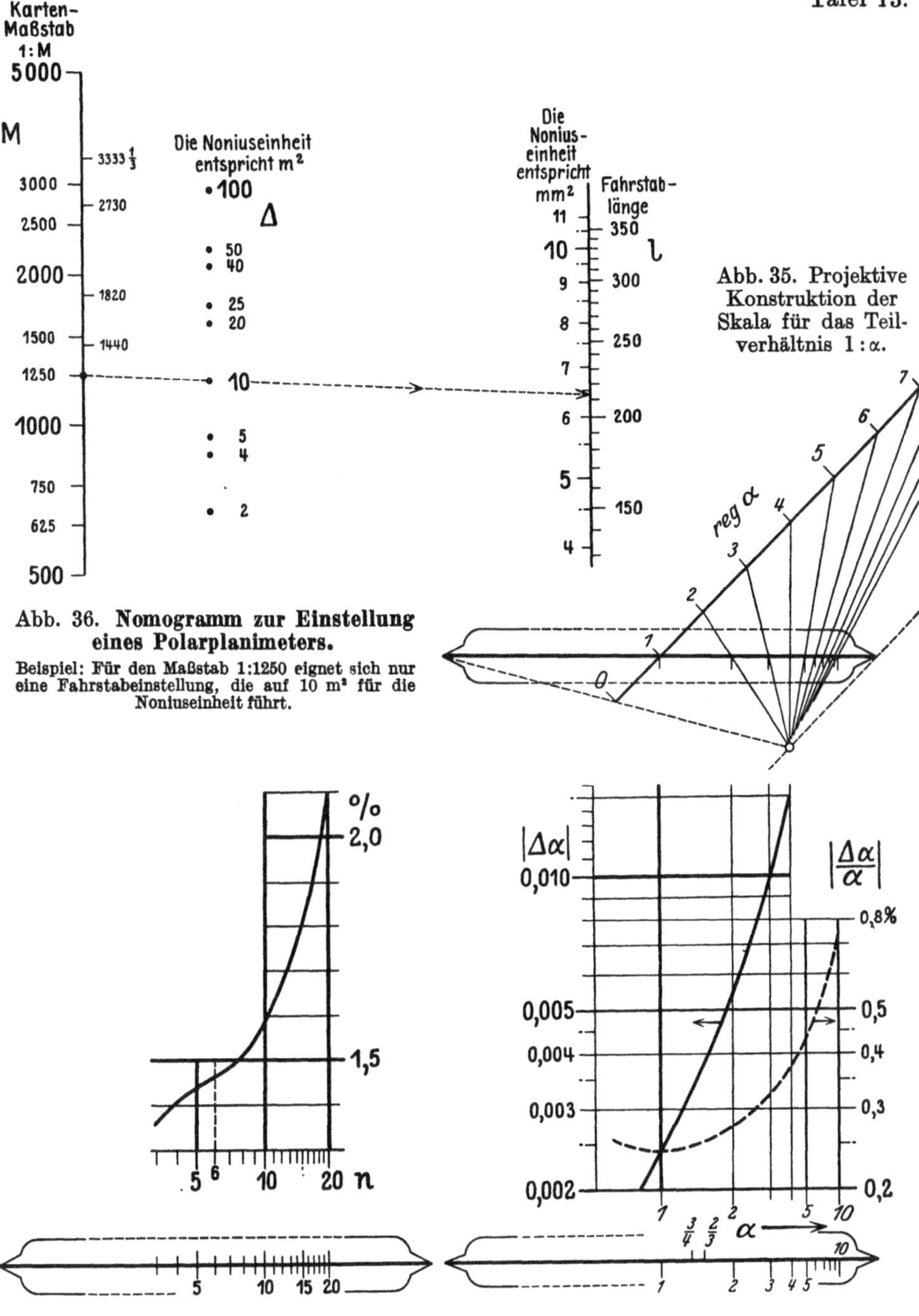

Abb. 36. **Nomogramm zur Einstellung
eines Polarplanimeters.**

Beispiel: Für den Maßstab 1:1250 eignet sich nur
eine Fahrstabeinstellung, die auf 10 m² für die
Noniuseinheit führt.

Abb. 35. Projektive
Konstruktion der
Skala für das Teil-
verhältnis 1:α.

Abb. 34.

Abb. 33.

Genauigkeit des Reduktionszirkels.

Regelmäßige n-Ecke.

Teilverhältnis 1:α.

Polarkoordinaten.

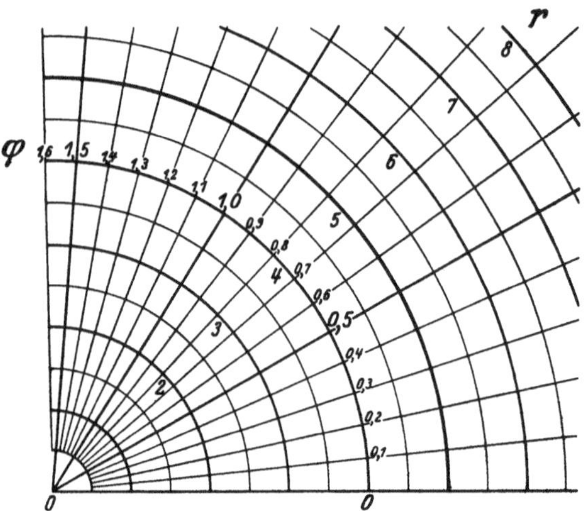

Abb. 37. Polarkoordinatensystem (r, φ).

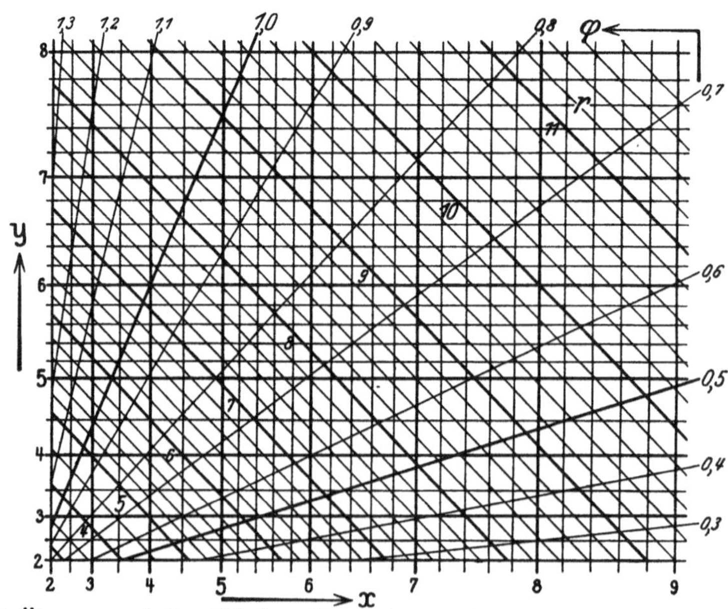

Abb. 38. Übergang zwischen Polarkoordinaten (r, φ) und kartesischen Koordinaten (x, y).

$$x + i\,y = r \cdot e^{i\,\varphi}.$$

Streckung von Abb. 37. (Vgl. Schema Abb. 40.)

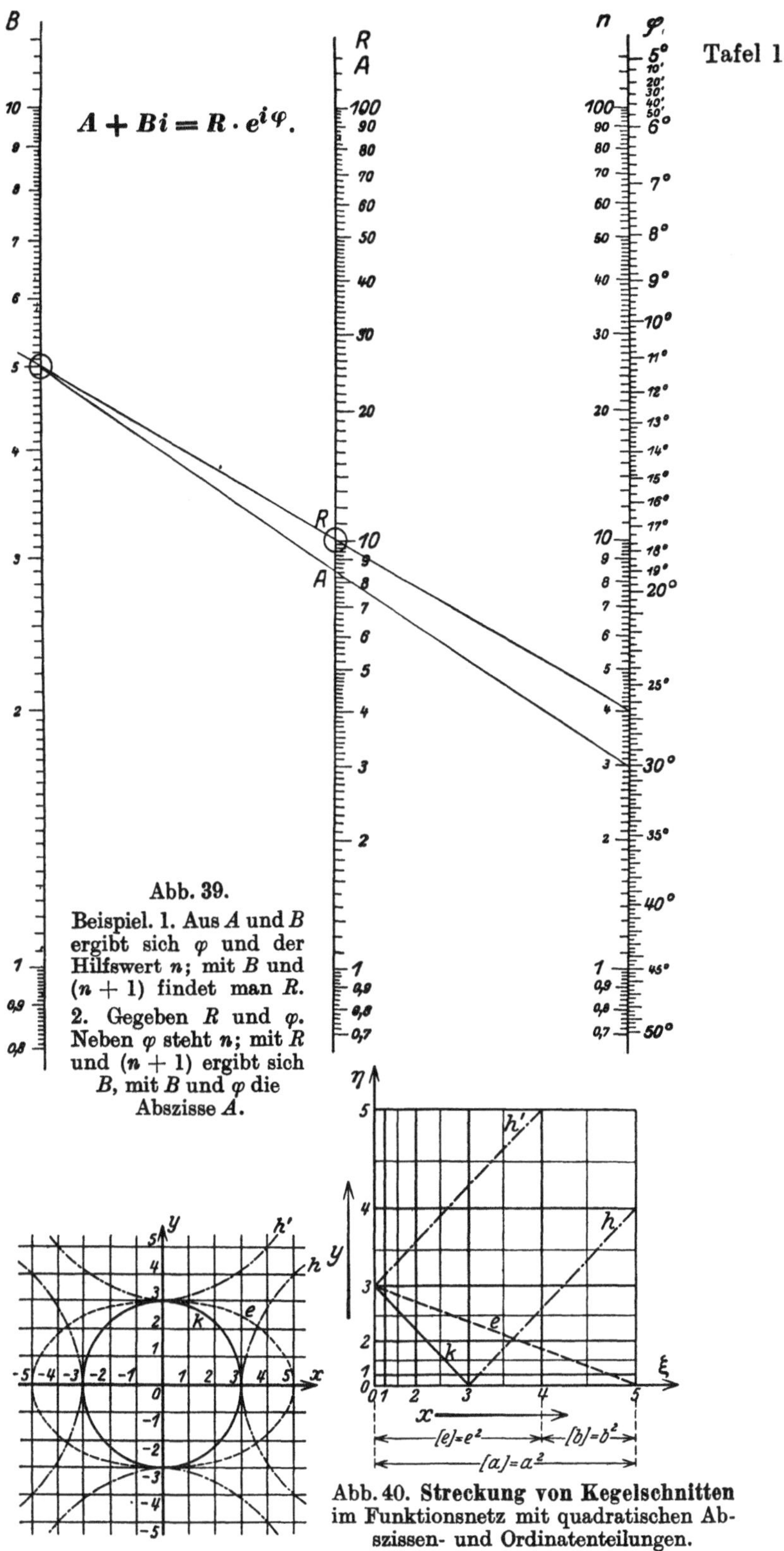

Abb. 40. **Streckung von Kegelschnitten**
im Funktionsnetz mit quadratischen Ab-
szissen- und Ordinatenteilungen.
Kreis k, Ellipse e, Hyperbeln h und h'.

Elliptische Koordinaten.

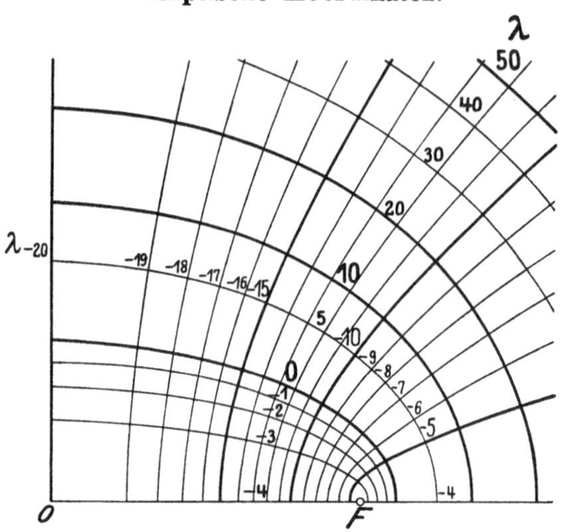

Abb. 41. Elliptisches Koordinatensystem. $\dfrac{x^2}{a_1 + \lambda} + \dfrac{y^2}{a_2 + \lambda} = 1.$

$a_1 = 20,\ a_2 = 4.\ \overline{OF}^2 = e^2 = a_1 - a_2 = 16.$

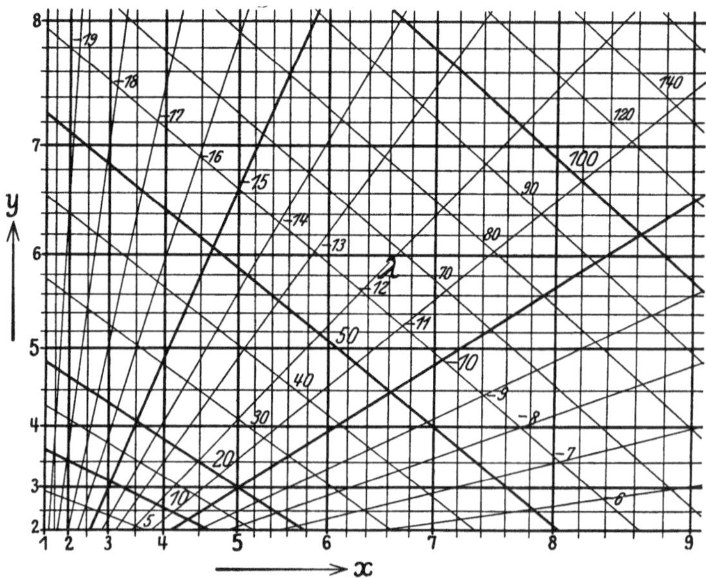

Abb. 42. Übergang zwischen elliptischen Koordinaten (λ_1, λ_2) und kartesischen Koordinaten (x, y).

Streckung von Abb. 41. (Vgl. Schema Abb. 40.)

Koordinatentransformation.

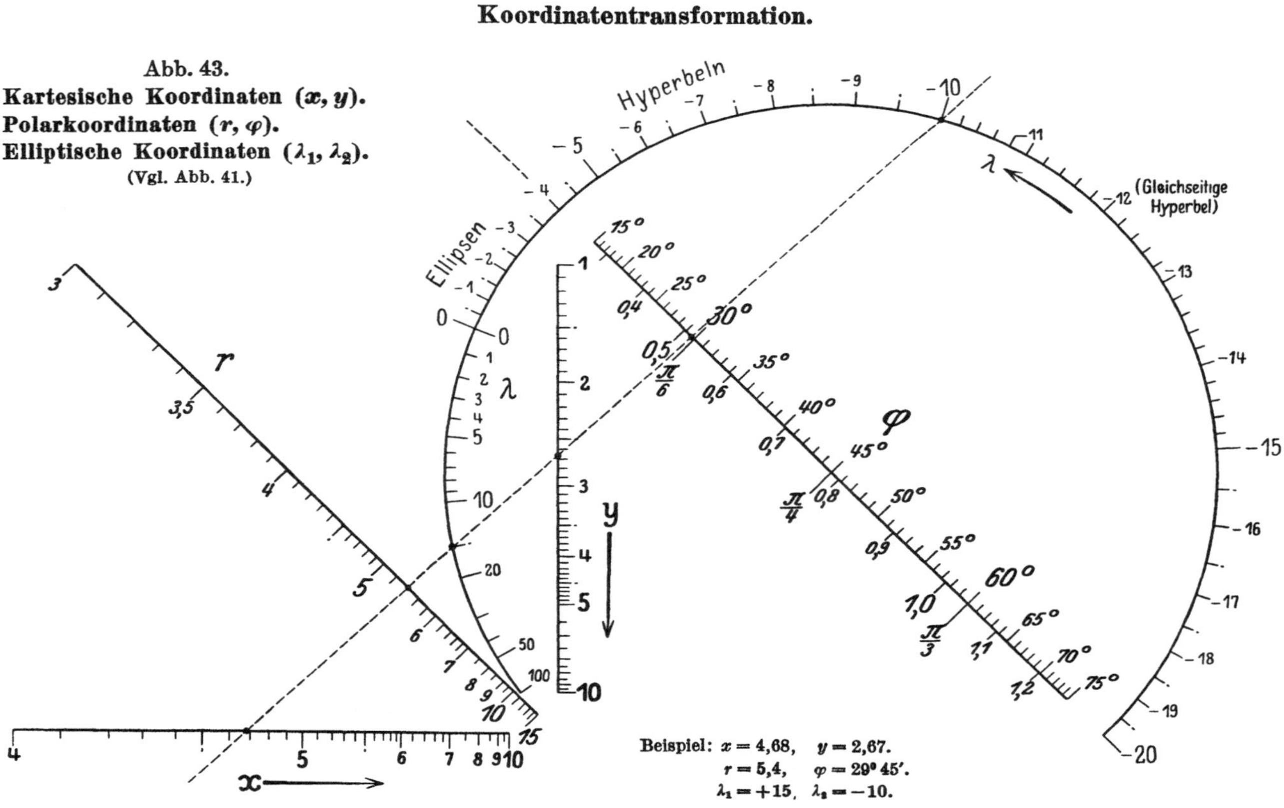

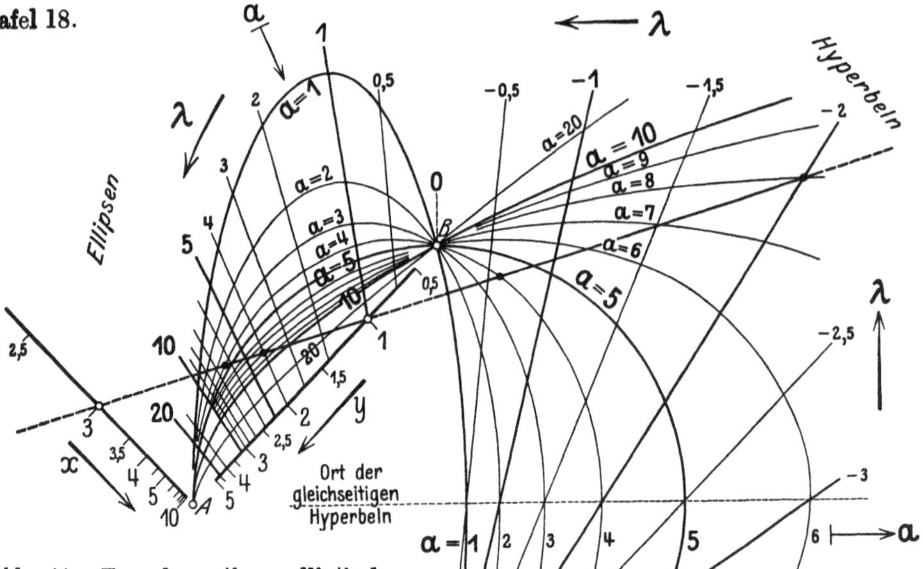

Abb. 44. Transformation elliptischer Koordinaten. Übergang zwischen verschiedenen (konzentrischen und gleichgestellten, aber nicht konfokalen) elliptischen

Systemen. $\dfrac{x^2}{a+\lambda} + \dfrac{y^2}{\lambda} = 1.$

Beispiel: Gegeben im System $a = 8$ der Punkt $\lambda_1 = 4$, $\lambda_2 = -2$. Die Verbindungsgerade der Punkte $+4$ und -2 der Kurve $a = 8$ ist nomographisches Bild des gegebenen Punktes; sie bestimmt beispielsweise auf $a = 4$ die Koordinaten $\lambda_1 = 6,6$, $\lambda_2 = -0,6$.
  Beiläufig ergibt sich $x = \pm 3$, $y = \pm 1$.

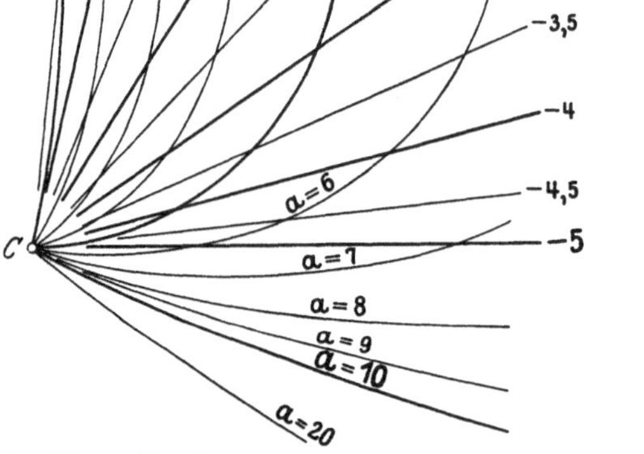

Parabolische Koordinaten.

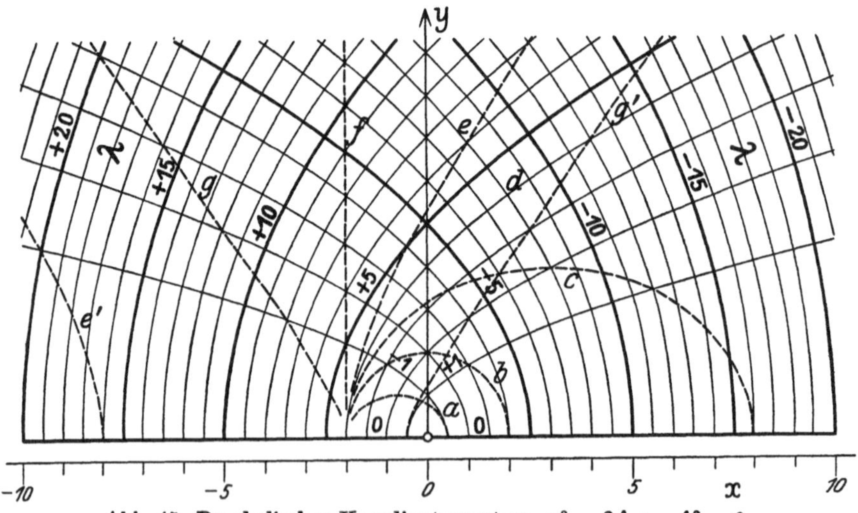

Abb. 45. Parabolisches Koordinatensystem. $y^2 - 2\lambda x - \lambda^2 = 0.$
Die eingezeichneten Kegelschnitte $a \ldots g$ werden auf S. 53 erläutert.

Parabolische Koordinaten.

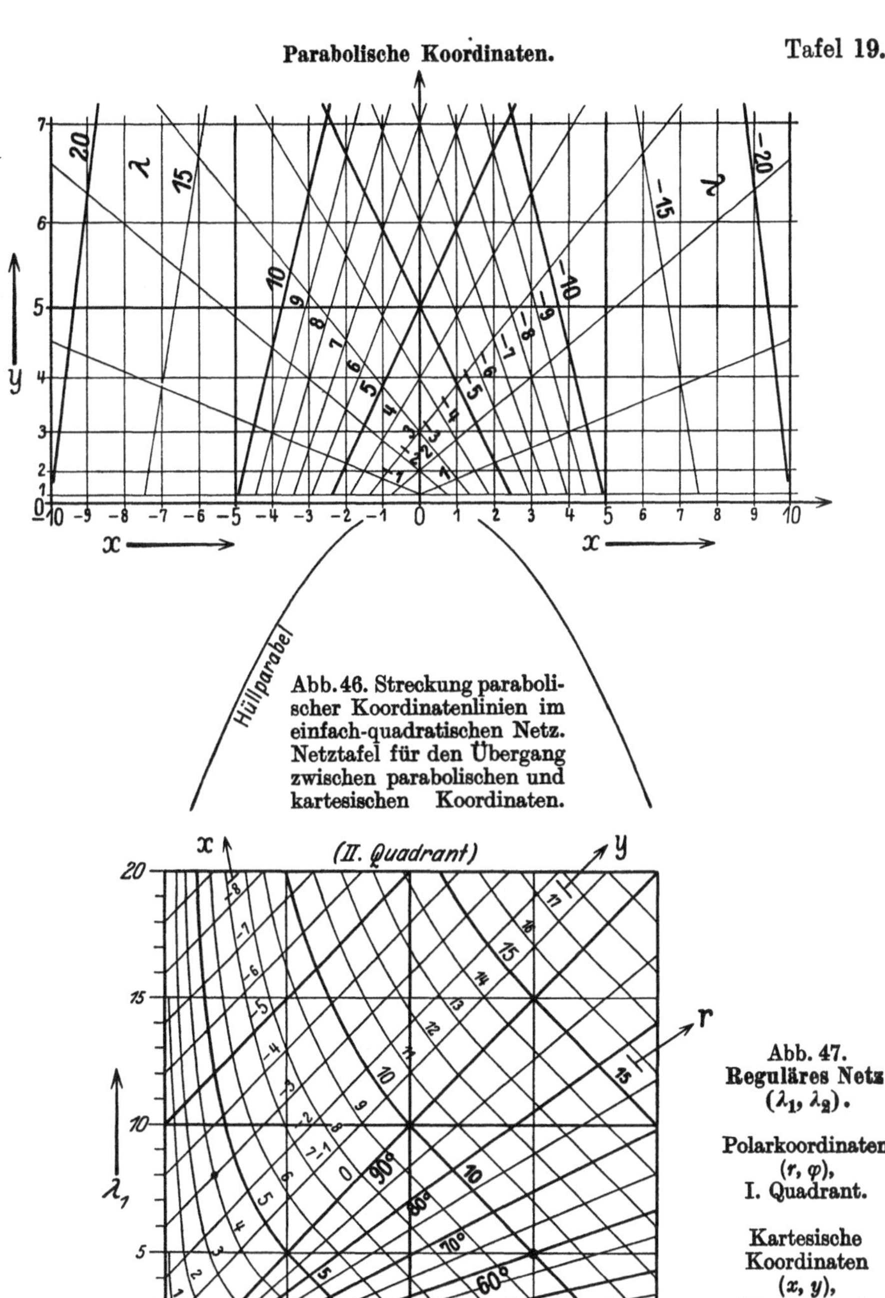

Abb. 46. Streckung parabolischer Koordinatenlinien im einfach-quadratischen Netz. Netztafel für den Übergang zwischen parabolischen und kartesischen Koordinaten.

Abb. 47.
Reguläres Netz
(λ_1, λ_2).

Polarkoordinaten
(r, φ),
I. Quadrant.

Kartesische
Koordinaten
(x, y),
II. Quadrant.

Eingezeichnete
Ablesebeispiele
vgl. Abb. 48 und 49.

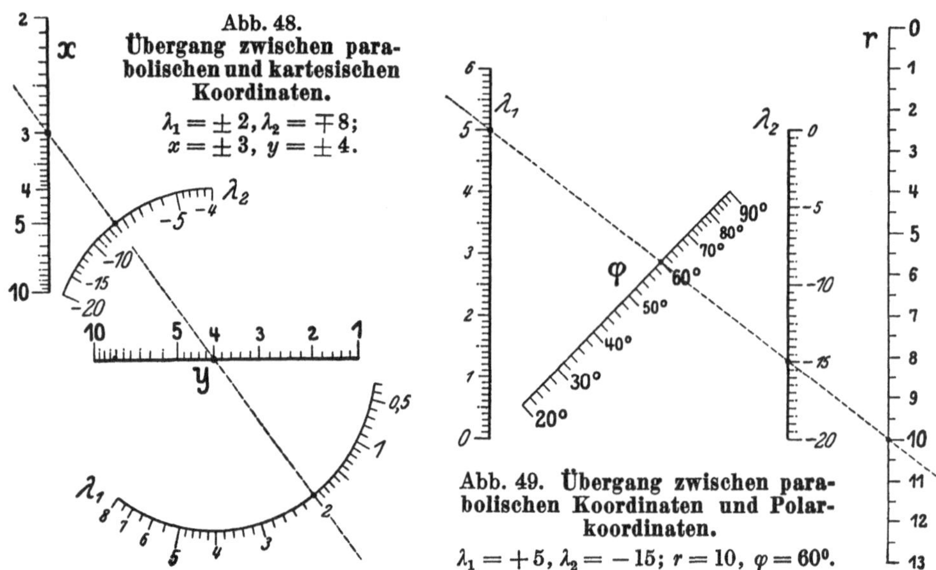

Abb. 48.
**Übergang zwischen para-
bolischen und kartesischen
Koordinaten.**
$\lambda_1 = \pm 2, \lambda_2 = \mp 8;$
$x = \pm 3, y = \pm 4.$

Abb. 49. **Übergang zwischen parabolischen Koordinaten und Polarkoordinaten.**

$\lambda_1 = +5, \lambda_2 = -15; r = 10, \varphi = 60^0.$

Hyperbolische Koordinaten.

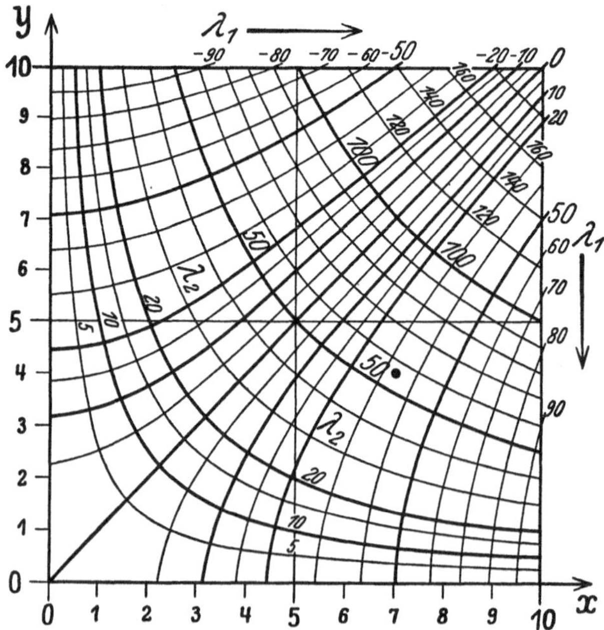

Abb. 50. Hyperbolisches Koordinatensystem. $x^2 - y^2 = \lambda_1;\ 2xy = \lambda_2.$
Beispiel: $x = 7, y = 4;\ \lambda_1 = 33, \lambda_2 = 56.$
(Beziehungen zu pythagoreischen Dreiecken s. S. 8.)

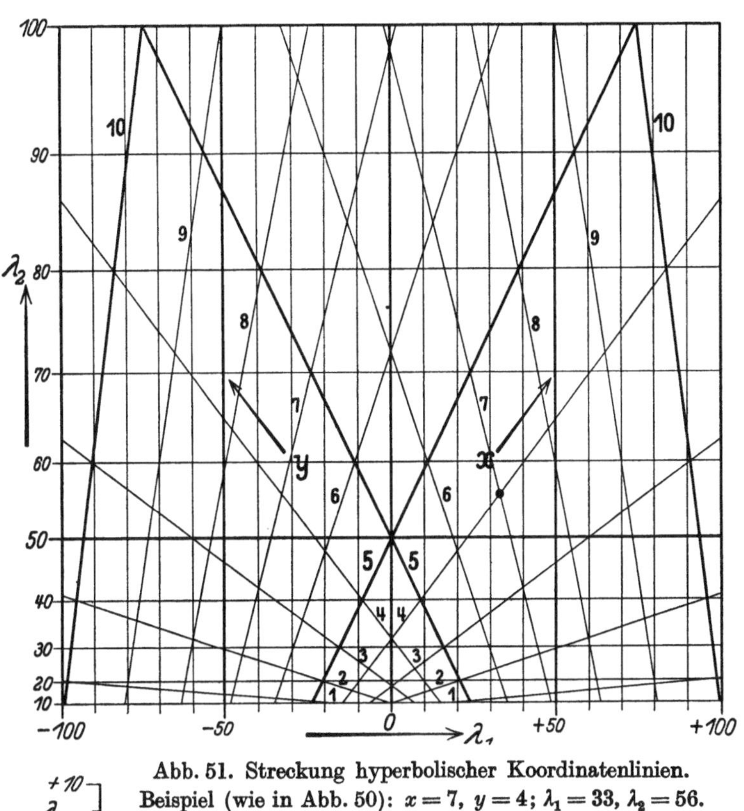

Abb. 51. Streckung hyperbolischer Koordinatenlinien.
Beispiel (wie in Abb. 50): $x = 7$, $y = 4$; $\lambda_1 = 33$, $\lambda_2 = 56$.

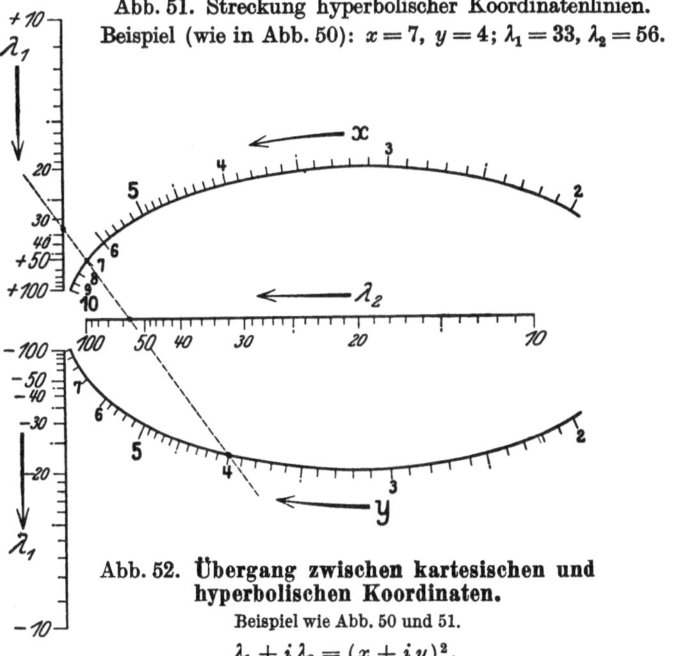

Abb. 52. **Übergang zwischen kartesischen und hyperbolischen Koordinaten.**
Beispiel wie Abb. 50 und 51.
$$\lambda_1 + i\,\lambda_2 = (x + i\,y)^2.$$

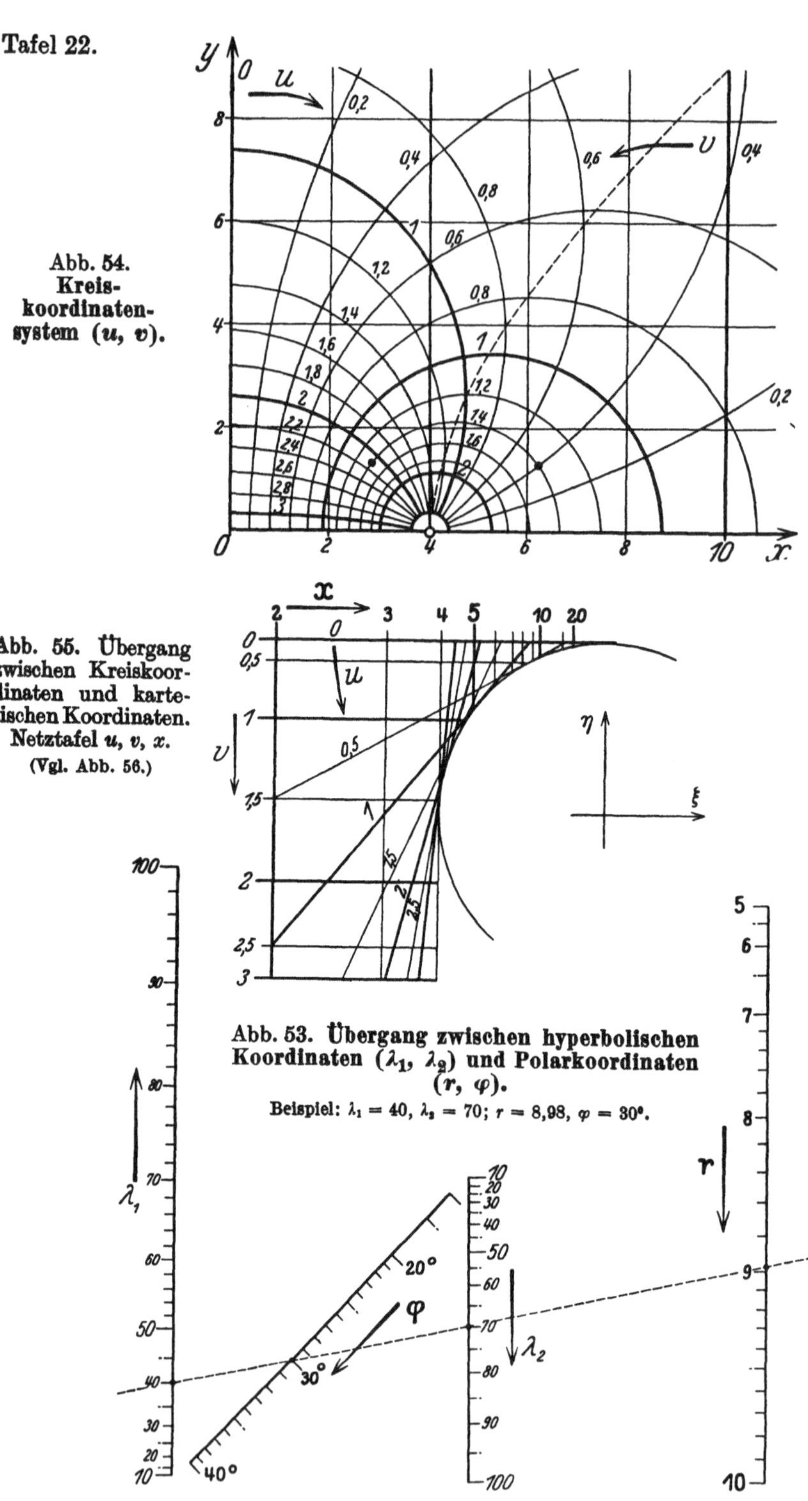

Abb. 54.
Kreiskoordinatensystem (u, v).

Abb. 55. Übergang zwischen Kreiskoordinaten und kartesischen Koordinaten. Netztafel u, v, x.
(Vgl. Abb. 56.)

Abb. 53. **Übergang zwischen hyperbolischen Koordinaten (λ_1, λ_2) und Polarkoordinaten (r, φ).**

Beispiel: $\lambda_1 = 40$, $\lambda_2 = 70$; $r = 8{,}98$, $\varphi = 30°$.

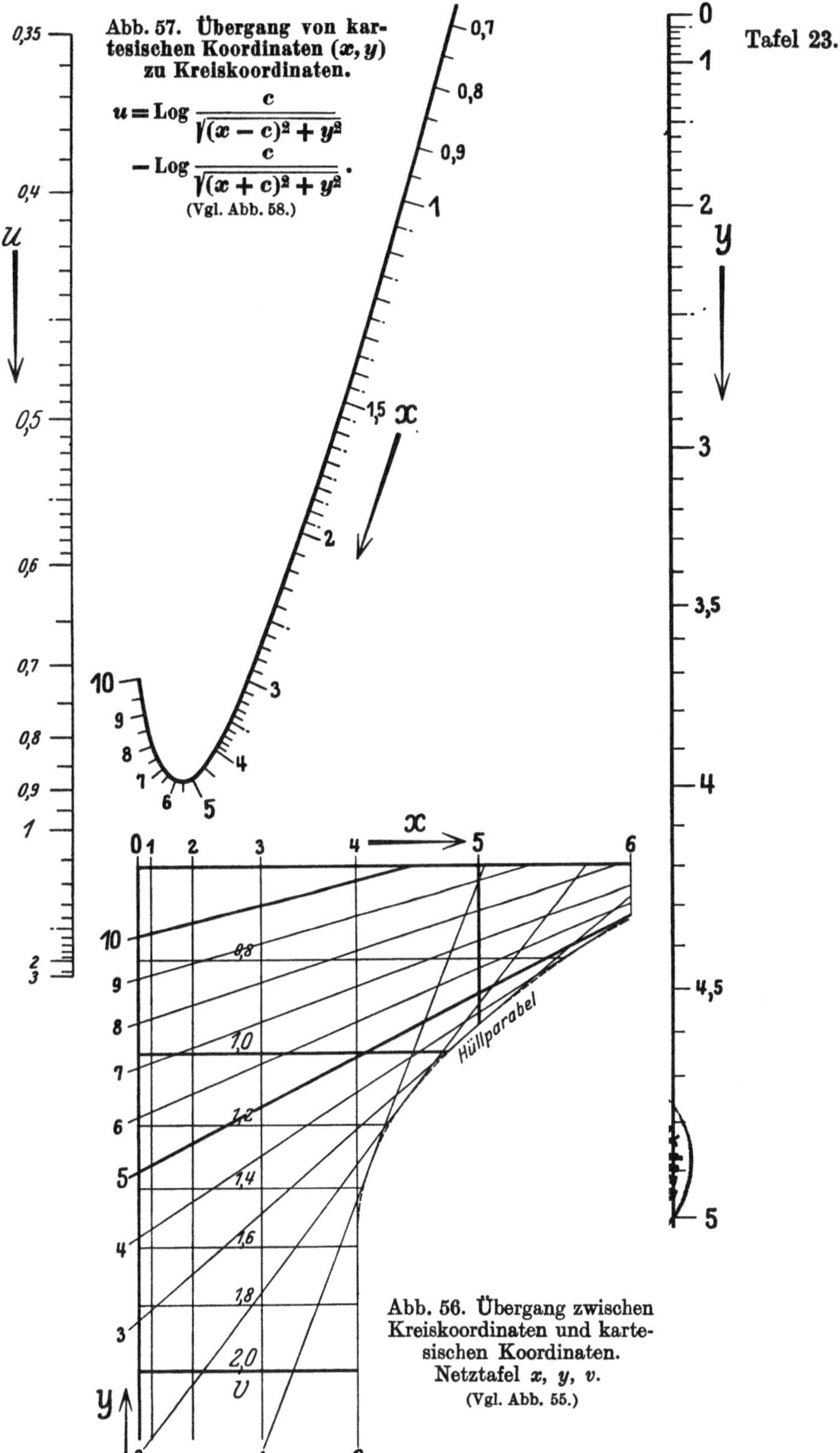

Abb. 57. Übergang von kartesischen Koordinaten (x, y)
zu Kreiskoordinaten.

$$u = \mathrm{Log}\ \frac{c}{\sqrt{(x-c)^2 + y^2}} - \mathrm{Log}\ \frac{c}{\sqrt{(x+c)^2 + y^2}}.$$

(Vgl. Abb. 58.)

Abb. 56. Übergang zwischen
Kreiskoordinaten und karte-
sischen Koordinaten.
Netztafel x, y, v.
(Vgl. Abb. 55.)

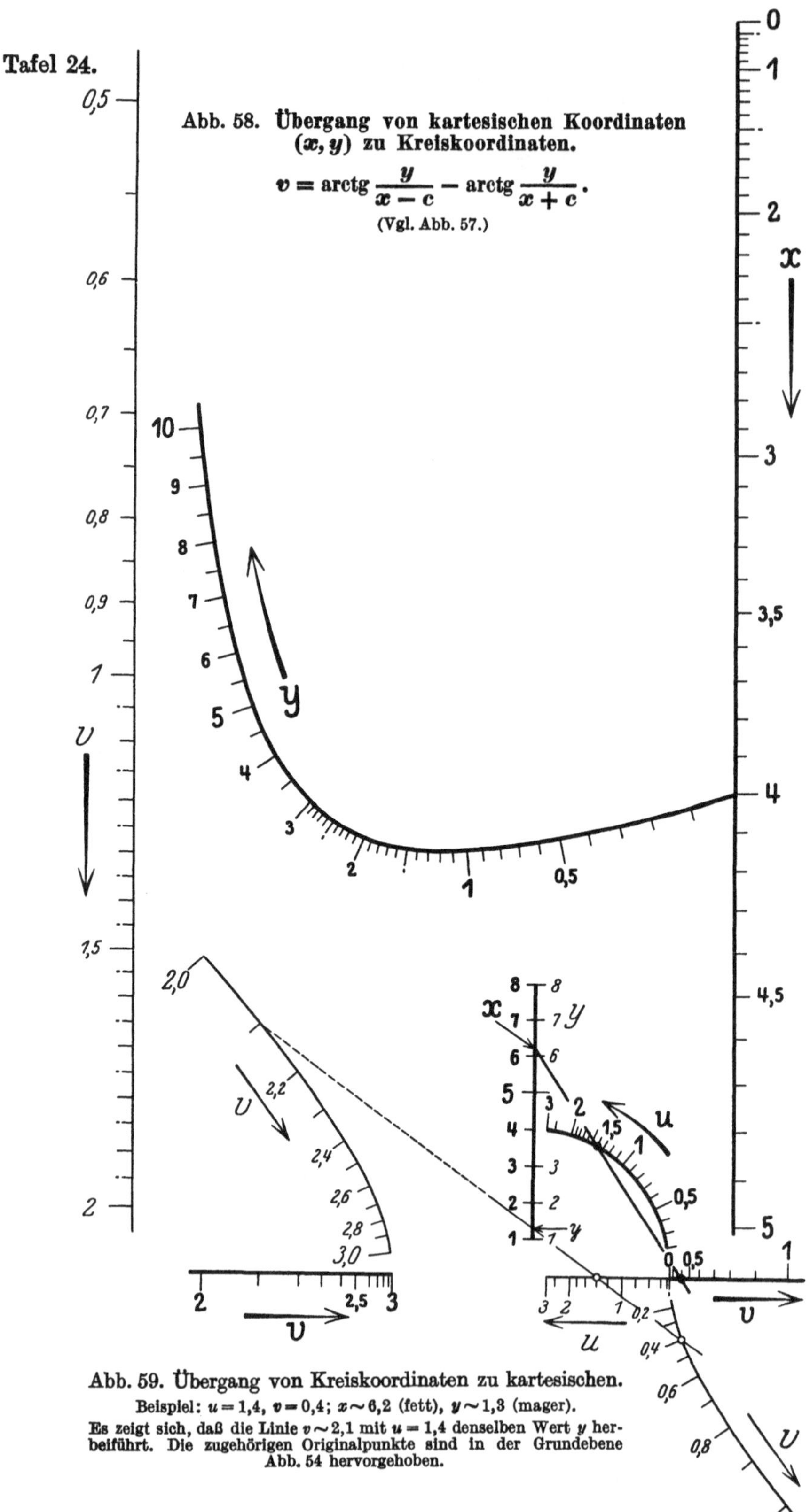

Abb. 58. Übergang von kartesischen Koordinaten
(*x, y*) zu Kreiskoordinaten.

$$v = \operatorname{arctg} \frac{y}{x-c} - \operatorname{arctg} \frac{y}{x+c}.$$

(Vgl. Abb. 57.)

Abb. 59. Übergang von Kreiskoordinaten zu kartesischen.

Beispiel: $u = 1,4$, $v = 0,4$; $x \sim 6,2$ (fett), $y \sim 1,3$ (mager).

Es zeigt sich, daß die Linie $v \sim 2,1$ mit $u = 1,4$ denselben Wert y herbeiführt. Die zugehörigen Originalpunkte sind in der Grundebene Abb. 54 hervorgehoben.

Räumliche Koordinatensysteme.

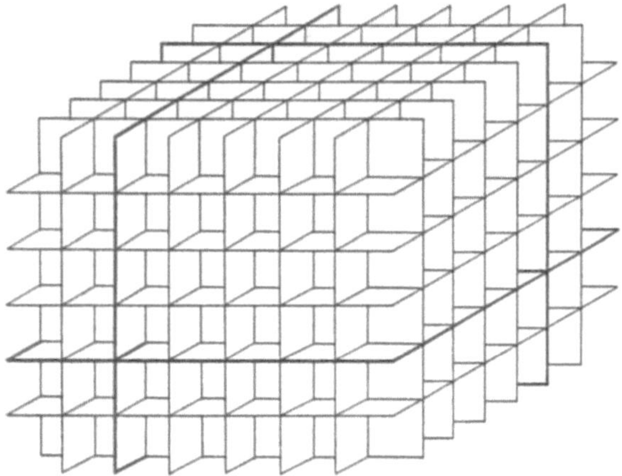

Abb. 60. Aufbau eines räumlichen kartesischen Koordinatensystems.
(Schiefe Parallelprojektion, 30°, ¼.)

Abb. 61. Aufbau eines räumlichen Polarkoordinatensystems.
(Orthogonale Projektion.)

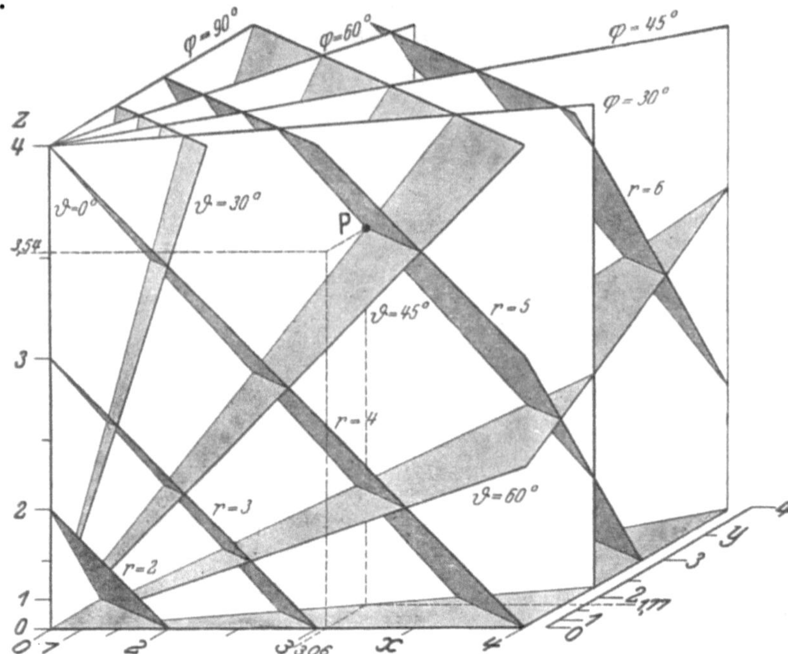

Abb. 62. Verzerrung von Polarkoordinaten in einem quadratischen System.
(Schiefe Parallelprojektion; 30°, ½.)

Abb. 63. Verzerrung von räumlichen elliptischen Koordinaten in einem quadratischen System.
(Isometrische Projektion.)

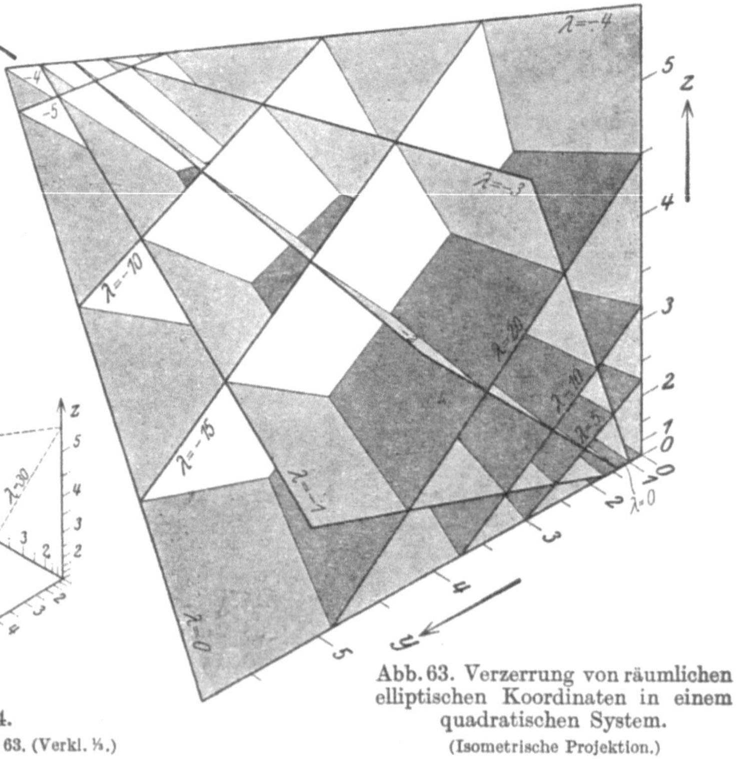

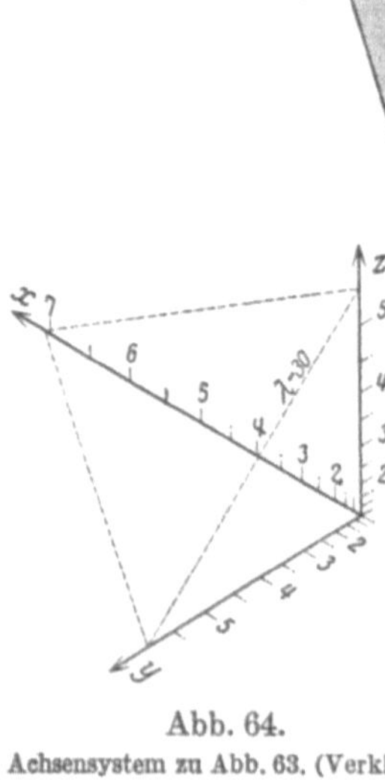

Abb. 64.
Achsensystem zu Abb. 63. (Verkl. ⅓.)

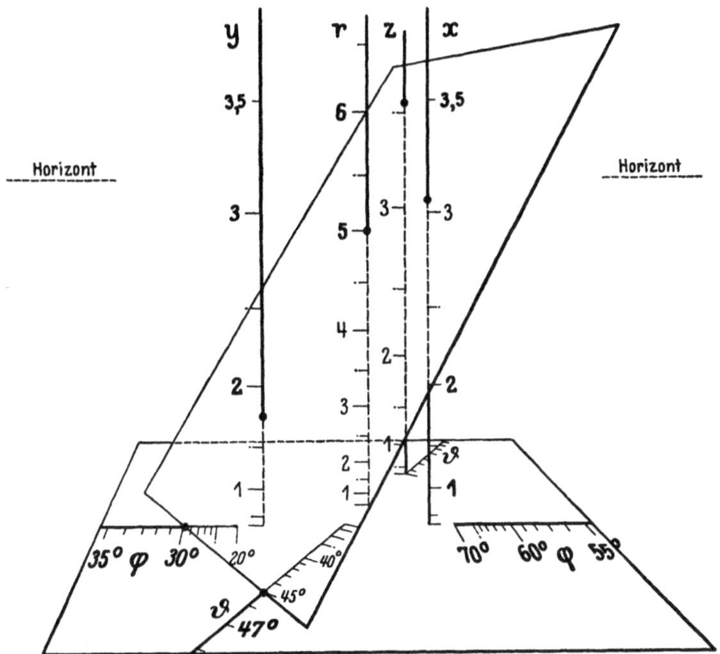

Abb. 65. Kartesische Koordinaten (x, y, z) und Polarkoordinaten (r, φ, ϑ).
Die Ableseebene ist duales Bild des Punktes P (Abb. 62): $x = 3,06, \quad y = 1,77, \quad z = 3,54;$
$r = 5, \quad \varphi = 30^0, \quad \vartheta = 45^0.$

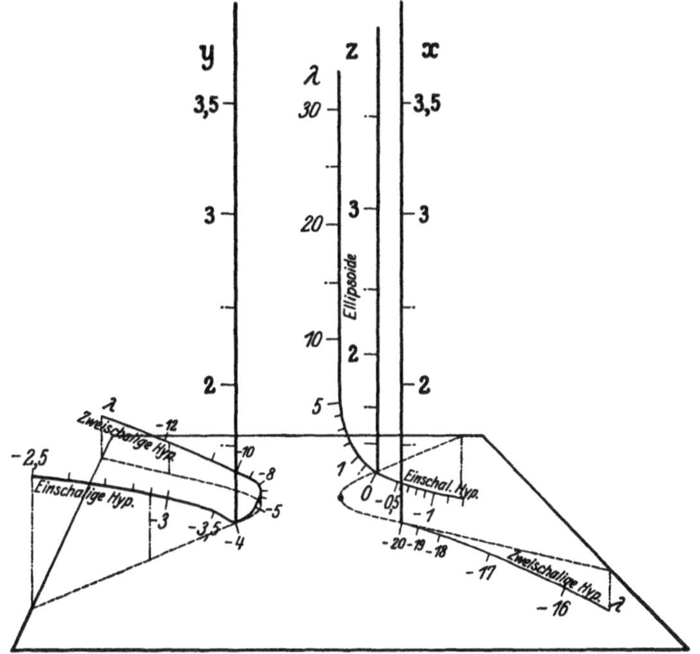

Abb. 66. Kartesische Koordinaten (x, y, z) und elliptische Koordinaten $(\lambda_1, \lambda_2, \lambda_3)$.

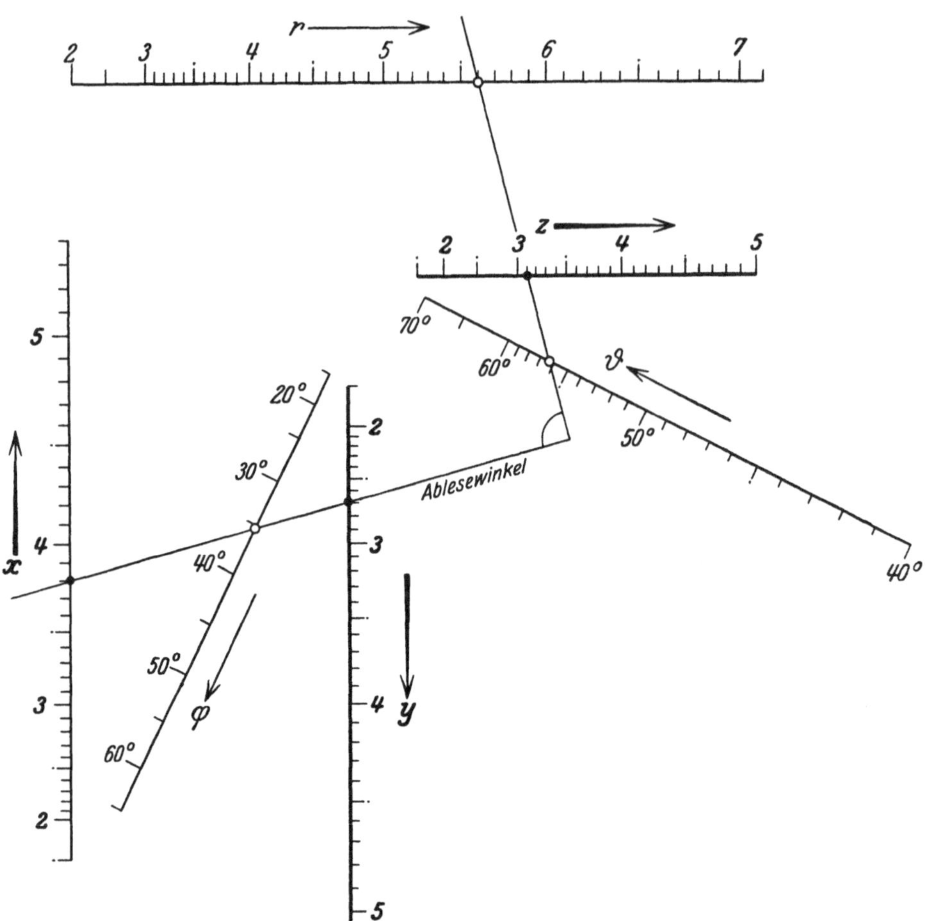

Abb. 67. Kreuztafel. Übergang zwischen räumlichen kartesischen und Polarkoordinaten.

Ablesebeispiel: $x = 3,8$, $y = 2,7$, $z = 3,1$,
$r = 5,6$, $\varphi = 35^\circ 25'$, $\vartheta = 56^\circ 25'$.

Bei der Ablesung ist darauf zu achten, daß $x \to \varphi \to y$ einerseits, $r \to z \to \vartheta$ anderseits auf ein und demselben Schenkel des Winkels liegen. Für allgemeine Aufgaben ist die Benutzung eines Ablesekreuzes erforderlich.

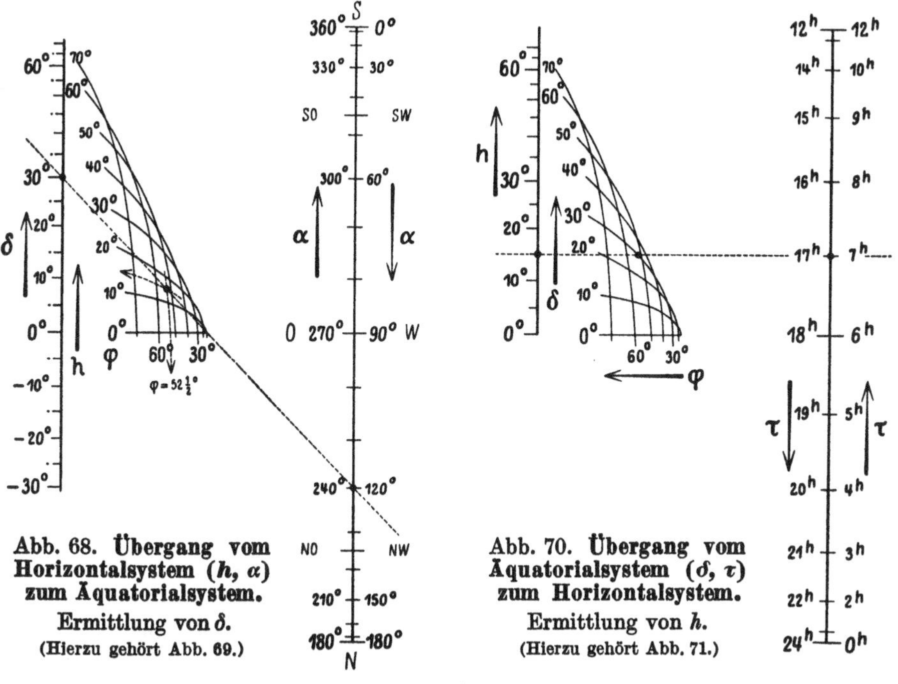

Abb. 68. Übergang vom Horizontalsystem (h, α) zum Äquatorialsystem.
Ermittlung von δ.
(Hierzu gehört Abb. 69.)

Abb. 70. Übergang vom Äquatorialsystem (δ, τ) zum Horizontalsystem.
Ermittlung von h.
(Hierzu gehört Abb. 71.)

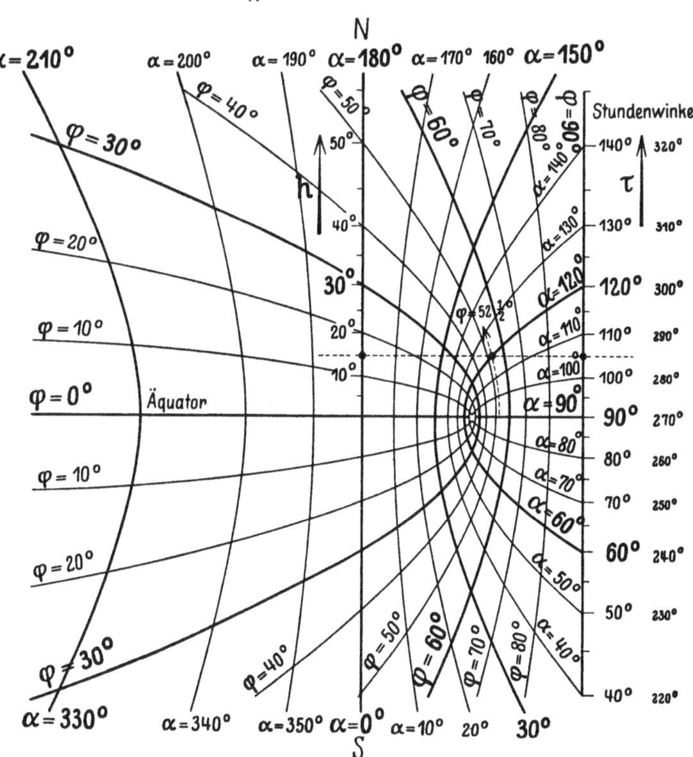

Abb. 69. Ermittlung von τ.
(Vergleiche Unterschrift Abb. 68.)

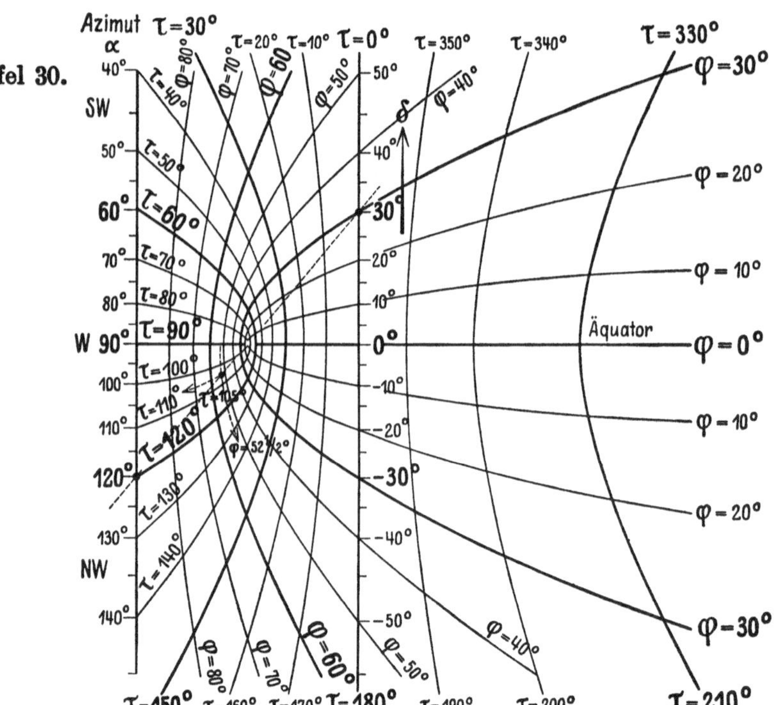

Abb. 71. Übergang vom Äquatorialsystem (δ, τ) zum Horizontalsystem. Ermittlung von α.
(Hierzu gehört Abb. 70.)

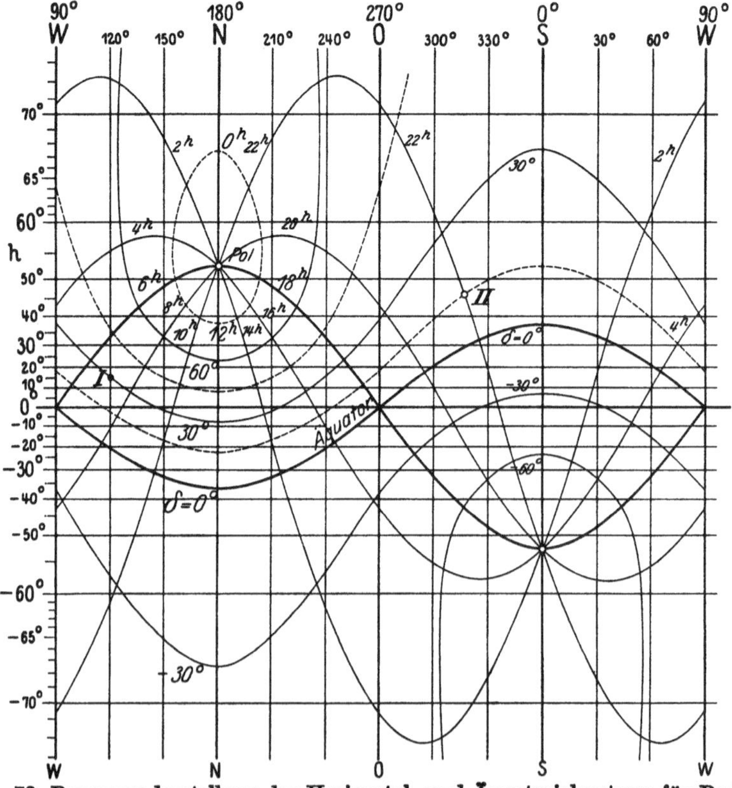

Abb. 72. Panoramadarstellung des Horizontal- und Äquatorialsystems für Berlin.
(Netztafel für den Übergang zwischen beiden Systemen.) (Text auf S. 42.)

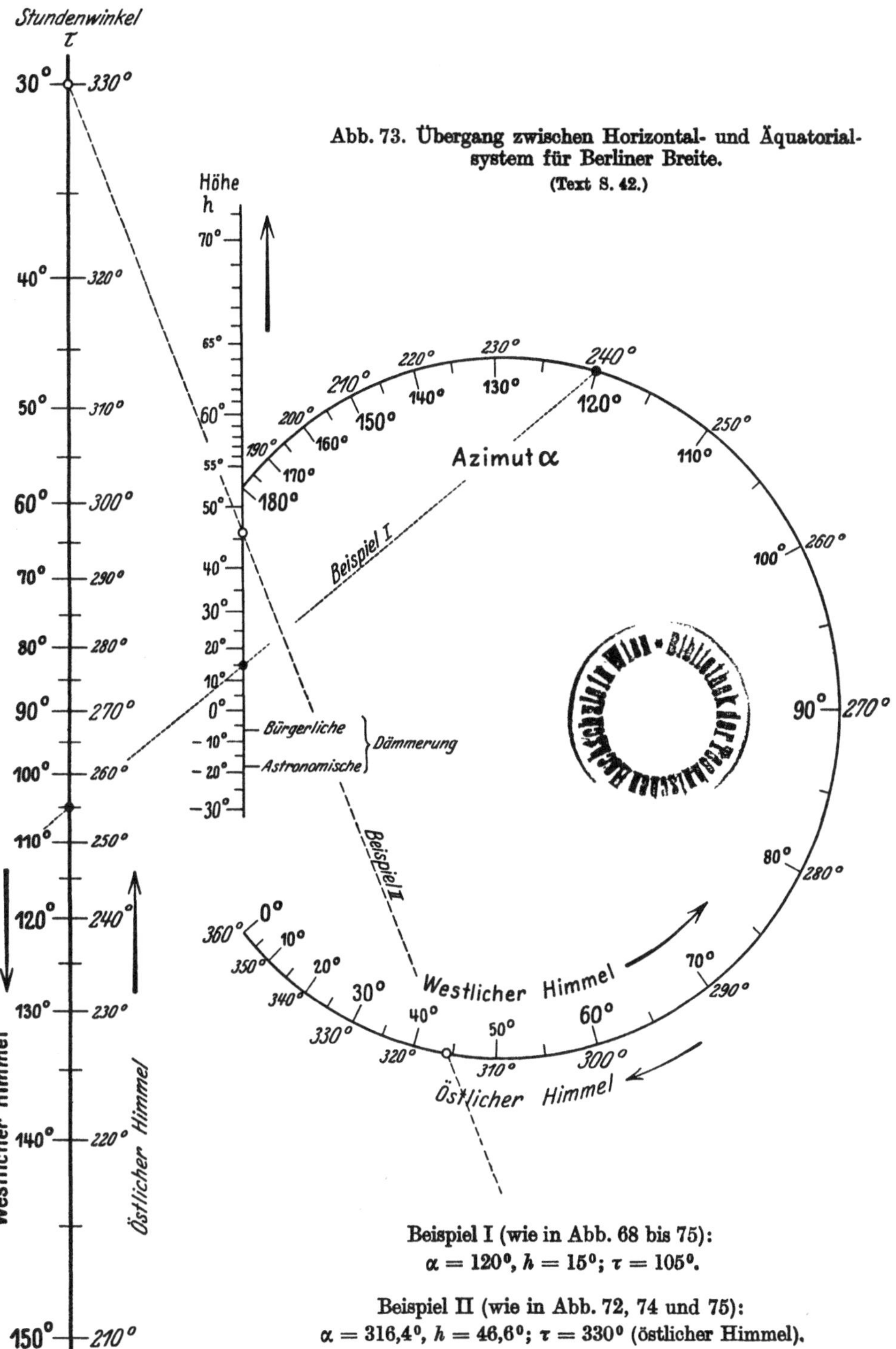

Abb. 73. Übergang zwischen Horizontal- und Äquatorialsystem für Berliner Breite.
(Text S. 42.)

Beispiel I (wie in Abb. 68 bis 75):
$\alpha = 120°$, $h = 15°$; $\tau = 105°$.

Beispiel II (wie in Abb. 72, 74 und 75):
$\alpha = 316{,}4°$, $h = 46{,}6°$; $\tau = 330°$ (östlicher Himmel).

Abb. 74.
(Text S. 41.)

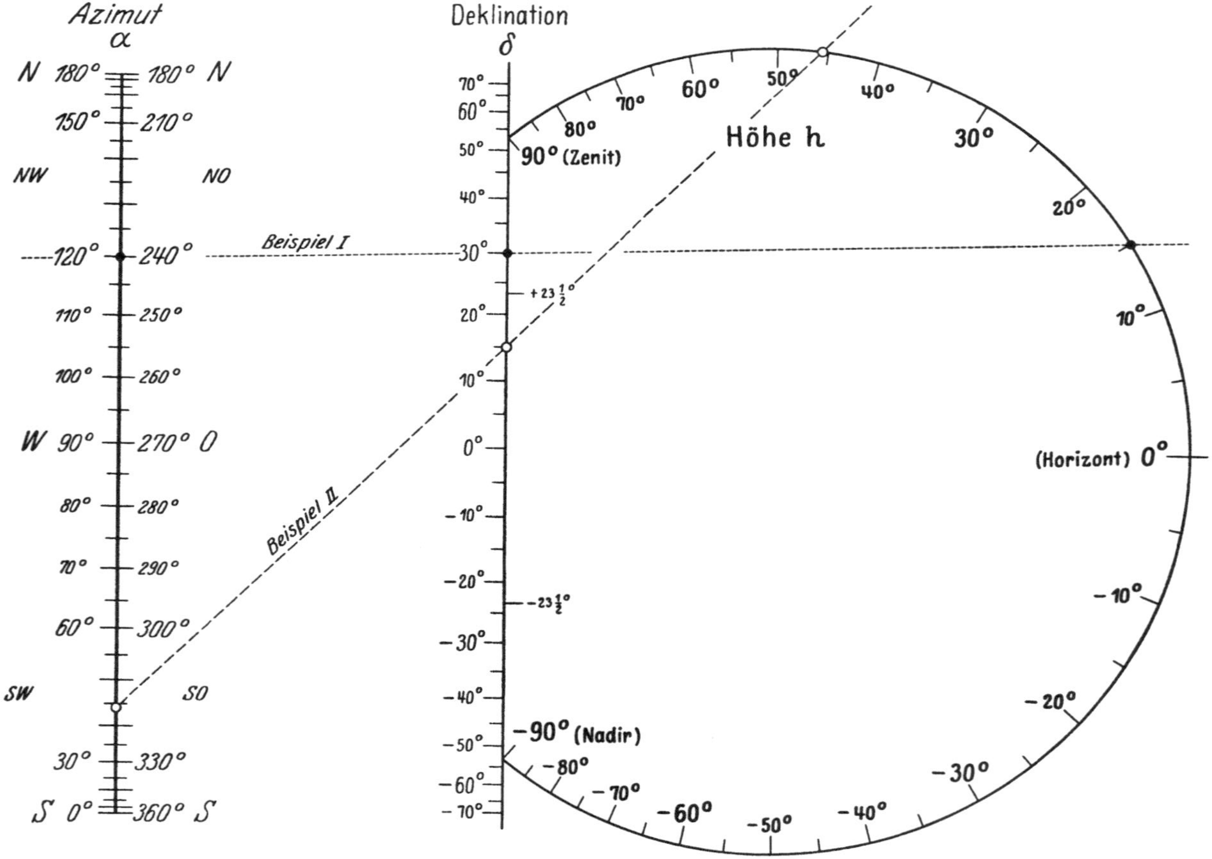

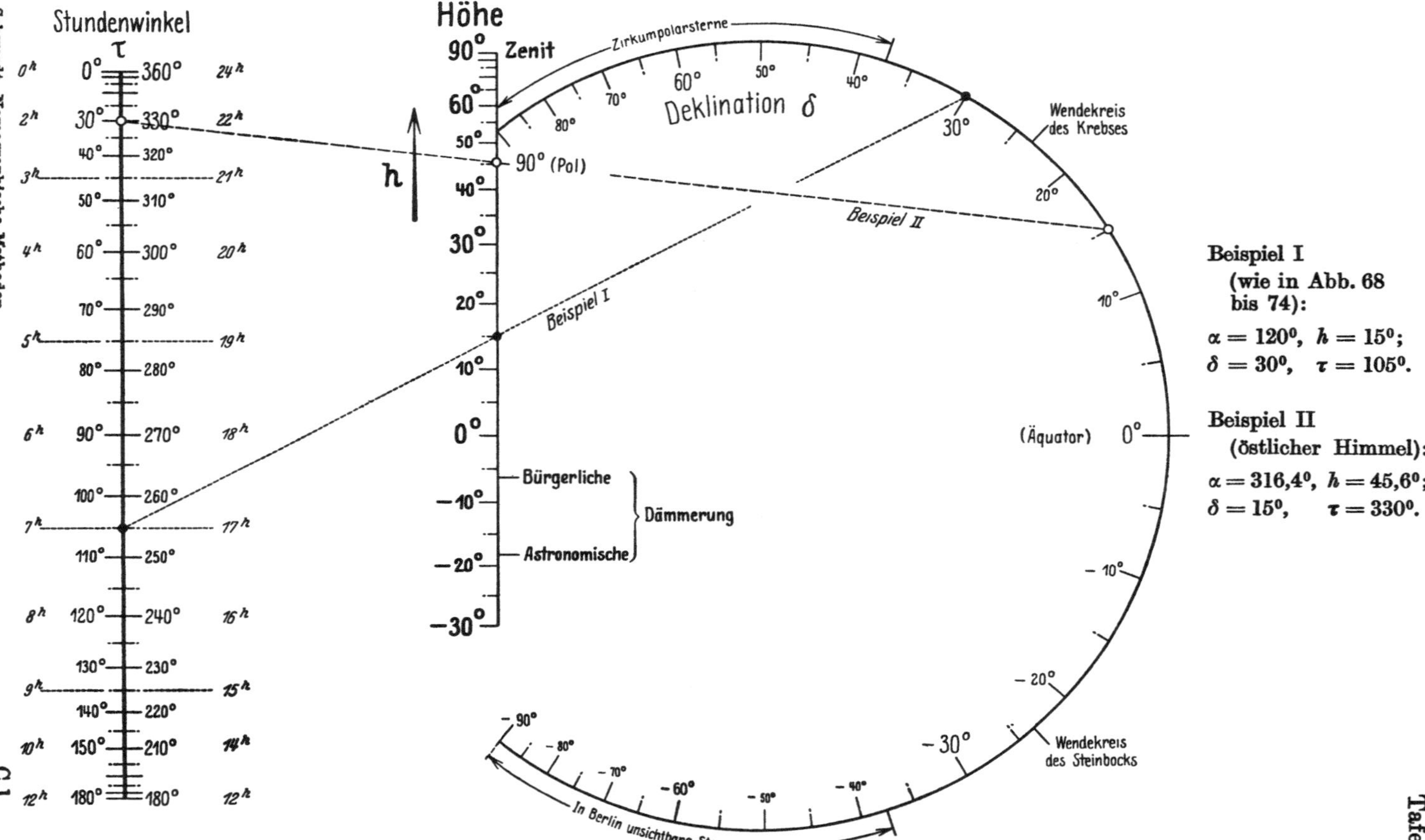

Abb. 75. Übergang zwischen Horizontal- und Äquatorialsystem für Berliner Breite.

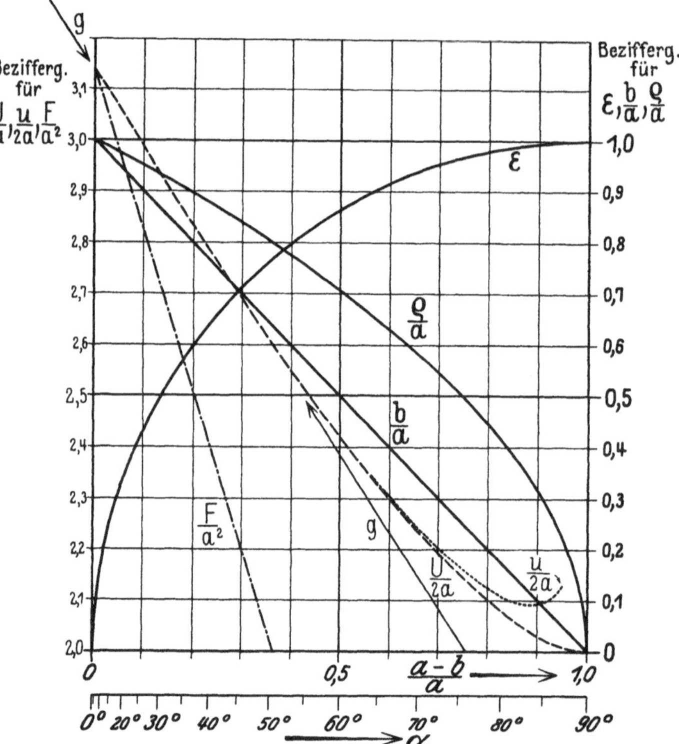

Abb. 76. Numerische Beziehungen für Ellipsen abhängig von der Abplattung.

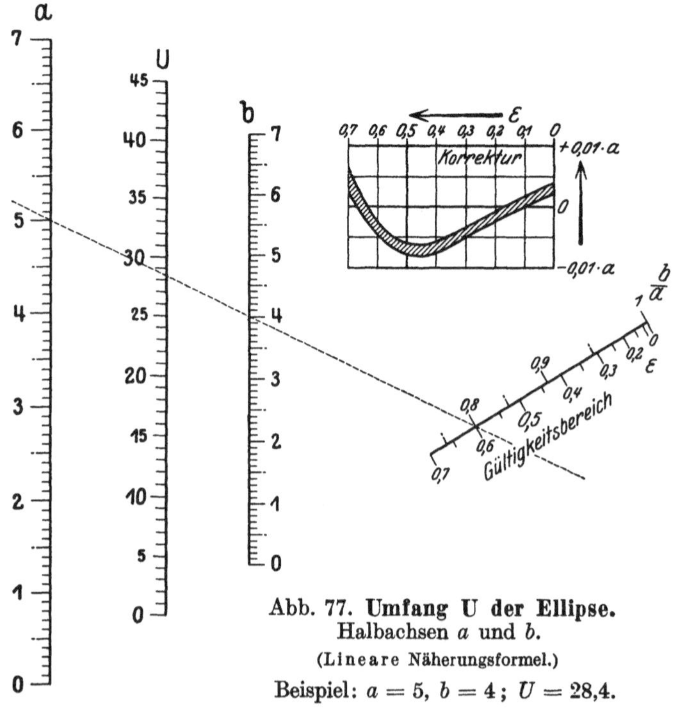

Abb. 77. Umfang U der Ellipse.
Halbachsen a und b.
(Lineare Näherungsformel.)
Beispiel: $a = 5$, $b = 4$; $U = 28,4$.

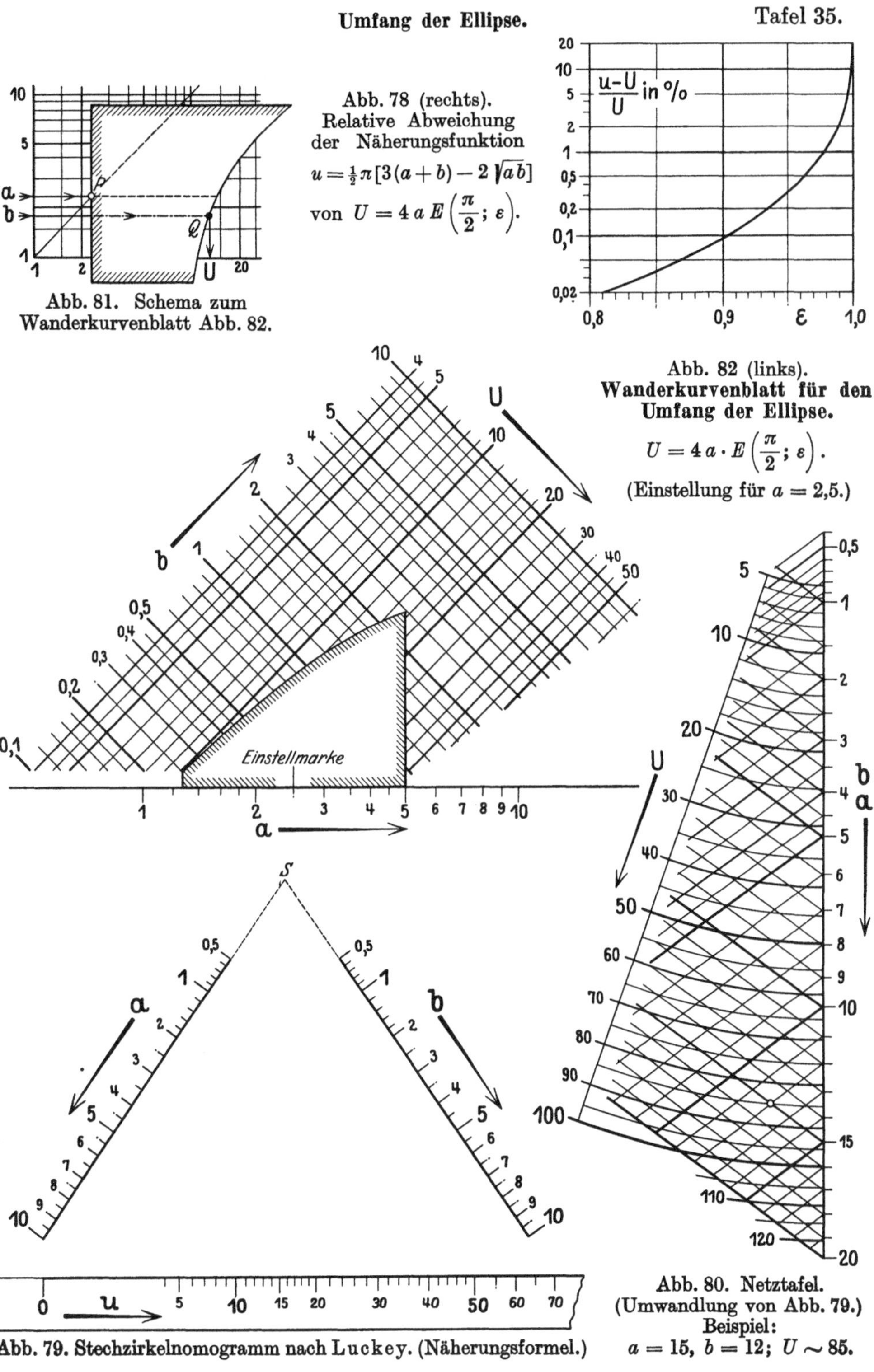

Abb. 81. Schema zum Wanderkurvenblatt Abb. 82.

Abb. 80. Netztafel.
(Umwandlung von Abb. 79.)
Beispiel:
$a = 15$, $b = 12$; $U \sim 85$.

Abb. 79. Stechzirkelnomogramm nach Luckey. (Näherungsformel.)

Konjugierte Durchmesser.

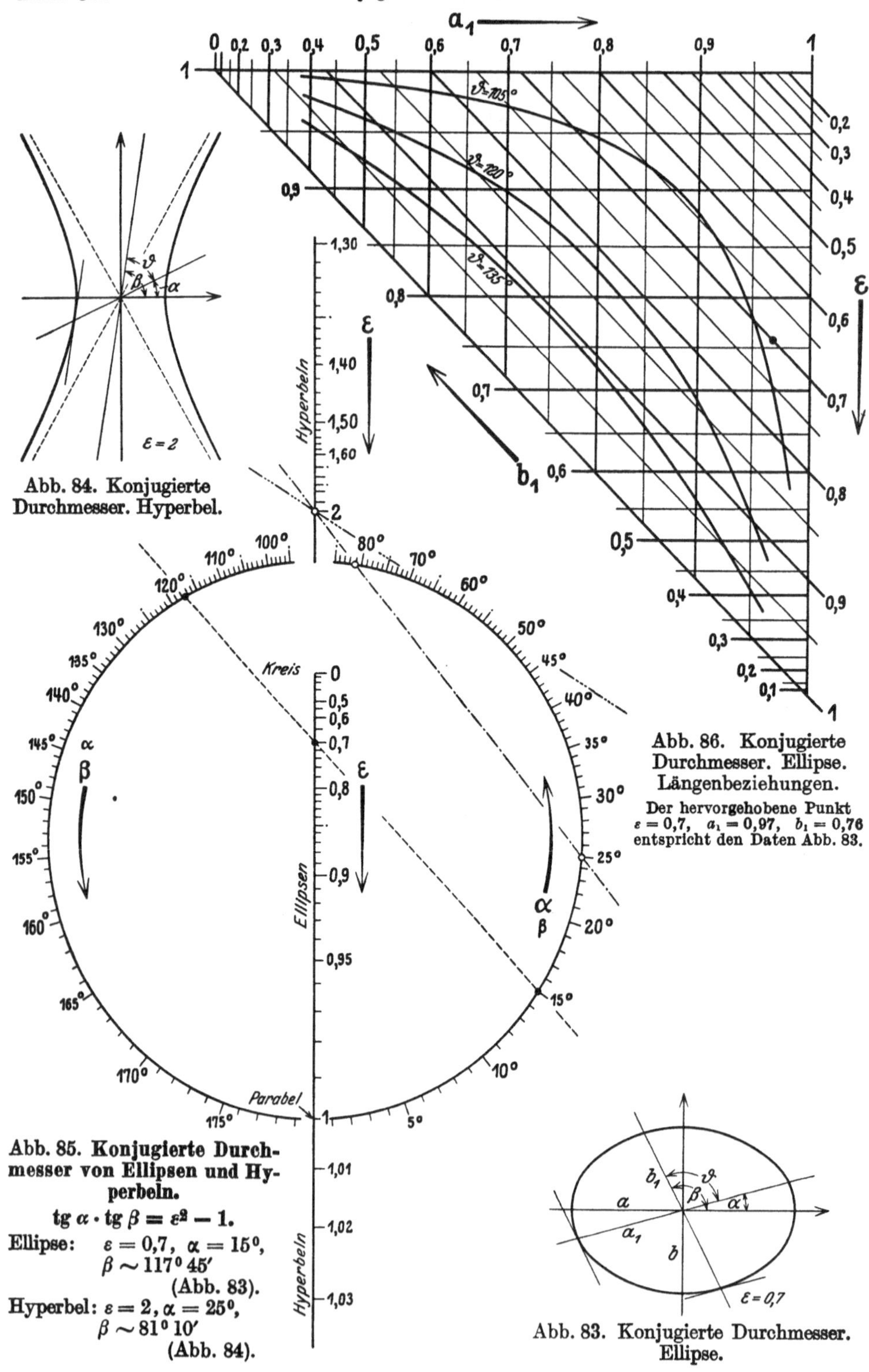

Abb. 86. Konjugierte
Durchmesser. Ellipse.
Längenbeziehungen.

Der hervorgehobene Punkt
$\varepsilon = 0{,}7$, $a_1 = 0{,}97$, $b_1 = 0{,}76$
entspricht den Daten Abb. 83.

Abb. 84. Konjugierte
Durchmesser. Hyperbel.

Abb. 85. Konjugierte Durchmesser von Ellipsen und Hyperbeln.

$$\operatorname{tg}\alpha \cdot \operatorname{tg}\beta = \varepsilon^2 - 1.$$

Ellipse: $\varepsilon = 0{,}7$, $\alpha = 15°$,
     $\beta \sim 117° \, 45'$
        (Abb. 83).

Hyperbel: $\varepsilon = 2$, $\alpha = 25°$,
     $\beta \sim 81° \, 10'$
        (Abb. 84).

Abb. 83. Konjugierte Durchmesser.
Ellipse.

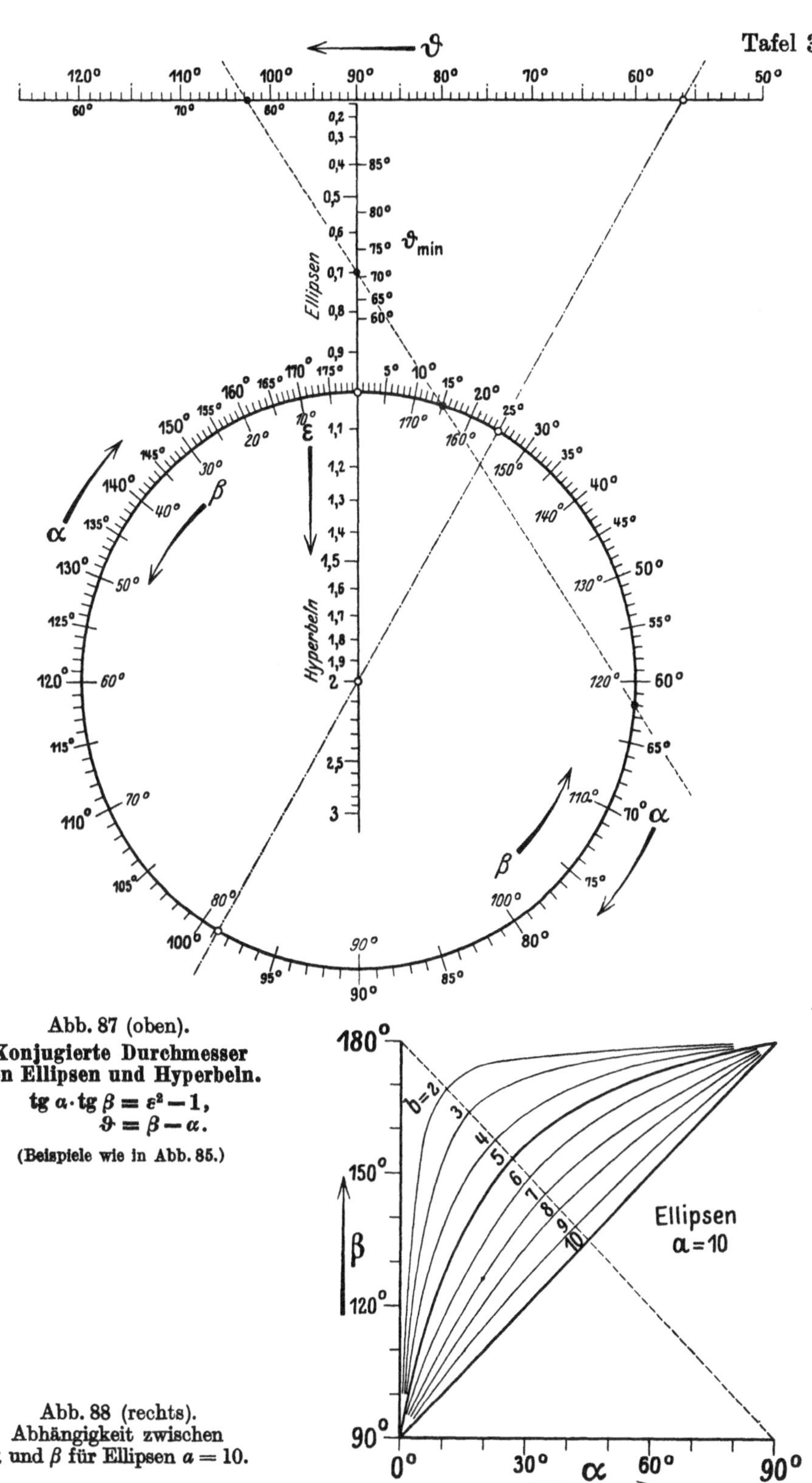

Abb. 87 (oben).
**Konjugierte Durchmesser
von Ellipsen und Hyperbeln.**
$$\operatorname{tg}\alpha\cdot\operatorname{tg}\beta=\varepsilon^2-1,$$
$$\vartheta=\beta-\alpha.$$
(Beispiele wie in Abb. 85.)

Abb. 88 (rechts).
Abhängigkeit zwischen
α und β für Ellipsen $a=10$.

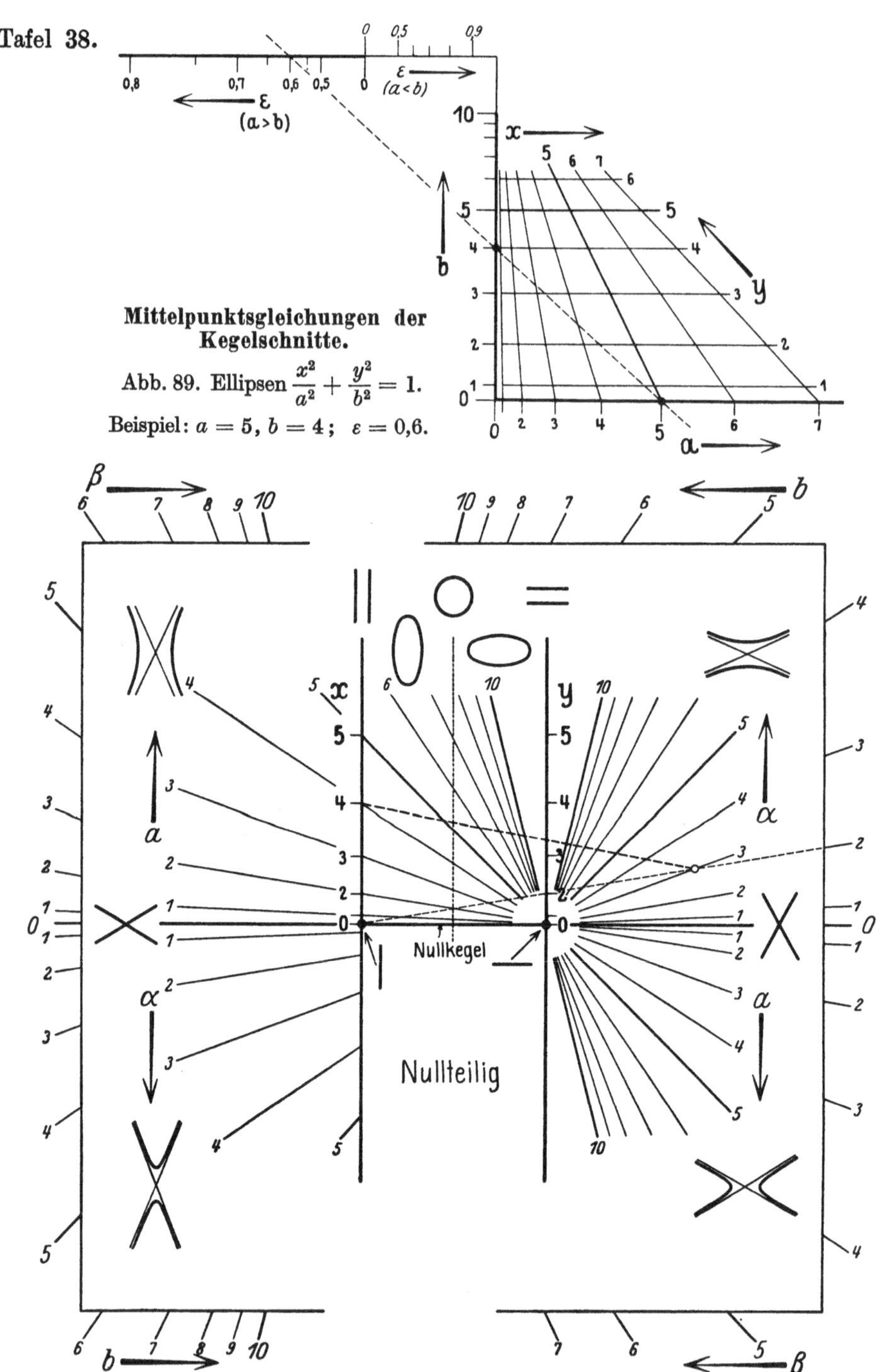

Abb. 89. Ellipsen $\dfrac{x^2}{a^2} + \dfrac{y^2}{b^2} = 1$.

Beispiel: $a = 5$, $b = 4$; $\varepsilon = 0{,}6$.

Abb. 90. Abbildung sämtlicher reeller Kegelschnitte in Mittelpunktslage.

$$\pm \dfrac{x^2}{a^2} \pm \dfrac{y^2}{b^2} = 1.$$

(Projektives Bild von Abb. 91.)

Beispiel: Hyperbel $-\dfrac{x^2}{3^2} + \dfrac{y^2}{2^2} = 1$ mit der Sonderlage des laufenden Punktes: $x = \pm 4$, $y = \pm 3{,}33$.

Abb. 91. Abbildung sämtlicher reeller Kegelschnitte in Mittelpunktslage.

$$\pm\frac{x^2}{a^2}\pm\frac{y^2}{b^2}=1.$$

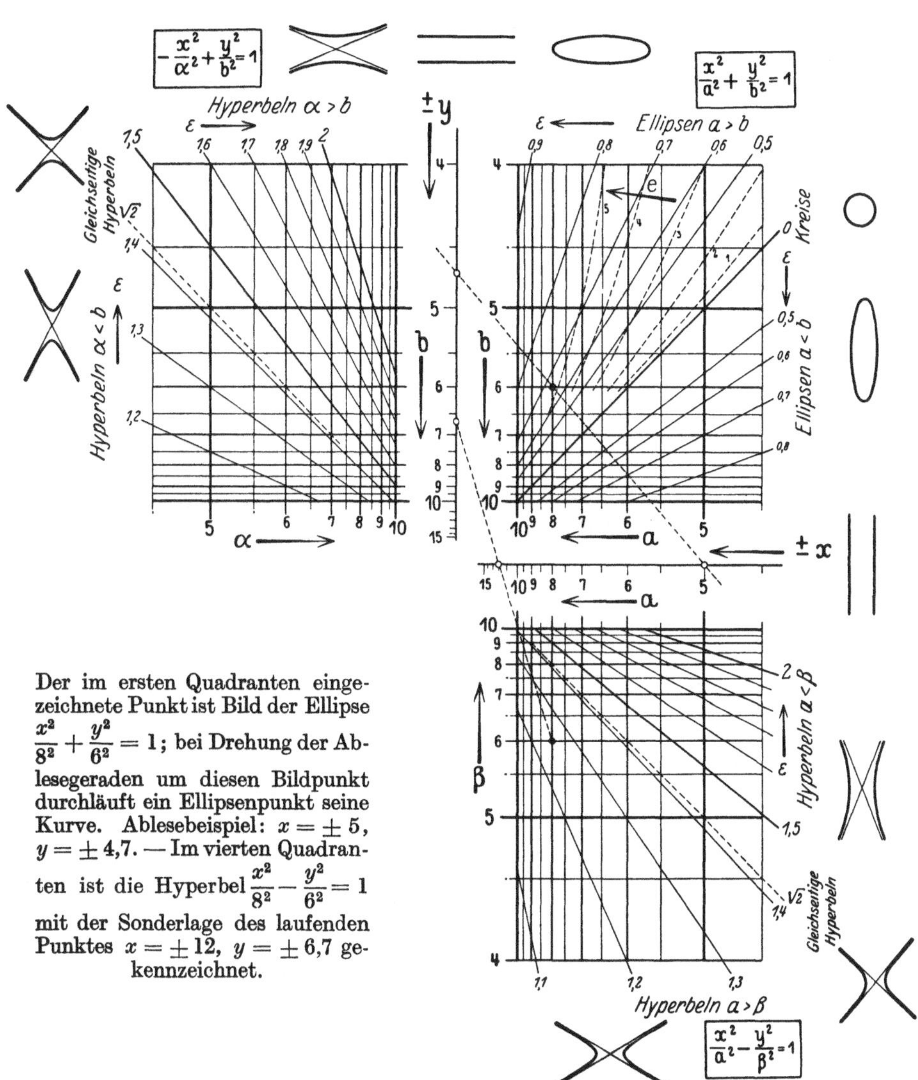

Der im ersten Quadranten eingezeichnete Punkt ist Bild der Ellipse $\dfrac{x^2}{8^2}+\dfrac{y^2}{6^2}=1$; bei Drehung der Ablesegeraden um diesen Bildpunkt durchläuft ein Ellipsenpunkt seine Kurve. Ablesebeispiel: $x=\pm5$, $y=\pm4{,}7$. — Im vierten Quadranten ist die Hyperbel $\dfrac{x^2}{8^2}-\dfrac{y^2}{6^2}=1$ mit der Sonderlage des laufenden Punktes $x=\pm12$, $y=\pm6{,}7$ gekennzeichnet.

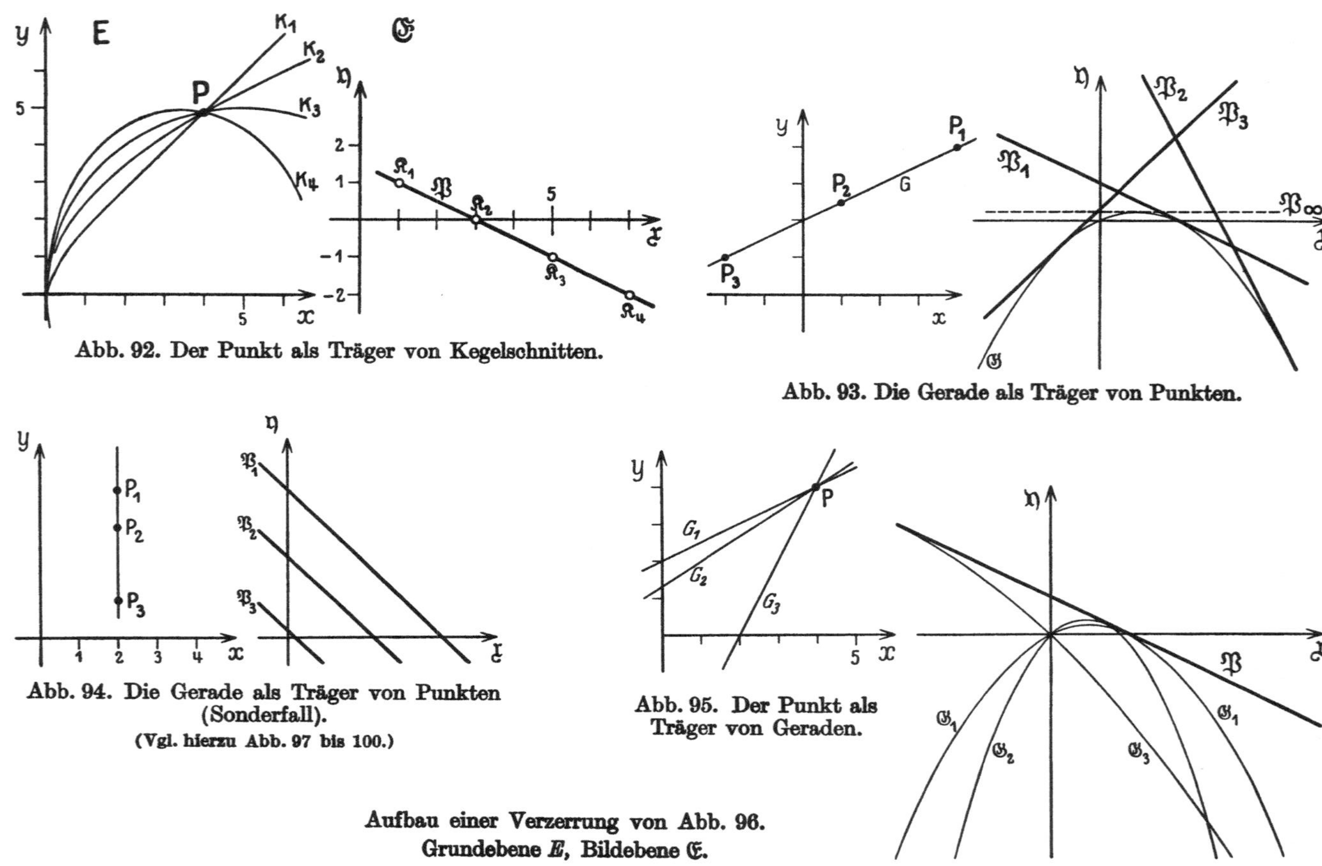

E
𝕰
y
P
K₁
K₂
K₃
K₄
5
5
x
η
𝔎₁
𝔅
𝔎₂
𝔎₃
𝔎₄
1
2
-1
-2
5
𝔷
Abb. 92. Der Punkt als Träger von Kegelschnitten.
y
P₁
P₂
P₃
G
x
η
𝔅₁
𝔅₂
𝔅₃
𝔅∞
𝔊
𝔷
Abb. 93. Die Gerade als Träger von Punkten.
y
P₁
P₂
P₃
1
2
3
4
x
η
𝔅₁
𝔅₂
𝔅₃
𝔷
Abb. 94. Die Gerade als Träger von Punkten (Sonderfall).
(Vgl. hierzu Abb. 97 bis 100.)
y
G₁
G₂
G₃
P
5
x
η
𝔅
𝔊₁
𝔊₂
𝔊₃
𝔊₁
𝔷
Abb. 95. Der Punkt als Träger von Geraden.
Aufbau einer Verzerrung von Abb. 96.
Grundebene E, Bildebene 𝕰.

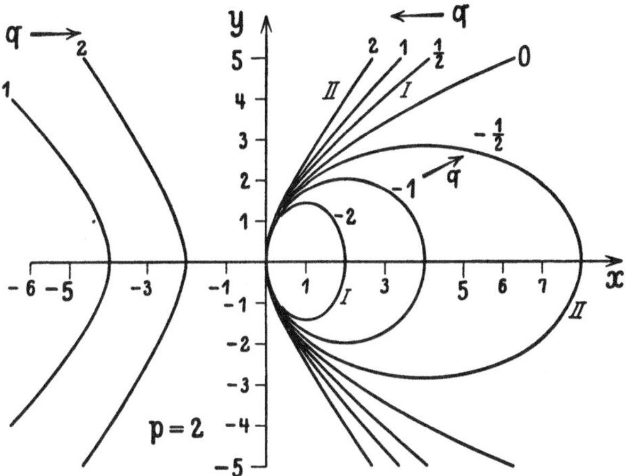

Abb. 96. Kegelschnitte in Scheitellage. $y^2 = 2\,px + q\,x^2$.
Teilfolge: $p = 2$.   Grundebene $E\,(x, y)$.

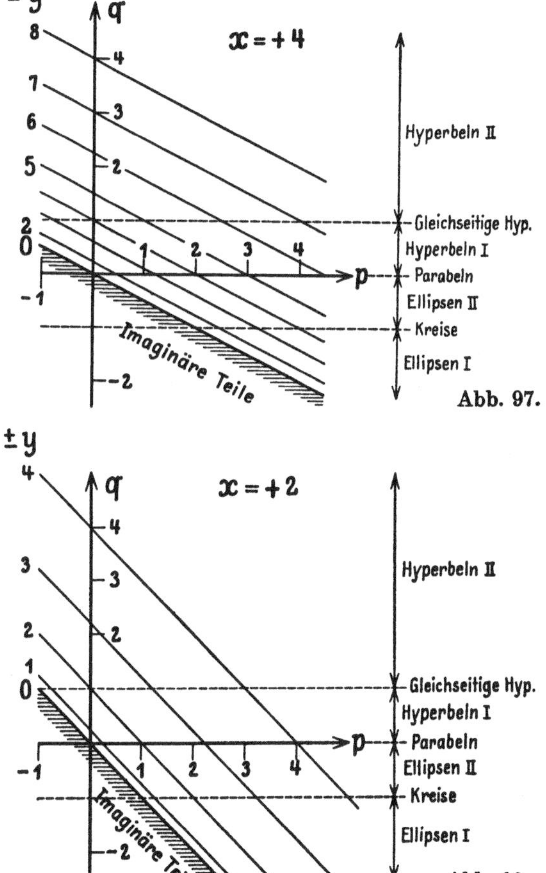

Abb. 97 bis 100. Teildarstellungen der Verzerrung. Ausführungen von Abb. 94.

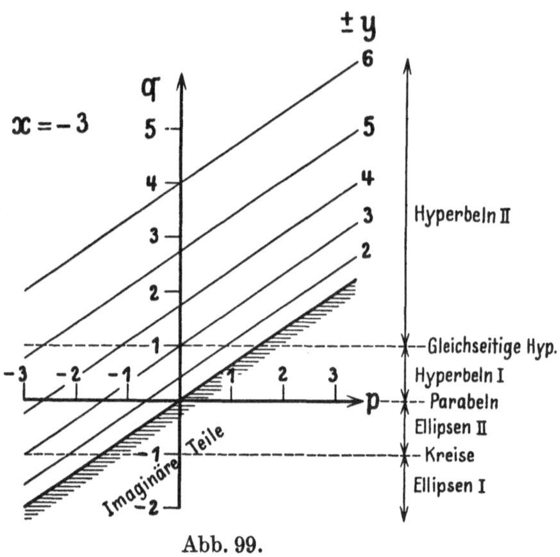

Abb. 99.

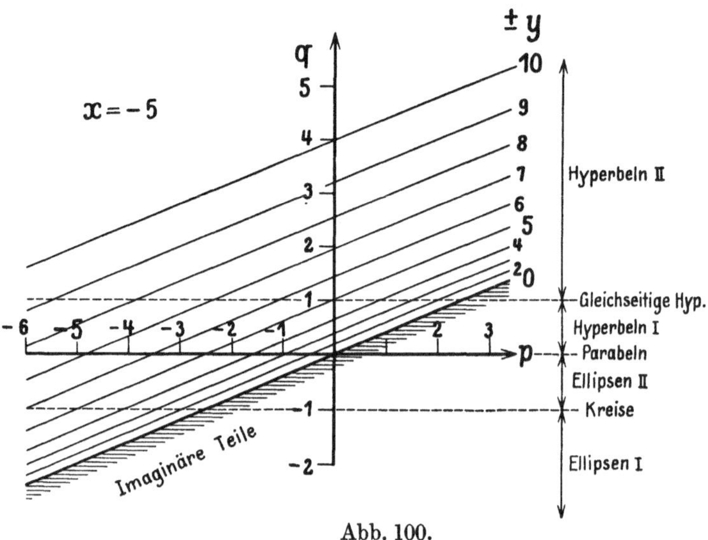

Abb. 100.

Abb. 97 bis 100. Teildarstellungen der Verzerrung. Ausführungen von Abb. 94.

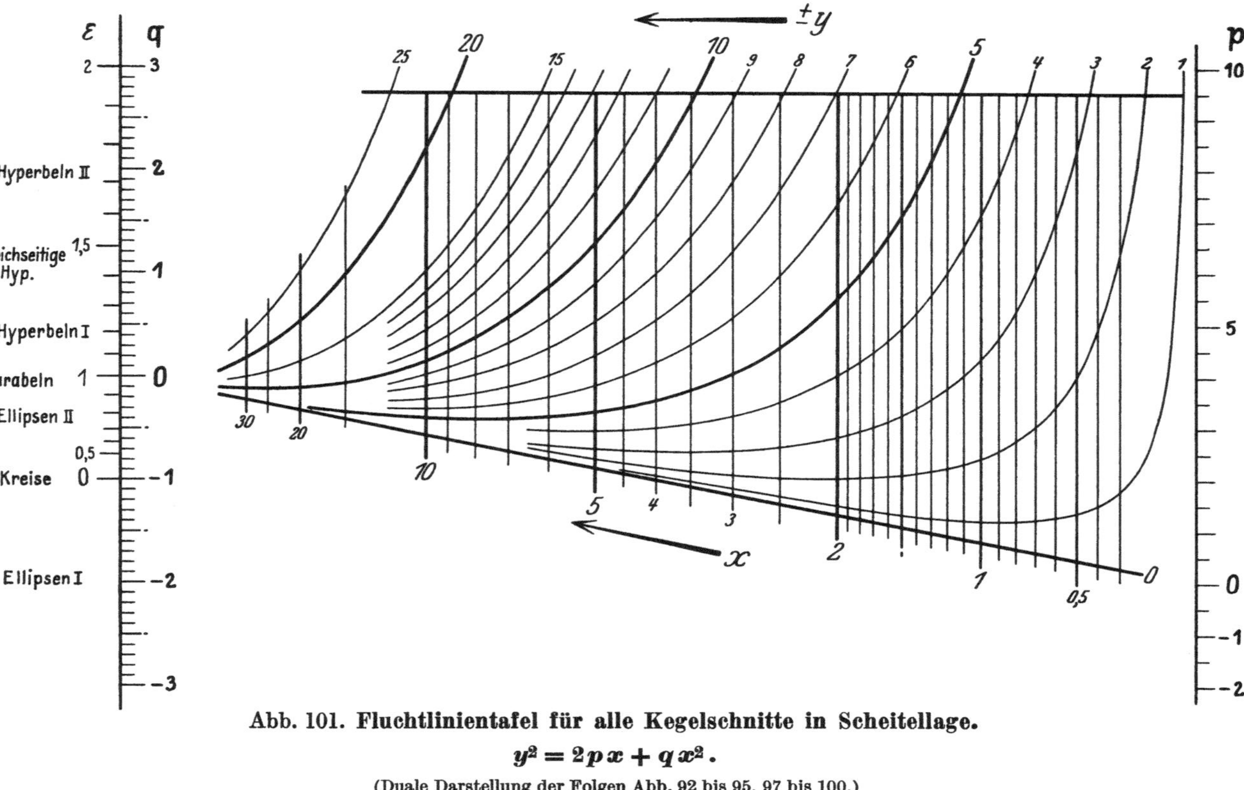

Abb. 101. Fluchtlinientafel für alle Kegelschnitte in Scheitellage.

$$y^2 = 2px + qx^2.$$

(Duale Darstellung der Folgen Abb. 92 bis 95, 97 bis 100.)

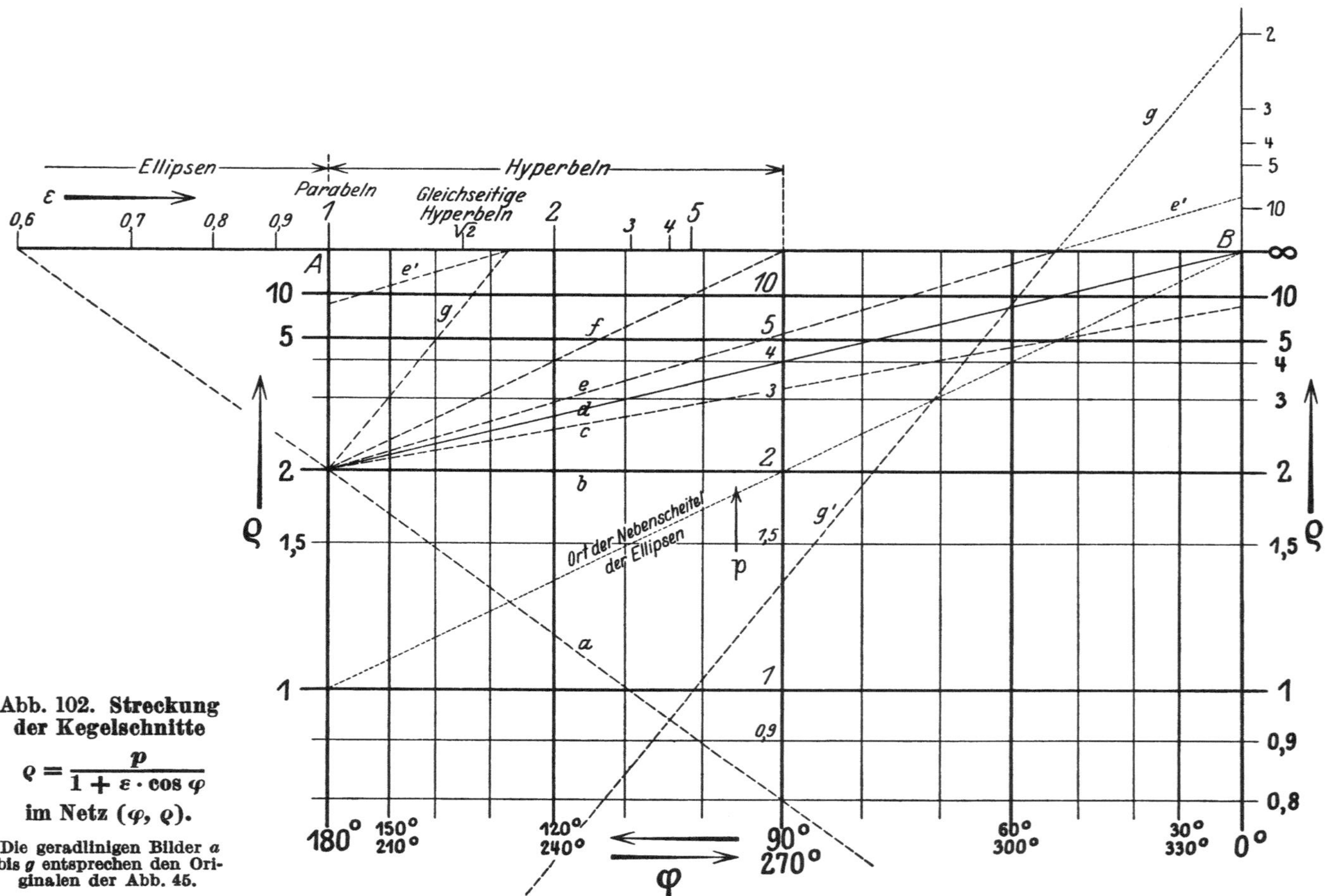

Abb. 102. Streckung der Kegelschnitte

$$\varrho = \frac{p}{1 + \varepsilon \cdot \cos \varphi}$$

im Netz (φ, ϱ).

Die geradlinigen Bilder a bis g entsprechen den Originalen der Abb. 45.

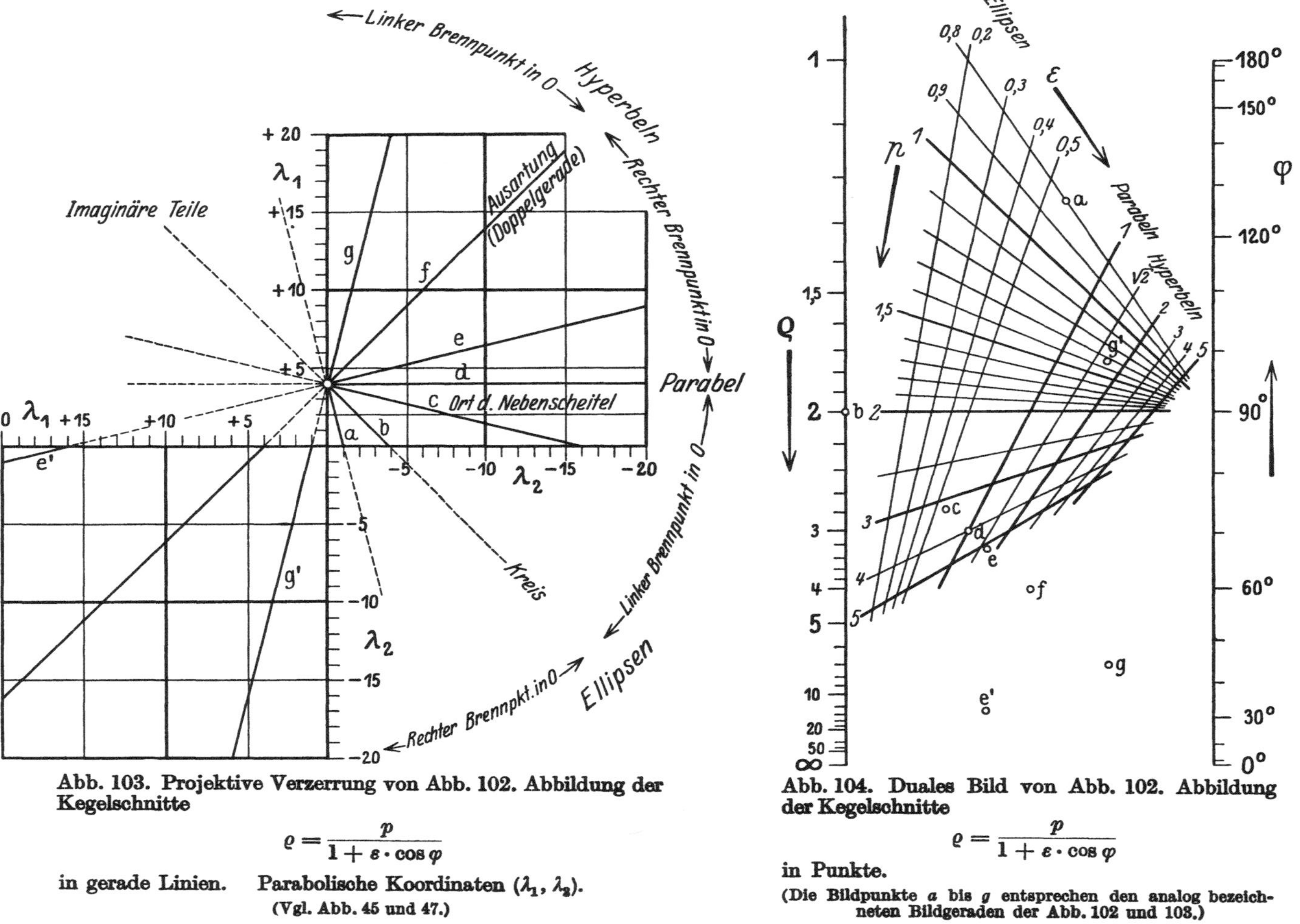

Abb. 103. Projektive Verzerrung von Abb. 102. Abbildung der Kegelschnitte

$$\varrho = \frac{p}{1 + \varepsilon \cdot \cos \varphi}$$

in gerade Linien.   Parabolische Koordinaten (λ_1, λ_2).
(Vgl. Abb. 45 und 47.)

Abb. 104. Duales Bild von Abb. 102. Abbildung der Kegelschnitte

$$\varrho = \frac{p}{1 + \varepsilon \cdot \cos \varphi}$$

in Punkte.

(Die Bildpunkte a bis g entsprechen den analog bezeichneten Bildgeraden der Abb. 102 und 103.)

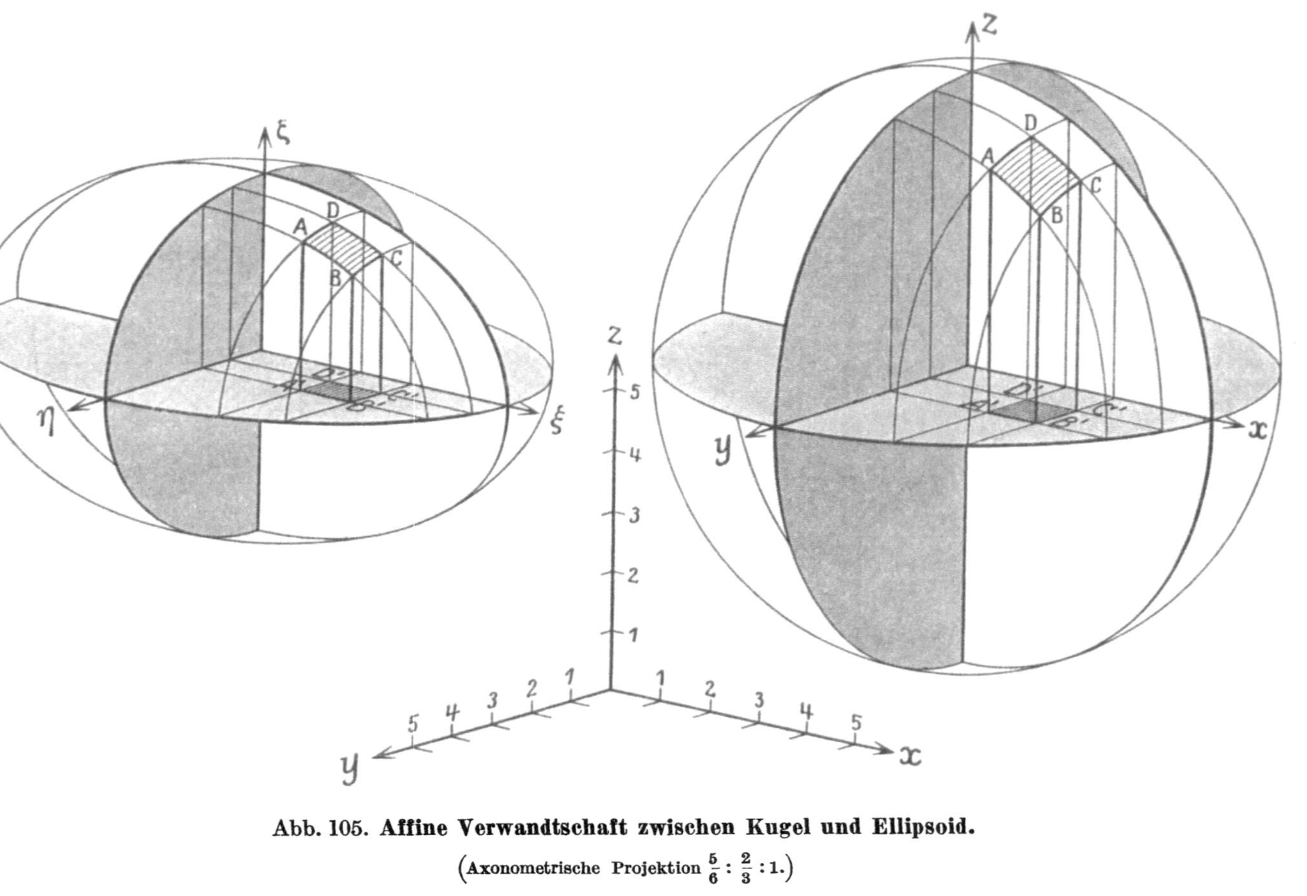

Abb. 105. **Affine Verwandtschaft zwischen Kugel und Ellipsoid.**

(Axonometrische Projektion $\frac{5}{6} : \frac{2}{3} : 1$.)

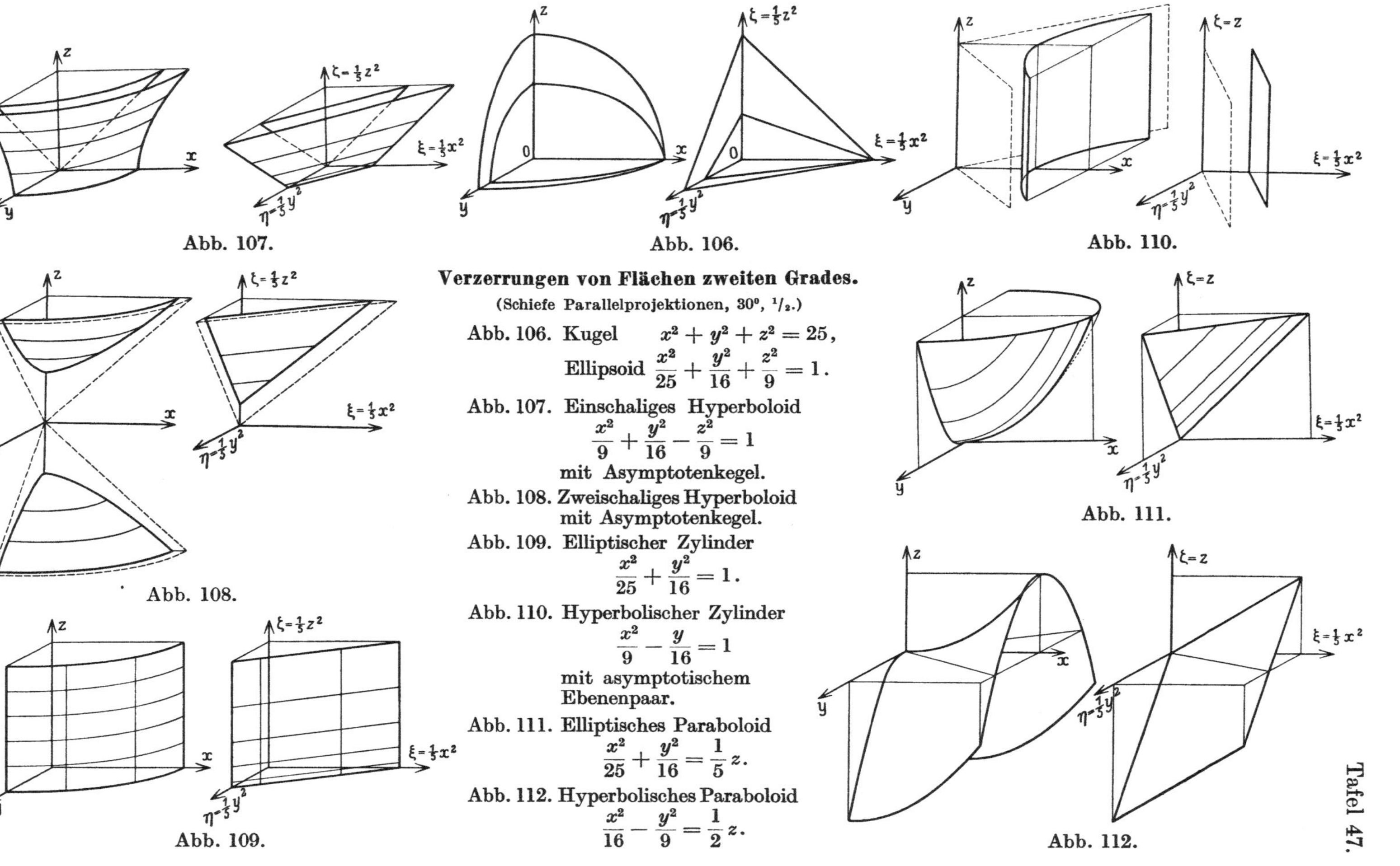

Verzerrungen von Flächen zweiten Grades.

(Schiefe Parallelprojektionen, 30°, $^1/_2$.)

Abb. 106. Kugel $\quad x^2 + y^2 + z^2 = 25$,

Ellipsoid $\dfrac{x^2}{25} + \dfrac{y^2}{16} + \dfrac{z^2}{9} = 1$.

Abb. 107. Einschaliges Hyperboloid

$$\frac{x^2}{9} + \frac{y^2}{16} - \frac{z^2}{9} = 1$$

mit Asymptotenkegel.

Abb. 108. Zweischaliges Hyperboloid mit Asymptotenkegel.

Abb. 109. Elliptischer Zylinder

$$\frac{x^2}{25} + \frac{y^2}{16} = 1.$$

Abb. 110. Hyperbolischer Zylinder

$$\frac{x^2}{9} - \frac{y}{16} = 1$$

mit asymptotischem Ebenenpaar.

Abb. 111. Elliptisches Paraboloid

$$\frac{x^2}{25} + \frac{y^2}{16} = \frac{1}{5}\, z.$$

Abb. 112. Hyperbolisches Paraboloid

$$\frac{x^2}{16} - \frac{y^2}{9} = \frac{1}{2}\, z.$$

Abb. 113. Krümmung von Flächen.
Eulerscher Satz: $k = k_1 \cdot \cos^2 \varphi + k_2 \cdot \sin^2 \varphi$.
$H = k_1 + k_2$.

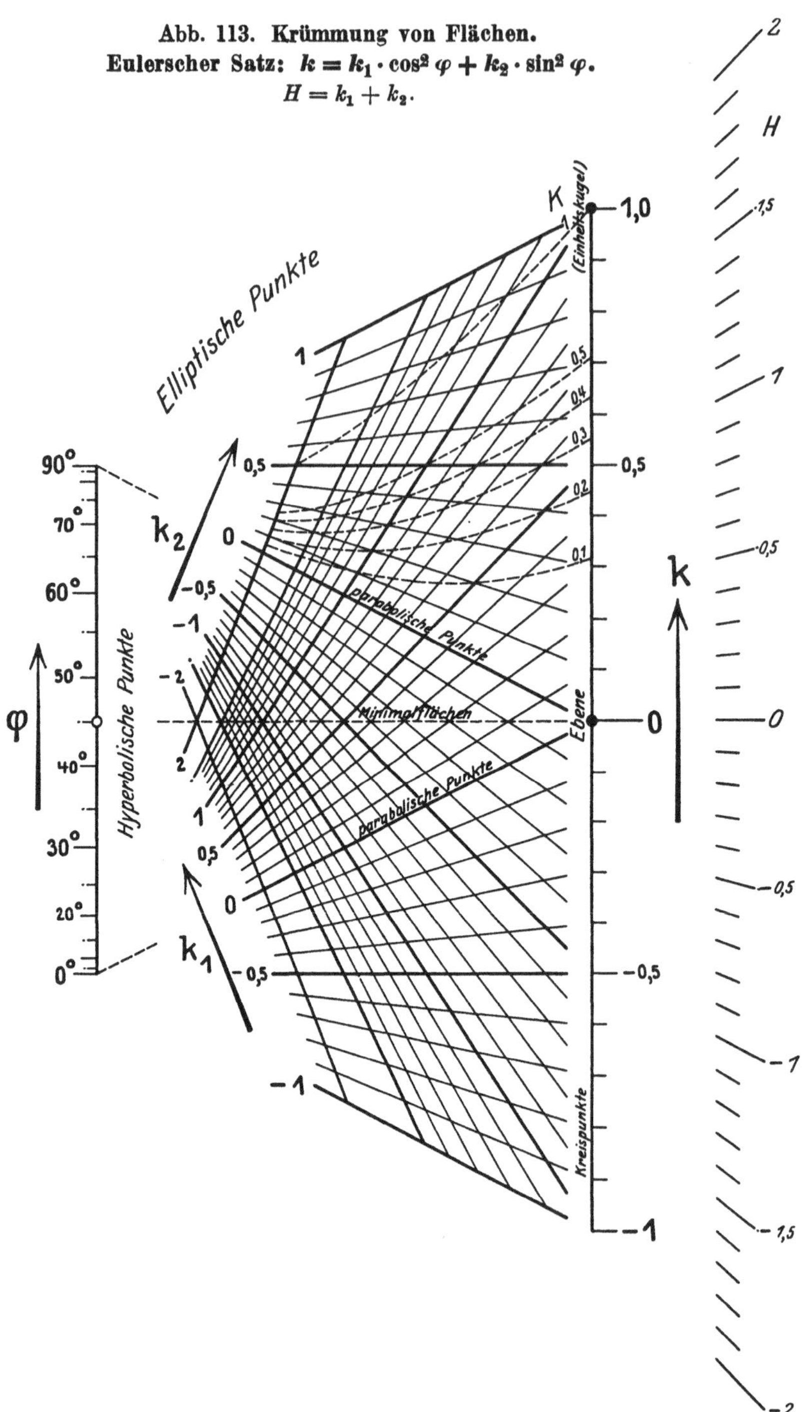

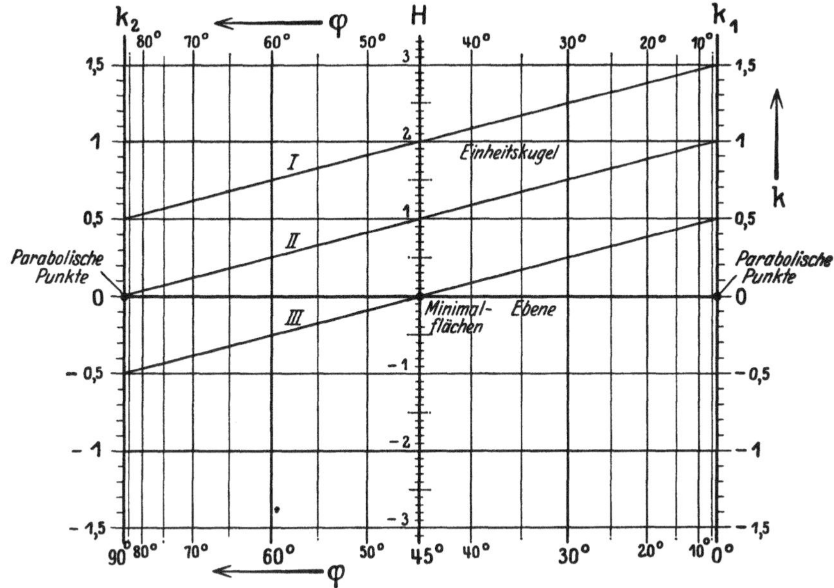

Eulerscher Satz.
Abb. 114. $k = k_1 \cdot \cos^2 \varphi + k_2 \cdot \sin^2 \varphi$.

I. Änderungsbild eines elliptischen Punktes,
II.   "   "   parabolischen   "
III.   "   "   hyperbolischen   "

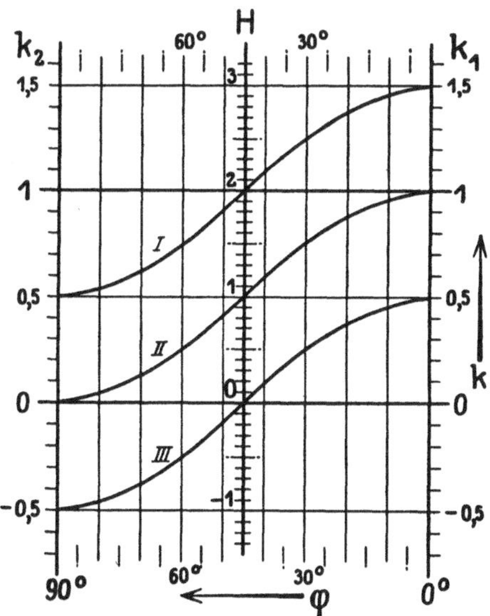

Abb. 115. Reguläre Darstellung der Änderungsbilder I, II und III aus Abb. 114.
(Abwicklungen der Distanzzylinder Abb. 116 und Abb. 117.)

Tafel 50.

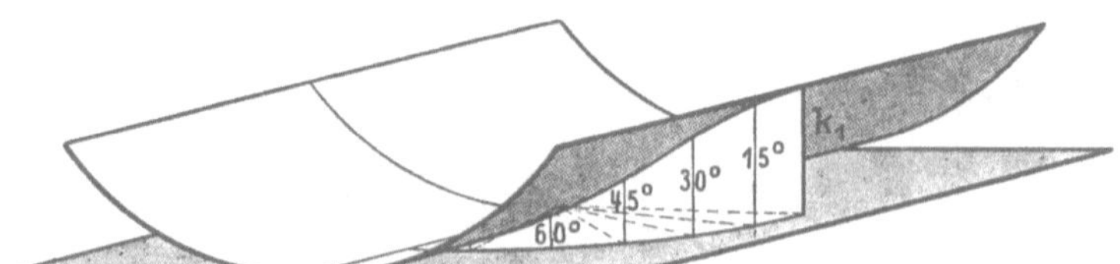

Abb. 116. Distanzzylinder für einen parabolischen Punkt (Fall II).
(Schiefe Parallelprojektion, 14°, ⁵/₈.)

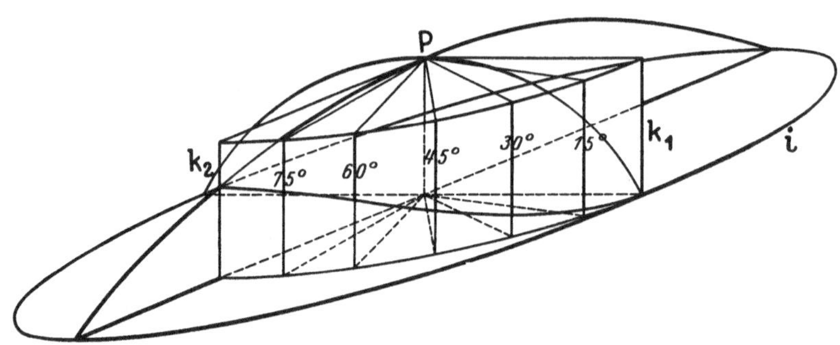

Abb. 117. Distanzzylinder für einen elliptischen Punkt (Fall I). Flächenpunkt P mit
Hauptnormalschnitten k_1 und k_2. Indikatrix i.
(Schiefe Parallelprojektion, 22°, ¹/₁.)

Abb. 118. Kreuztafel für Normalschnitte

$$k + k' = k_1 + k_2.$$

$$k = \frac{1}{\varrho}.$$

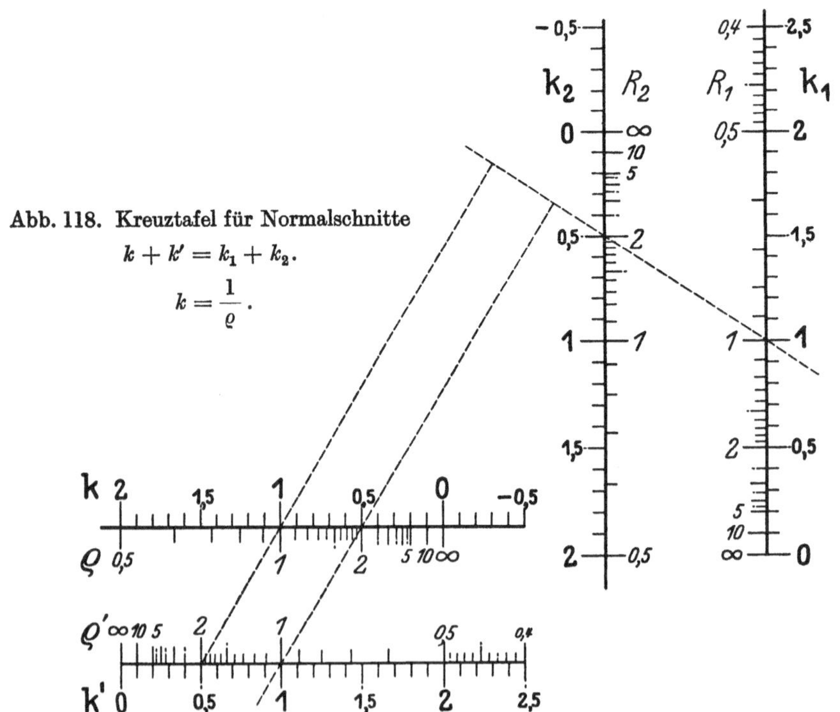

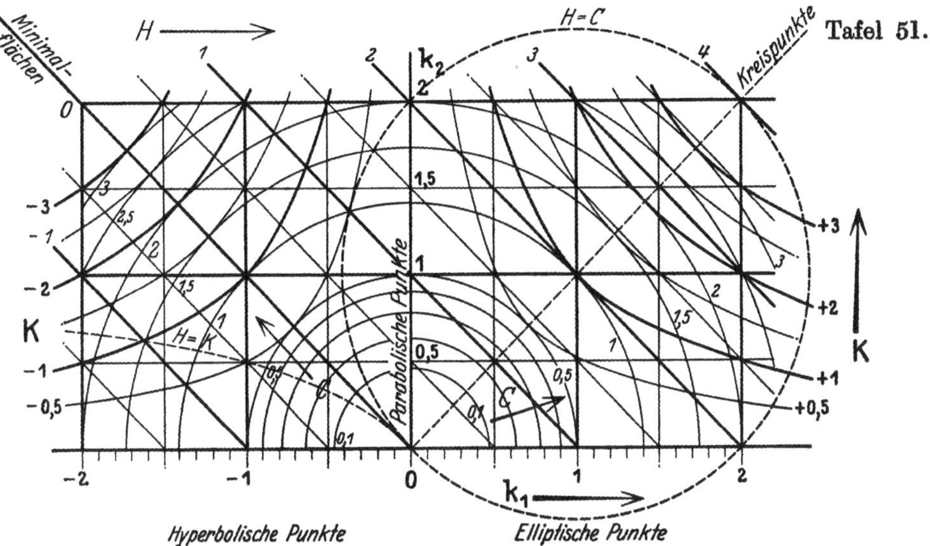

Abb. 119. Reguläres Netz (k_1, k_2). Mittlere Krümmung $H = k_1 + k_2$. Gaußsche Krümmung $K = k_1 \cdot k_2$. Krümmungsmaß nach Casorati $C = \frac{1}{2}(k_1^2 + k_2^2)$.

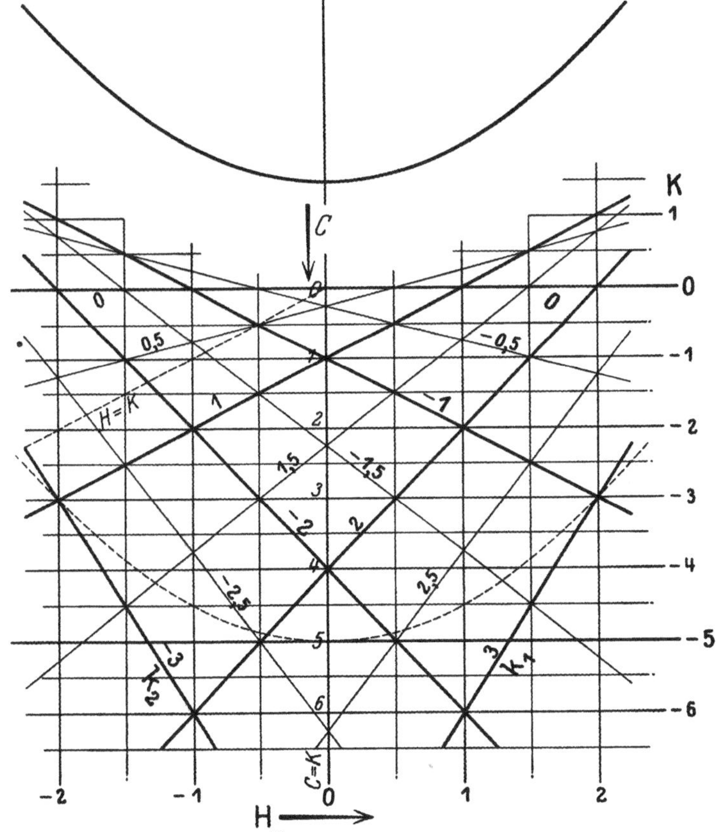

Abb. 120. Tafel für den Übergang zwischen den Krümmungsmaßen.
$(z^2 - H \cdot z + K = 0;\ z_1 = k_1,\ z_2 = k_2.)$
Ablesebeispiel: $k_1 = 3$, $k_2 = -1$; $K = -3$, $H = 2$, $C = 5$ (gestrichelte Lage der Parabel).

Lineare Gleichungen.

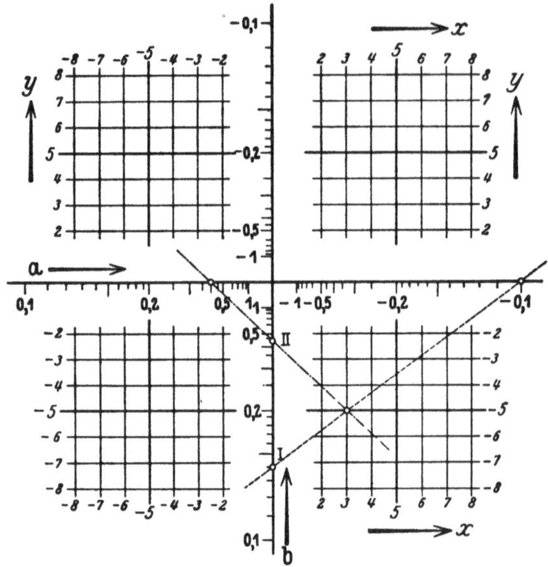

Abb. 121. Lösung in Punktkoordinaten.

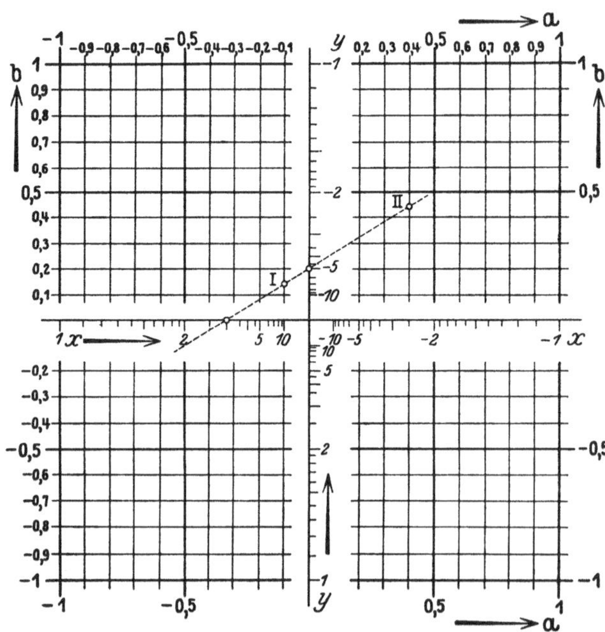

Abb. 122. Lösung in Linienkoordinaten.

Gemeinsames Beispiel:

$$-0{,}1\,x + 0{,}14\,y + 1 = 0 \quad \text{I.}$$
$$+0{,}4\,x + 0{,}44\,y + 1 = 0 \quad \text{II.}$$
$$x = 3, \qquad y = -5.$$

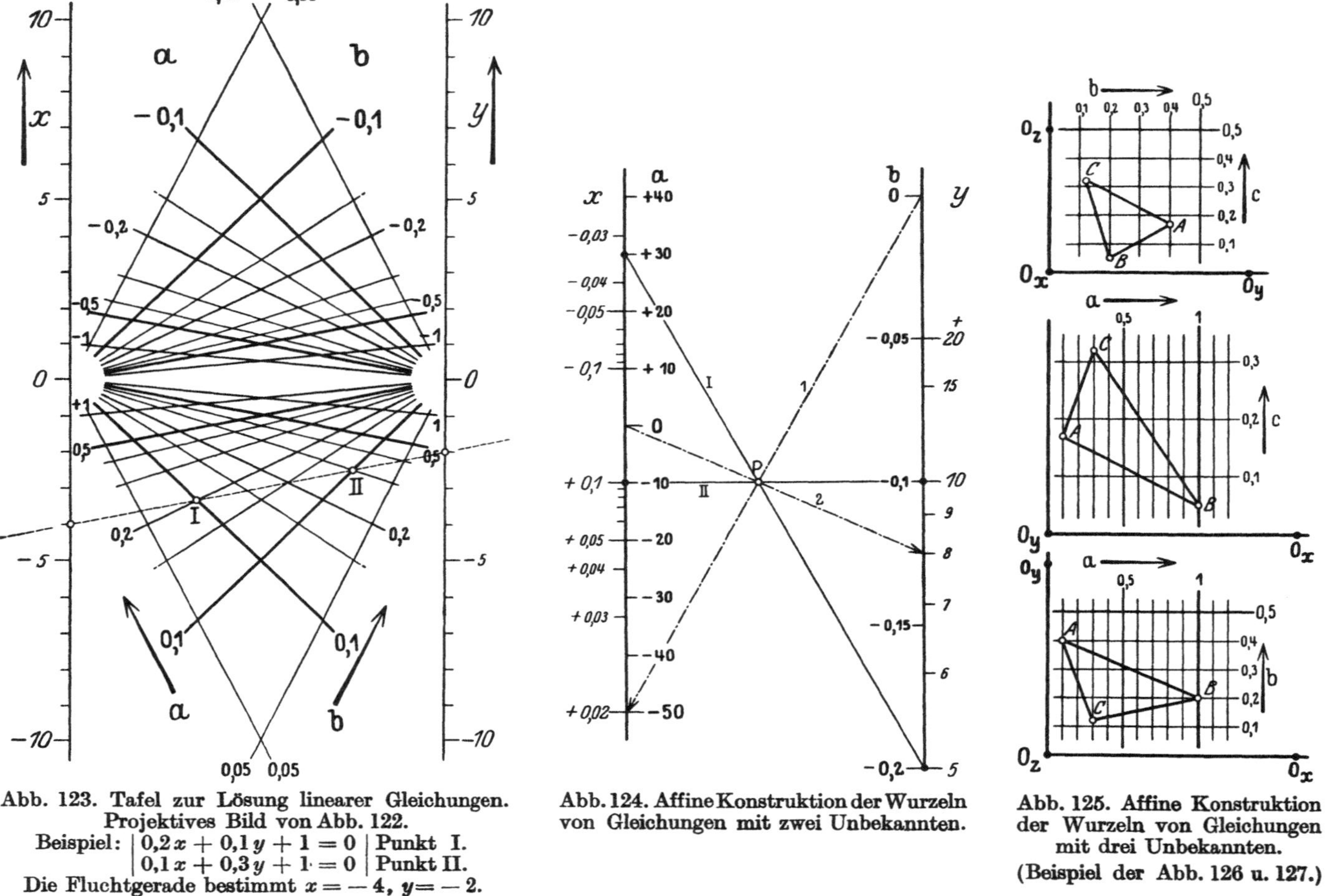

Abb. 123. Tafel zur Lösung linearer Gleichungen.
Projektives Bild von Abb. 122.
Beispiel: $\begin{vmatrix} 0,2\,x + 0,1\,y + 1 = 0 \\ 0,1\,x + 0,3\,y + 1 = 0 \end{vmatrix}$ Punkt I. Punkt II.
Die Fluchtgerade bestimmt $x = -4$, $y = -2$.

Abb. 124. Affine Konstruktion der Wurzeln von Gleichungen mit zwei Unbekannten.

Abb. 125. Affine Konstruktion der Wurzeln von Gleichungen mit drei Unbekannten.
(Beispiel der Abb. 126 u. 127.)

Tafel 53.

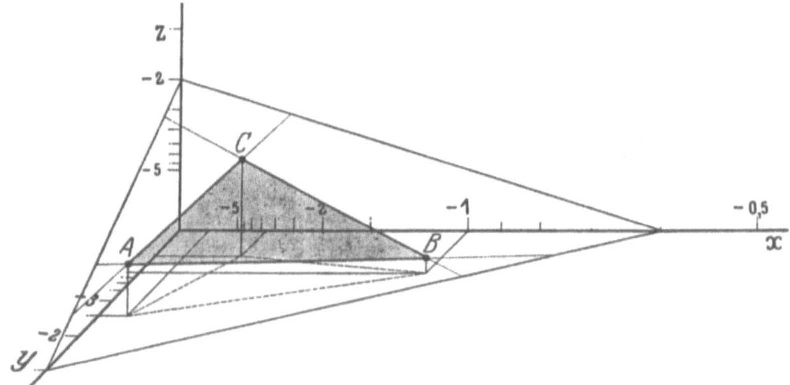

Abb. **126.** Lineare Gleichungen mit drei Unbekannten. Räumliche Lösung in Ebenenkoordinaten.

(Schiefe Parallelprojektion, 45⁰, ¹/₁.)

Beispiel:

$$
\begin{array}{c|l}
A & 0,1\,x + 0,4\ y + 0,17z + 1 = 0\,,\\
B & 1,0\,x + 0,2\ y + 0,05z + 1 = 0\,,\\
C & 0,3\,x + 0,12y + 0,32z + 1 = 0\,.
\end{array}
$$

Lösungen: $x = -0,6$, $y = -1,5$, $z = -2$.

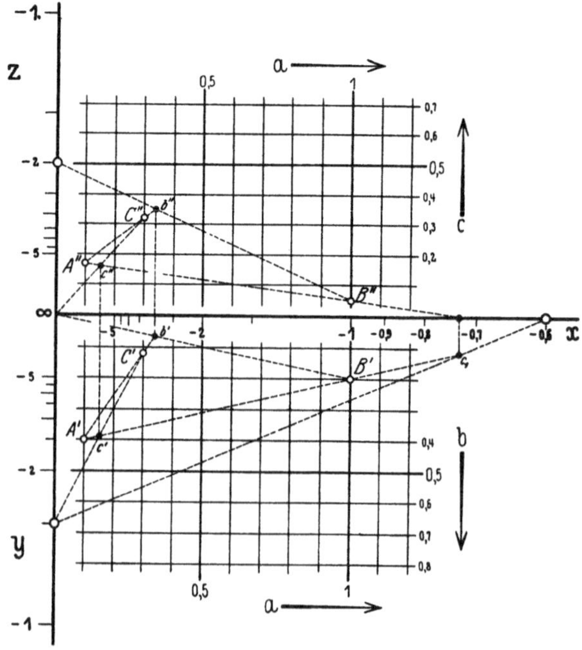

Abb. 127. Zeichnerische Ausführung von Abb. 126.

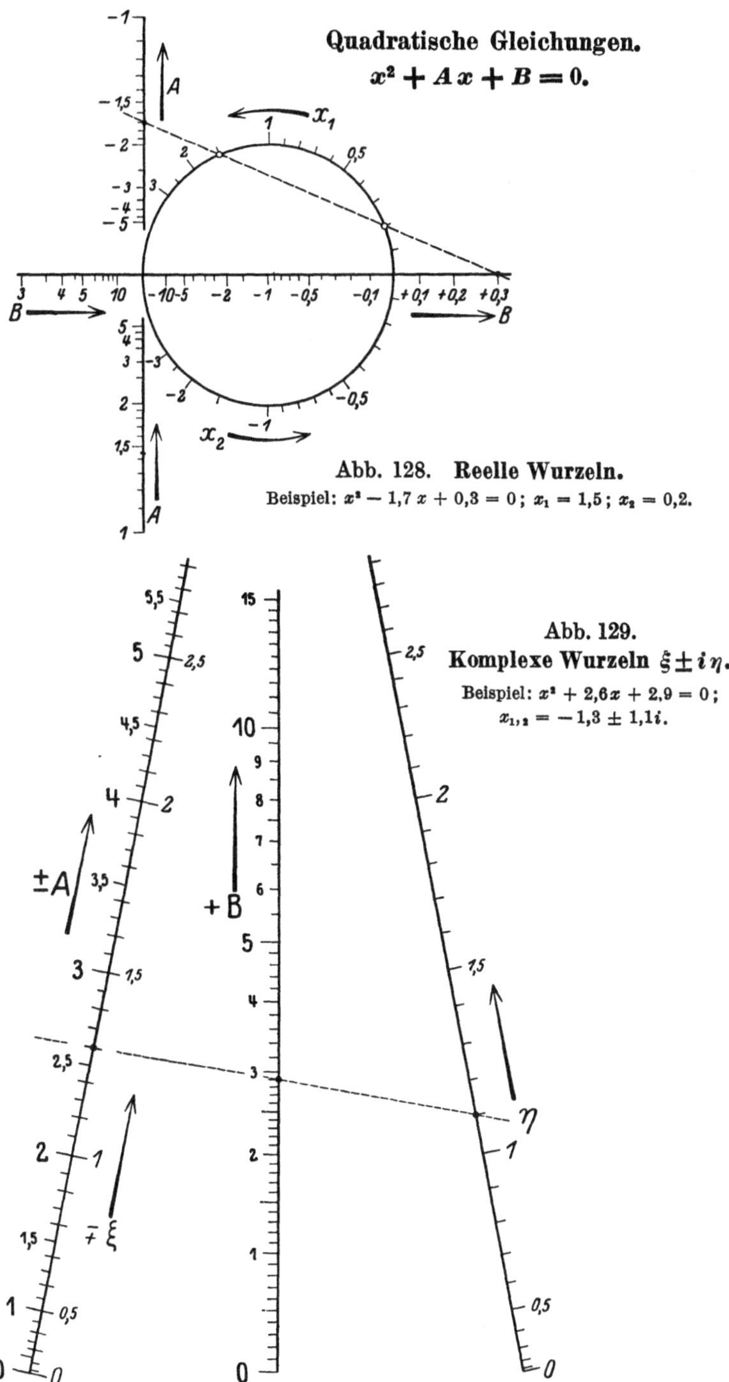

Abb. 128. Reelle Wurzeln.
Beispiel: $x^2 - 1{,}7\,x + 0{,}3 = 0$; $x_1 = 1{,}5$; $x_2 = 0{,}2$.

Abb. 129.
Komplexe Wurzeln $\xi \pm i\eta$.
Beispiel: $x^2 + 2{,}6x + 2{,}9 = 0$;
$x_{1,2} = -1{,}3 \pm 1{,}1i$.

Gleichungen dritten Grades.

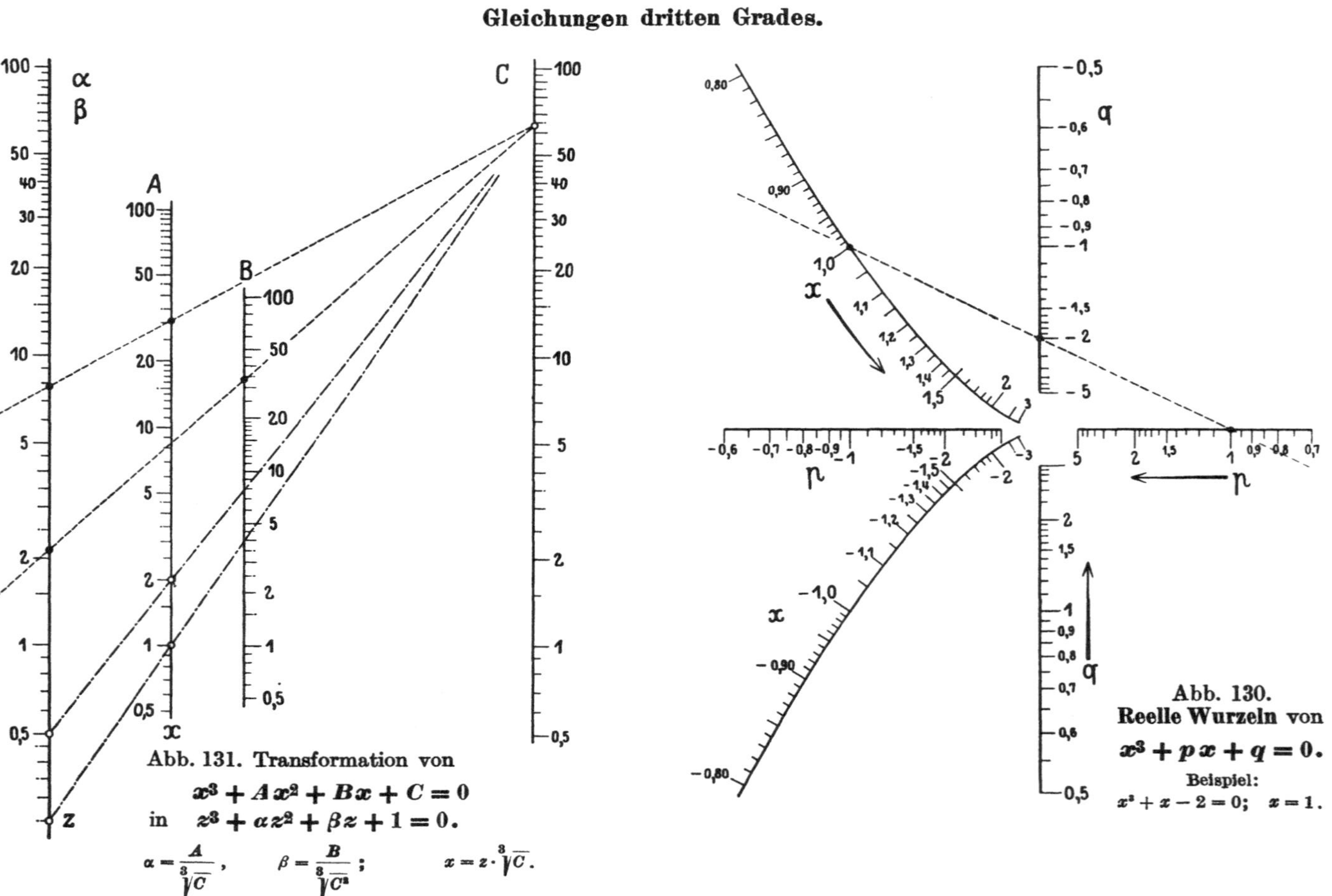

Affine Transformation der vollständigen kubischen Gleichung. I. Fall.

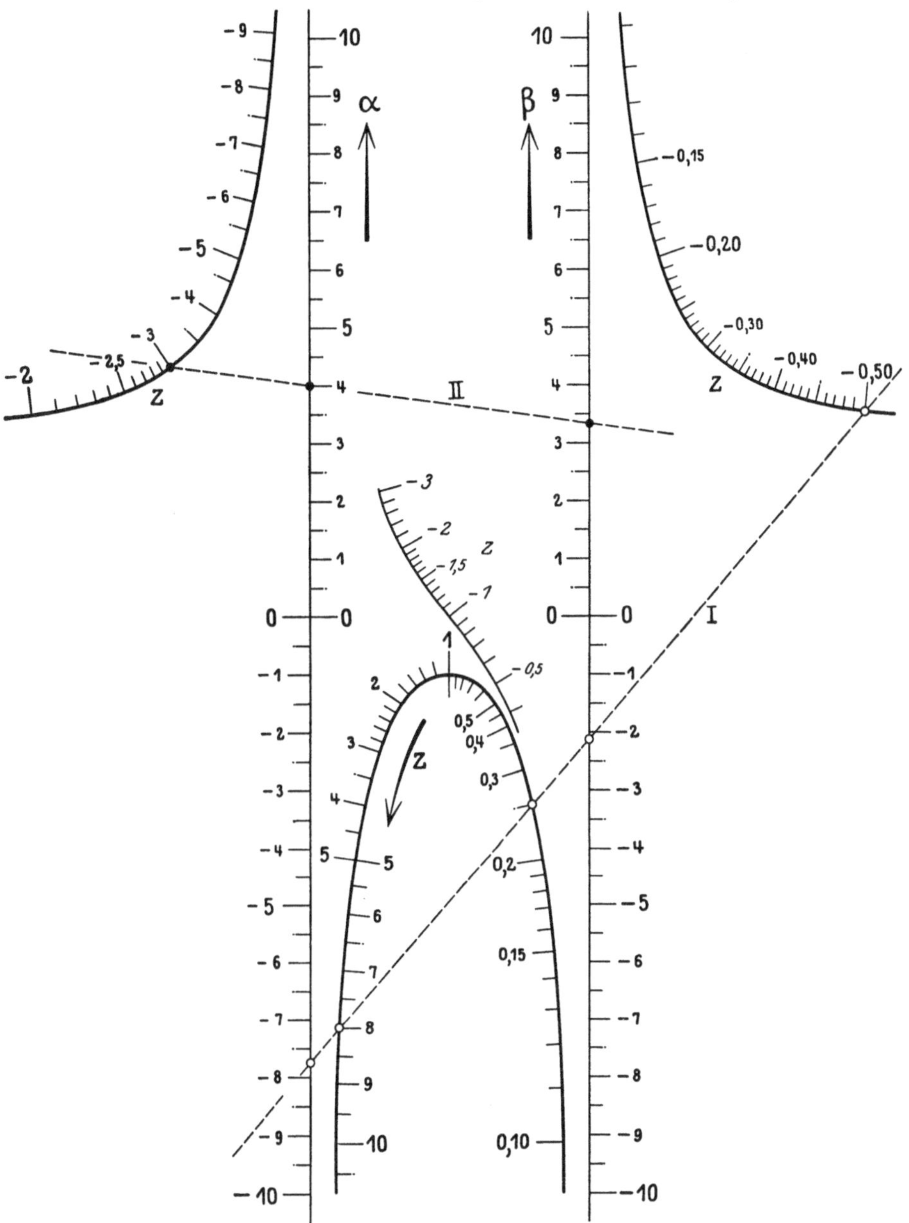

Abb. 132.

$$z^3 + \alpha z^2 + \beta z + 1 = 0.$$

Beispiele: I. $z^3 - 7,75\,z^2 - 2,125\,z + 1 = 0$; $z_1 = 8$, $z_2 = 0,25$, $z_3 = -0,50$ (wird im Text erläutert);

II. $z^3 + 4\,z^2 + 3,33\,z + 1 = 0$; $z_1 = -3$; z_2 und z_3 sind konjugiert komplex.

D 2

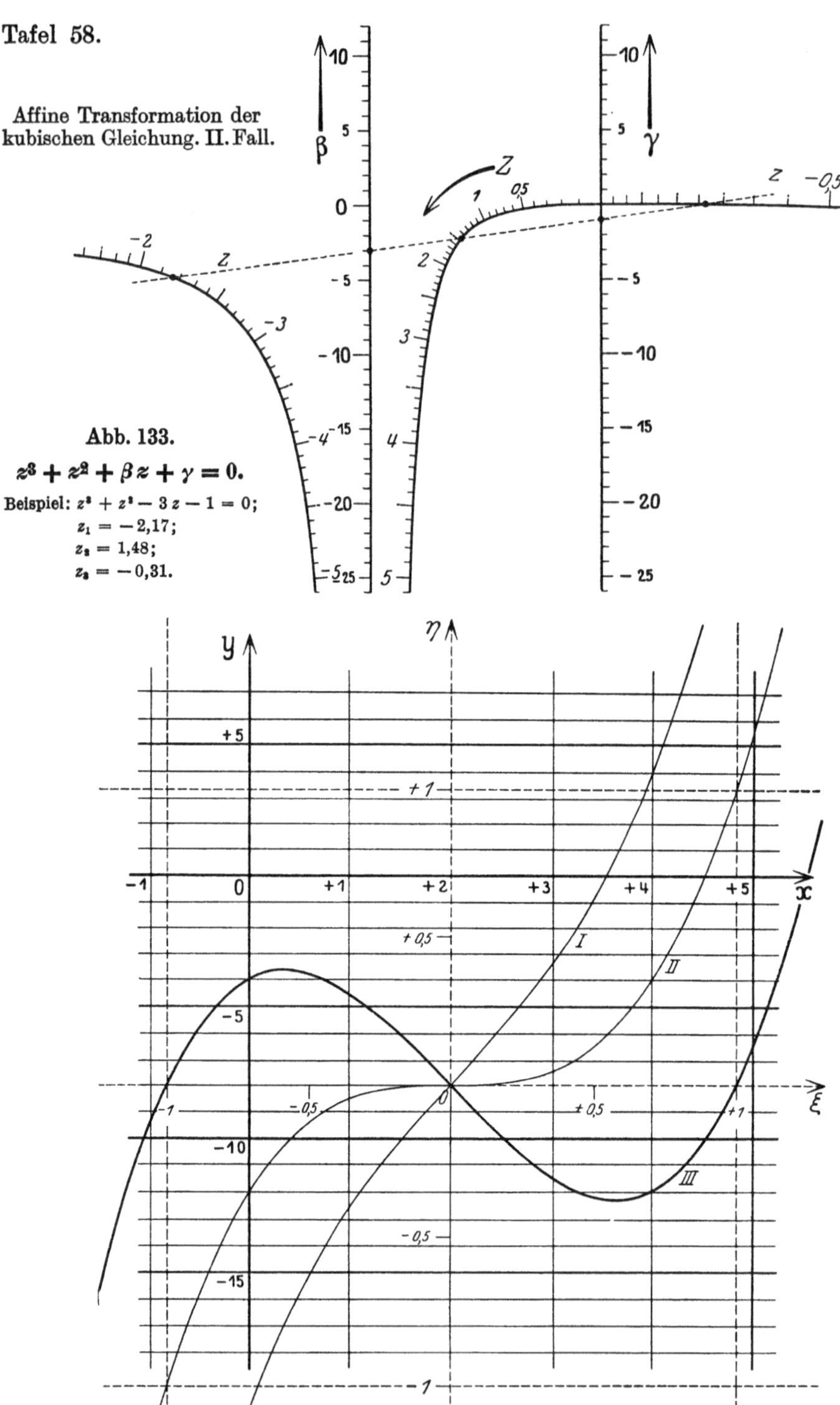

$z^3 + z^2 + \beta z + \gamma = 0.$

Beispiel: $z^3 + z^2 - 3z - 1 = 0$;
$z_1 = -2{,}17$;
$z_2 = 1{,}48$;
$z_3 = -0{,}31$.

Abb. 134. Affine Verwandtschaft zwischen kubischen Funktionen.

Beispiel: Reduktion von $y = \dfrac{1}{2}\,x^3 - 3\,x^2 + 2\,x - 4$ auf $\eta = \xi^3 - \xi$ (Text Seite 67).

Affine Transformation der kubischen Gleichung. III. Fall.

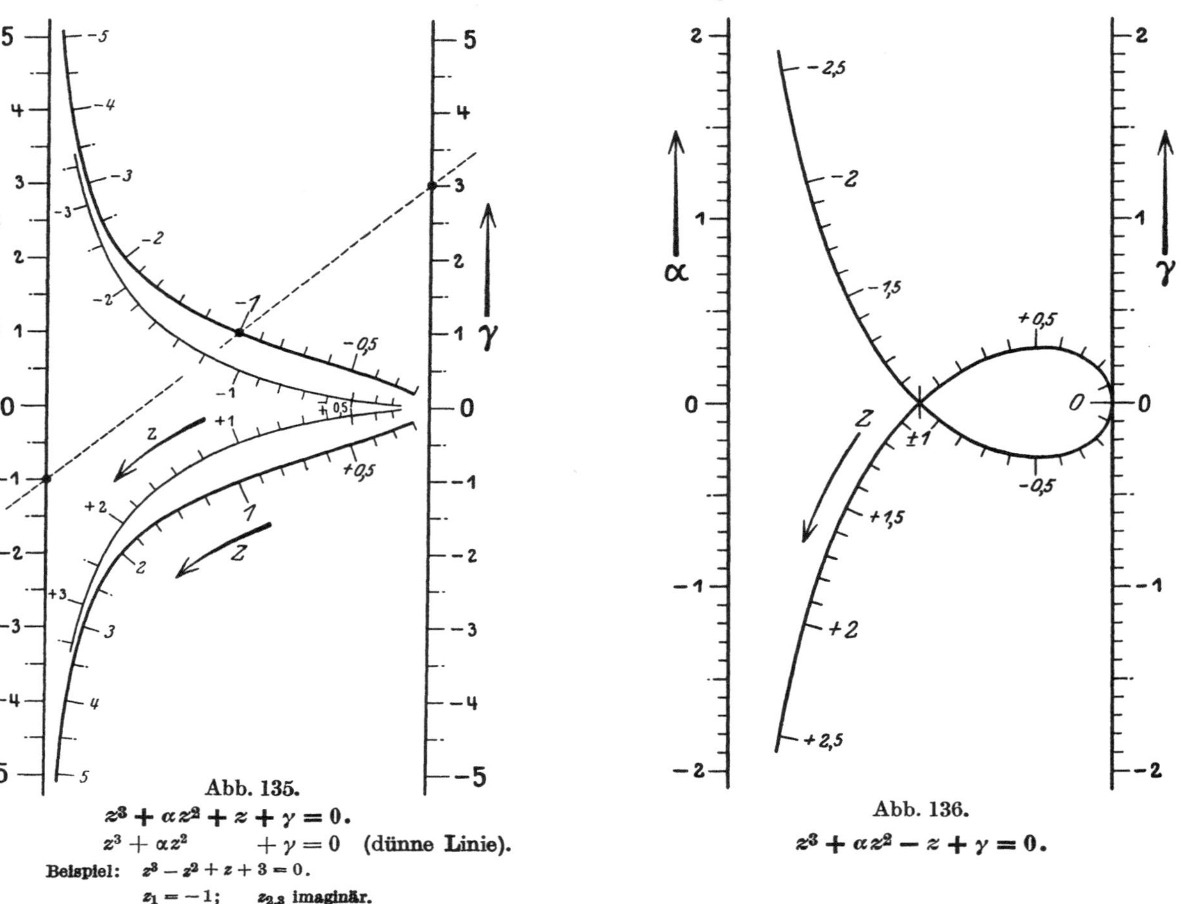

Abb. 135.

$$z^3 + \alpha z^2 + z + \gamma = 0.$$
$$z^3 + \alpha z^2 + \gamma = 0 \quad \text{(dünne Linie).}$$

Beispiel: $z^3 - z^2 + z + 3 = 0.$

$z_1 = -1;$ $z_{2,3}$ imaginär.

Abb. 136.

$$z^3 + \alpha z^2 - z + \gamma = 0.$$

Reelle Wurzeln der vollständigen kubischen Gleichung.
$x^3 + A x^2 + B x + C = 0.$

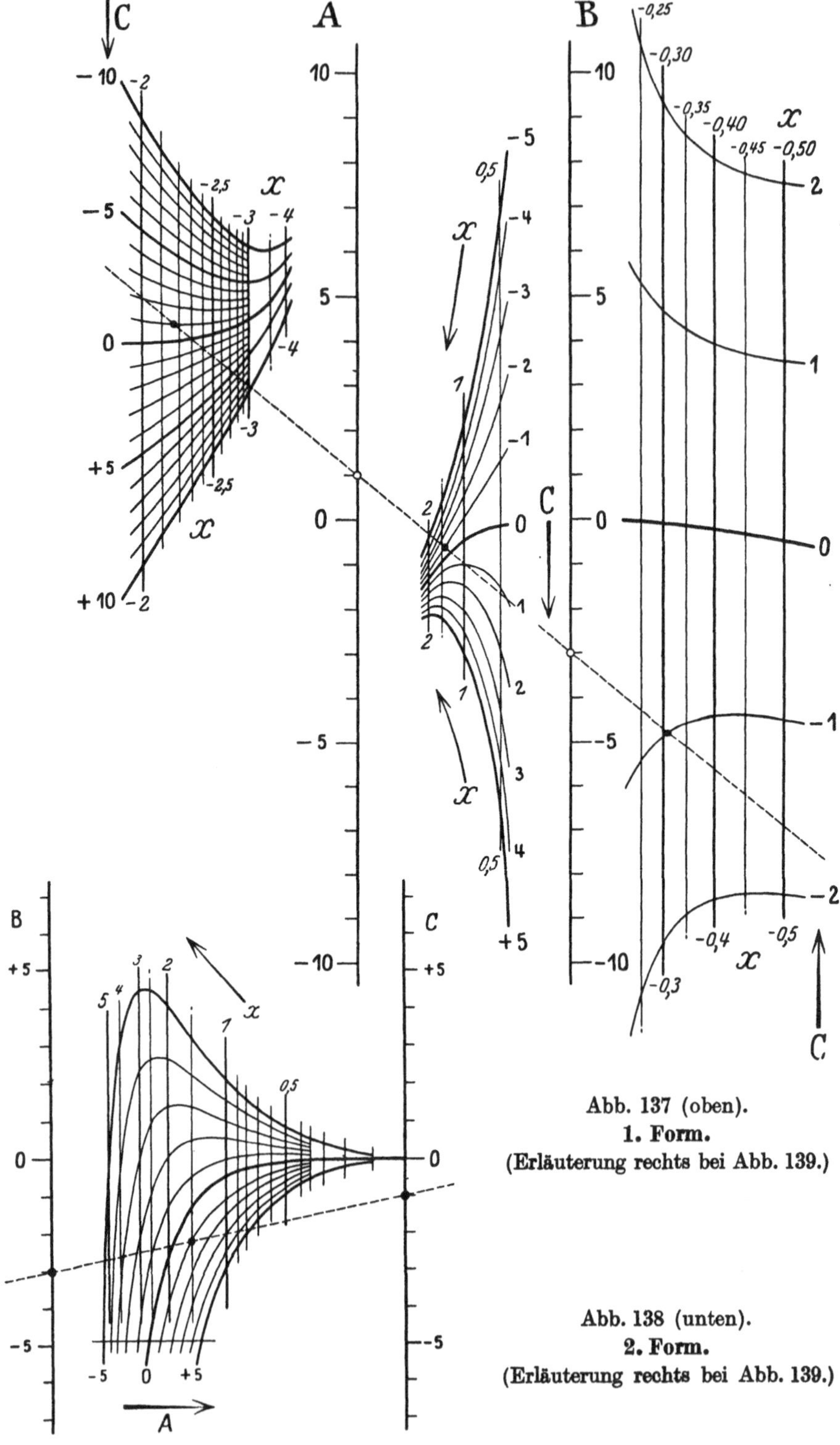

Abb. 137 (oben).
1. Form.
(Erläuterung rechts bei Abb. 139.)

Abb. 138 (unten).
2. Form.
(Erläuterung rechts bei Abb. 139.)

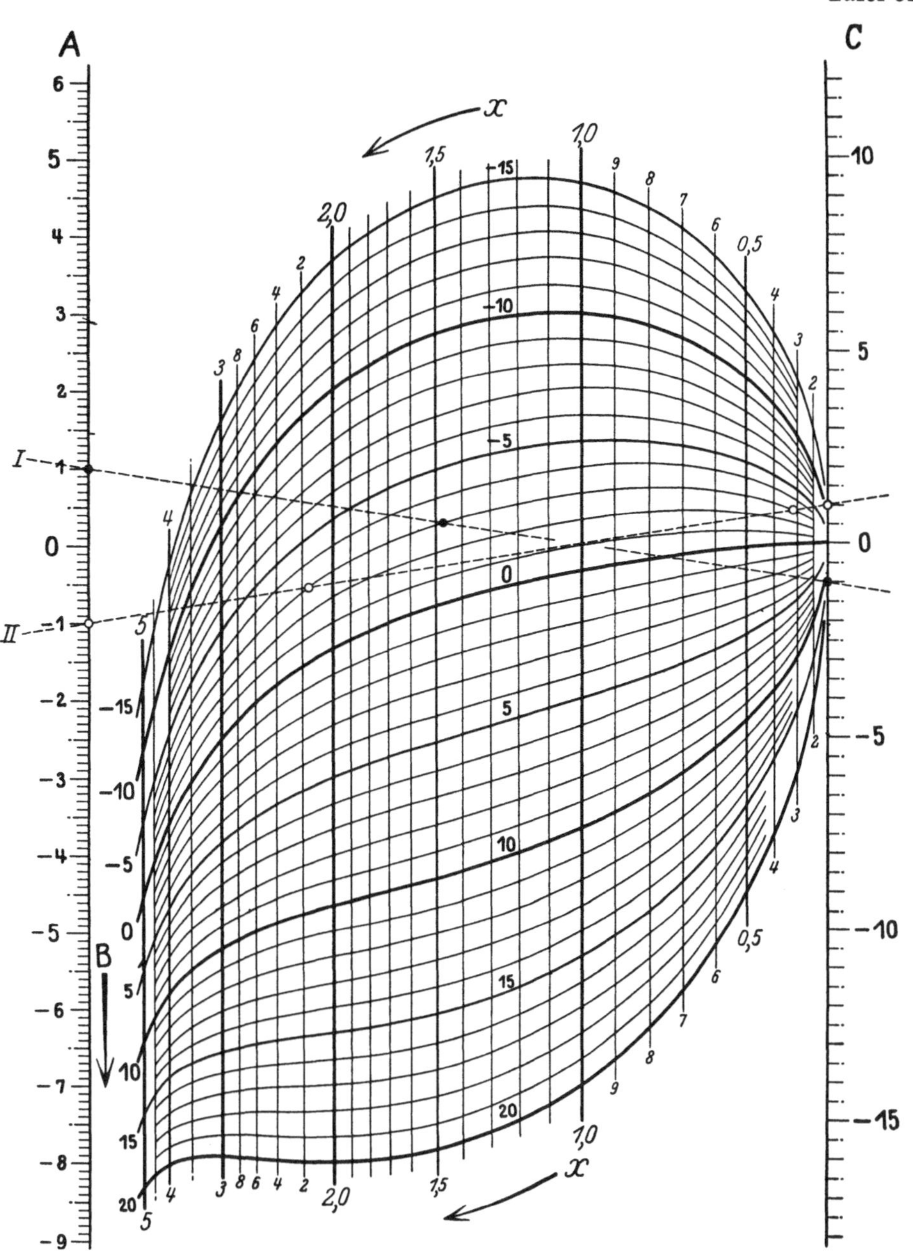

Abb. 139. 3. Form.

Lage I: $A = +1$; $C = -1$; $x = +1{,}48$;

Lage II: $A = -1$; $C = +1$; (auf derselben Kurve B) $x = -2{,}17$; $x = -0{,}31$;

Gemeinsames Beispiel für Abb. 137, 138 und 139.

$$x^3 + x^2 - 3x - 1 = 0; \quad x_1 = -2{,}17; \quad x_2 = -0{,}31; \quad x_3 = +1{,}48.$$

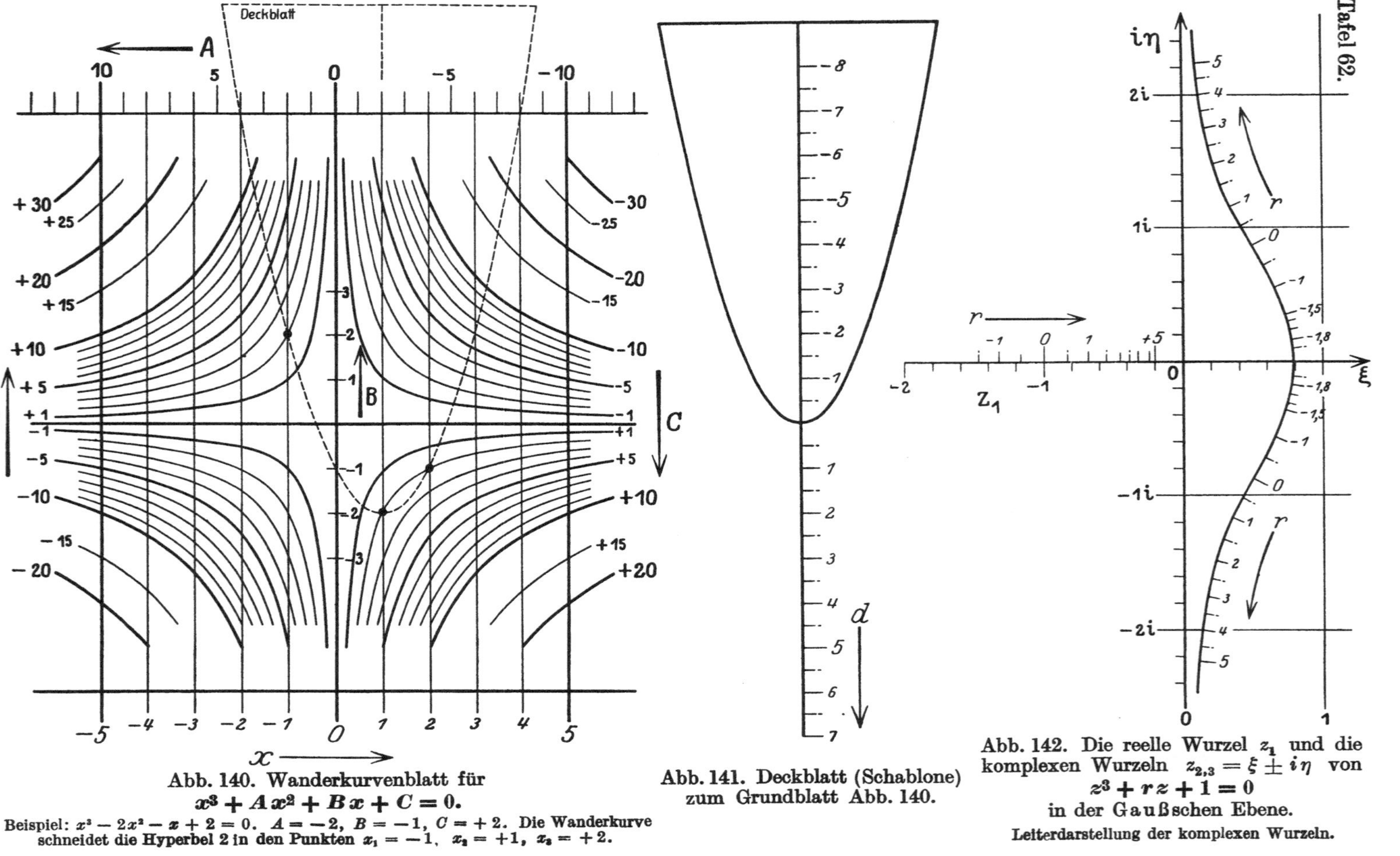

Abb. 140. Wanderkurvenblatt für

$$x^3 + Ax^2 + Bx + C = 0.$$

Beispiel: $x^3 - 2x^2 - x + 2 = 0$. $A = -2$, $B = -1$, $C = +2$. Die Wanderkurve schneidet die Hyperbel 2 in den Punkten $x_1 = -1$, $x_2 = +1$, $x_3 = +2$.

Abb. 141. Deckblatt (Schablone)
zum Grundblatt Abb. 140.

Abb. 142. Die reelle Wurzel z_1 und die komplexen Wurzeln $z_{2,3} = \xi \pm i\eta$ von

$$z^3 + rz + 1 = 0$$

in der Gaußschen Ebene.
Leiterdarstellung der komplexen Wurzeln.

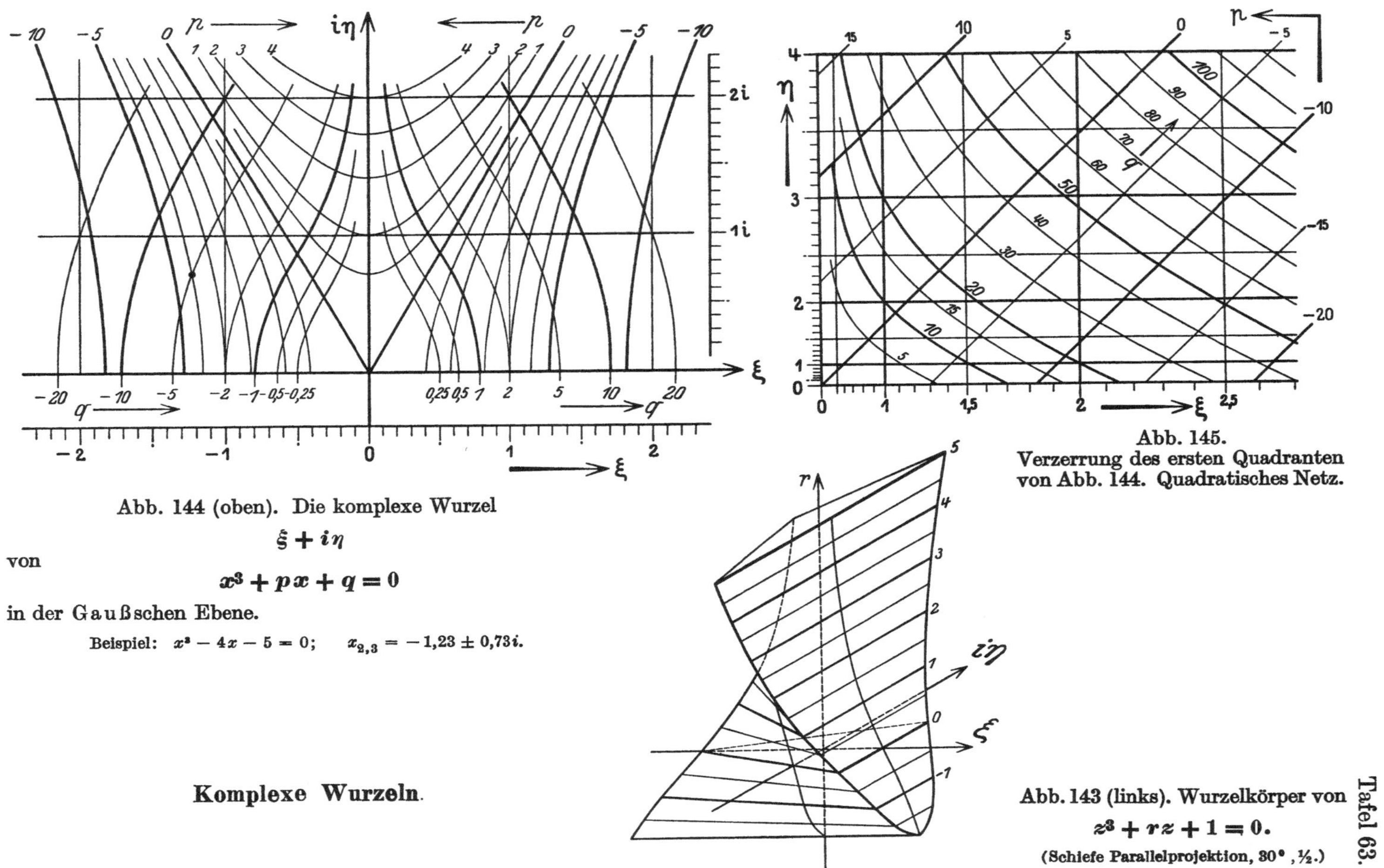

Komplexe Wurzeln.

Abb. 146 (Tafel 64 und 65).

$$z^3 + r \cdot z + 1 = 0.$$

Leiterdarstellung der komplexen Wurzeln $\xi \pm i\eta$.

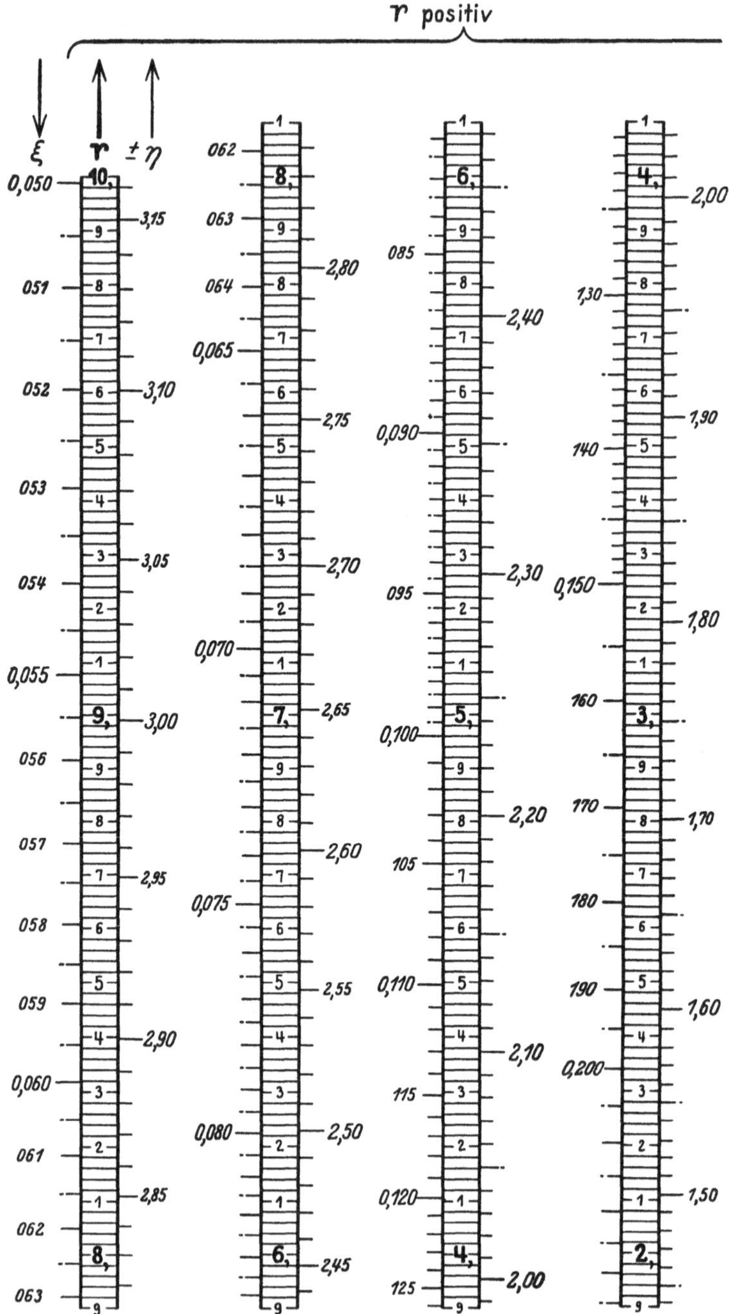

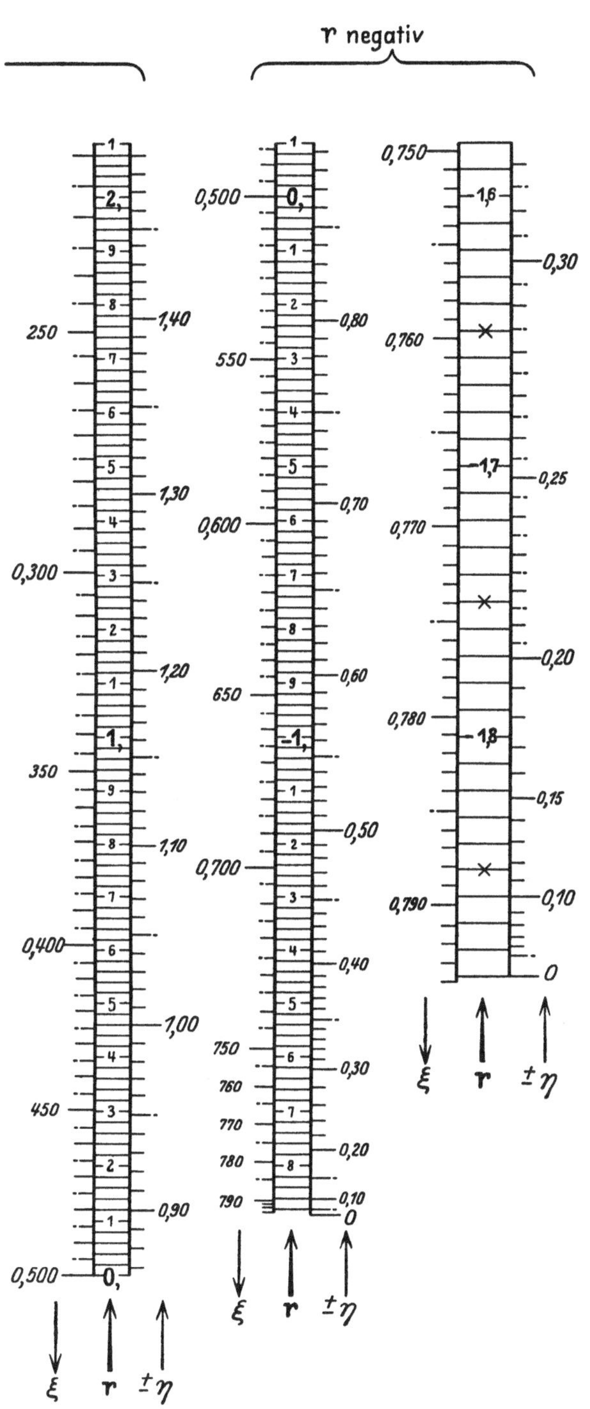

$$x^3 + p\,x + q = 0.$$

Zur Benutzung der Tafel bestimmt man zunächst

$$r = \frac{p}{\sqrt[3]{q^2}},$$

etwa mit dem Rechenstab, liest ξ und η ab und bildet

$$x_{2,3} = \xi \cdot \sqrt[3]{q} + i \cdot \eta \cdot \sqrt[3]{q}.$$

Auf Grund von $z_1 = -2\,\xi$ kann auch die reelle Wurzel abgelesen werden.

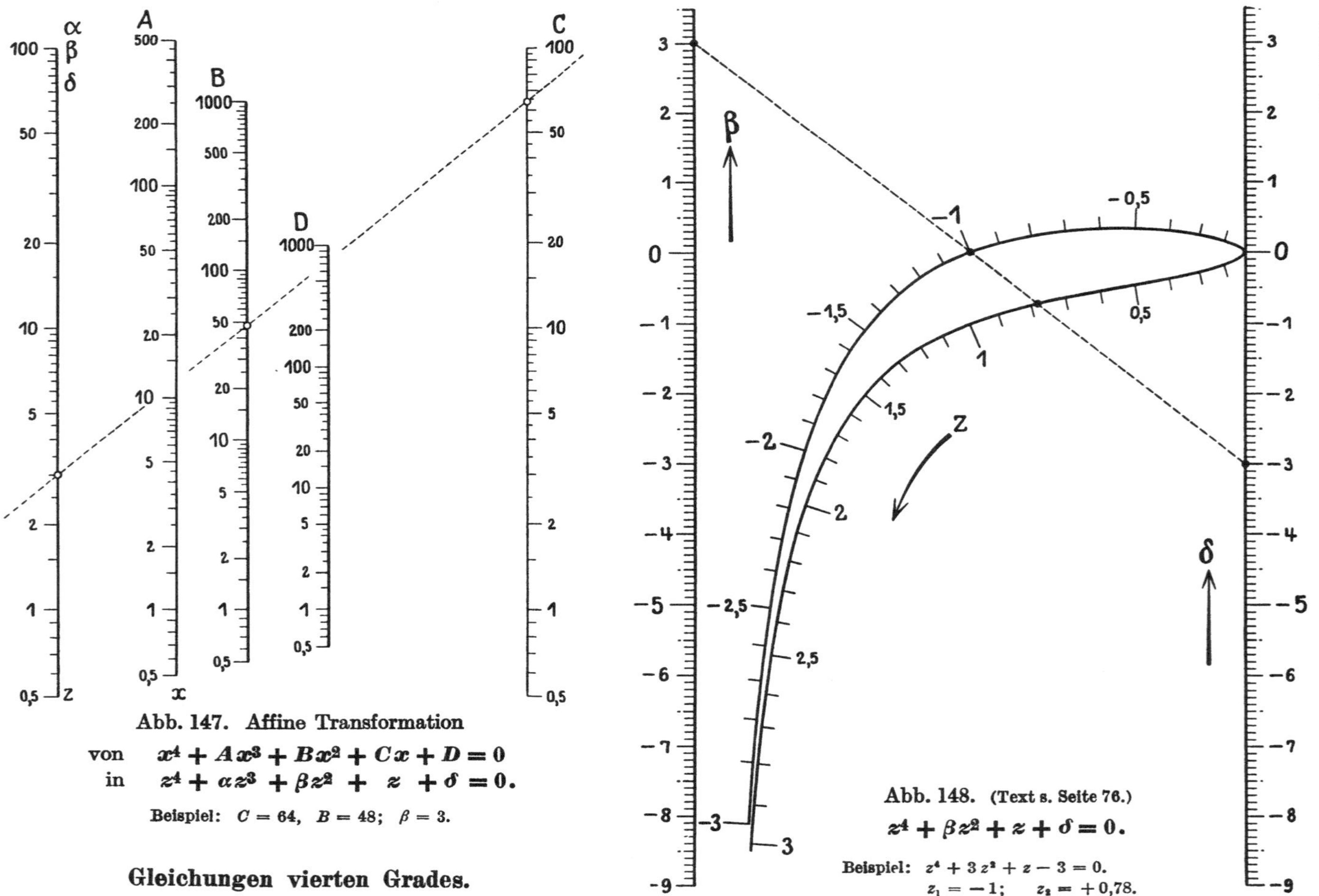

Abb. 147. Affine Transformation

von $\quad x^4 + Ax^3 + Bx^2 + Cx + D = 0$
in $\quad z^4 + \alpha z^3 + \beta z^2 + z + \delta = 0.$

Beispiel: $C = 64, \quad B = 48; \quad \beta = 3.$

Gleichungen vierten Grades.

Abb. 148. (Text s. Seite 76.)

$$z^4 + \beta z^2 + z + \delta = 0.$$

Beispiel: $z^4 + 3z^2 + z - 3 = 0.$
$z_1 = -1; \quad z_2 = +0{,}78.$

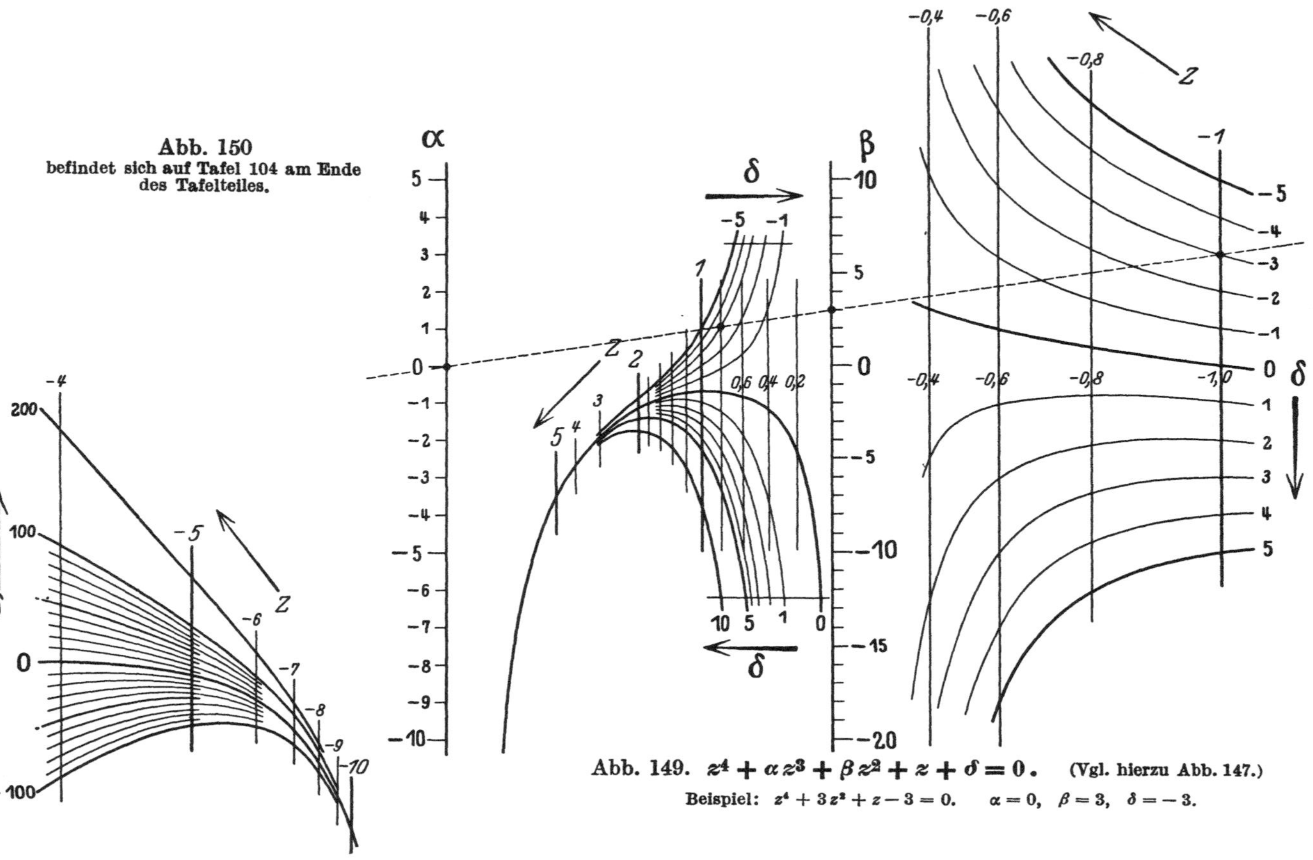

Abb. 149. $z^4 + \alpha z^3 + \beta z^2 + z + \delta = 0.$ (Vgl. hierzu Abb. 147.)

Beispiel: $z^4 + 3z^2 + z - 3 = 0.$ $\alpha = 0,\quad \beta = 3,\quad \delta = -3.$

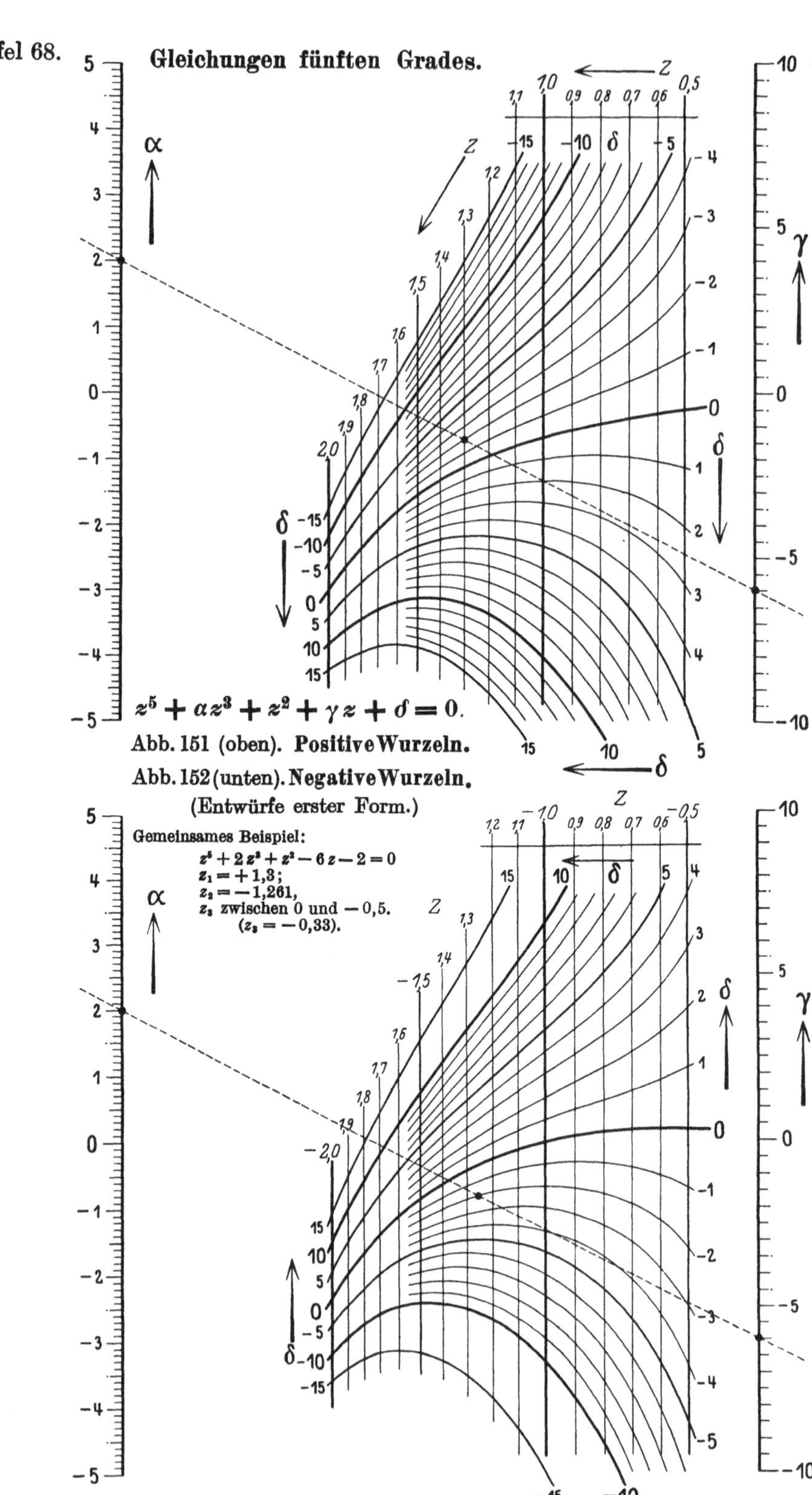

Tafel 68.
Gleichungen fünften Grades.
$z^5 + \alpha z^3 + z^2 + \gamma z + \delta = 0.$
Abb. 151 (oben). Positive Wurzeln.
Abb. 152 (unten). Negative Wurzeln.
(Entwürfe erster Form.)
Gemeinsames Beispiel:
$z^5 + 2z^3 + z^2 - 6z - 2 = 0$
$z_1 = +1,3;$
$z_2 = -1,261,$
z_3 zwischen 0 und $-0,5.$
$(z_3 = -0,33).$

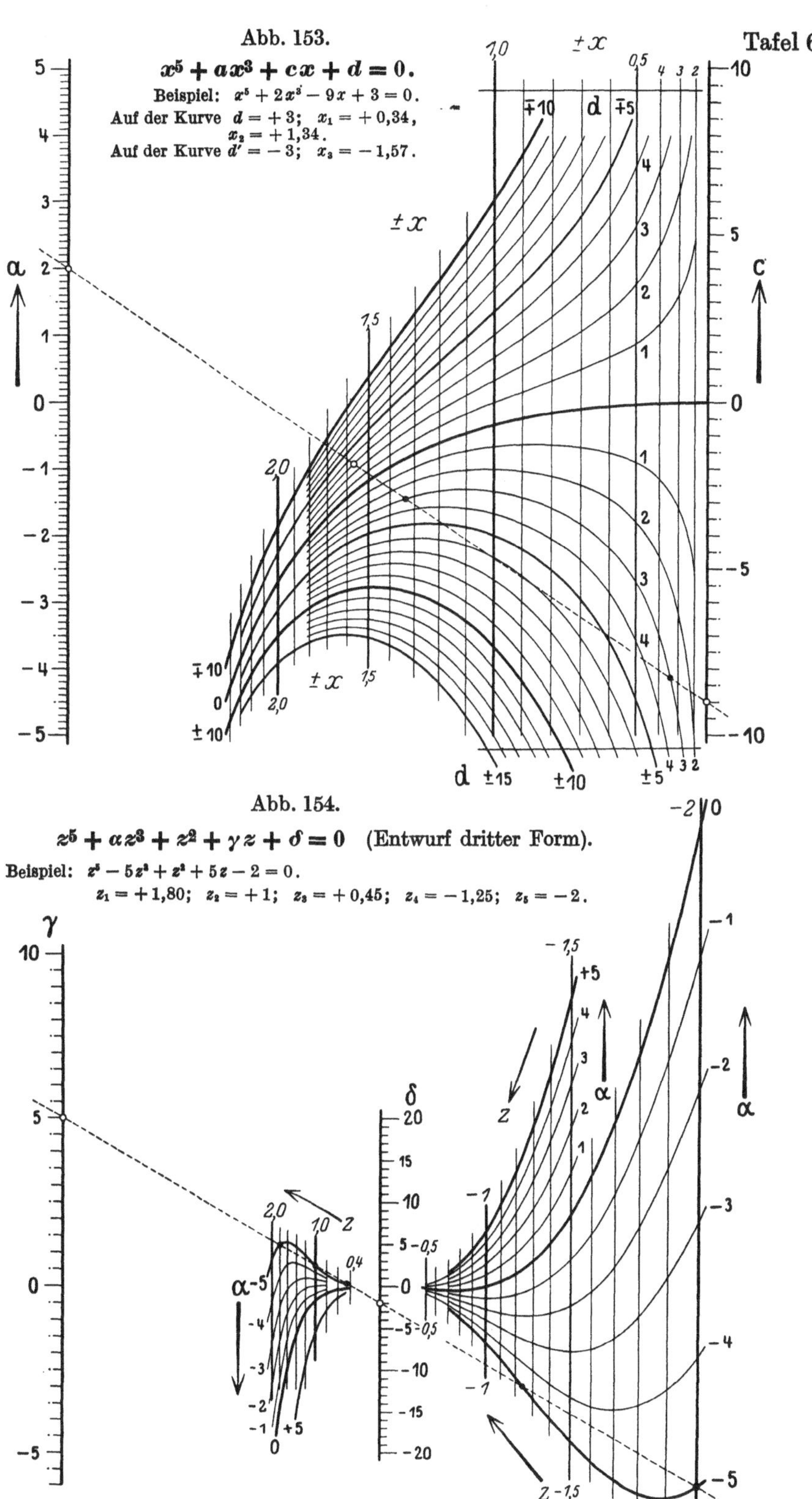

Abb. 153.
Tafel 69.
$x^5 + ax^3 + cx + d = 0.$
Beispiel: $x^5 + 2x^3 - 9x + 3 = 0.$
Auf der Kurve $d = +3$; $x_1 = +0{,}34$, $x_2 = +1{,}34$.
Auf der Kurve $d' = -3$; $x_3 = -1{,}57$.
a
c
d
±x
±x
±x
d
Abb. 154.
$z^5 + \alpha z^3 + z^2 + \gamma z + \delta = 0$ (Entwurf dritter Form).
Beispiel: $z^5 - 5z^3 + z^2 + 5z - 2 = 0.$
$z_1 = +1{,}80$; $z_2 = +1$; $z_3 = +0{,}45$; $z_4 = -1{,}25$; $z_5 = -2.$
γ
δ
α
α
α
z
z

Trinomische Gleichungen.

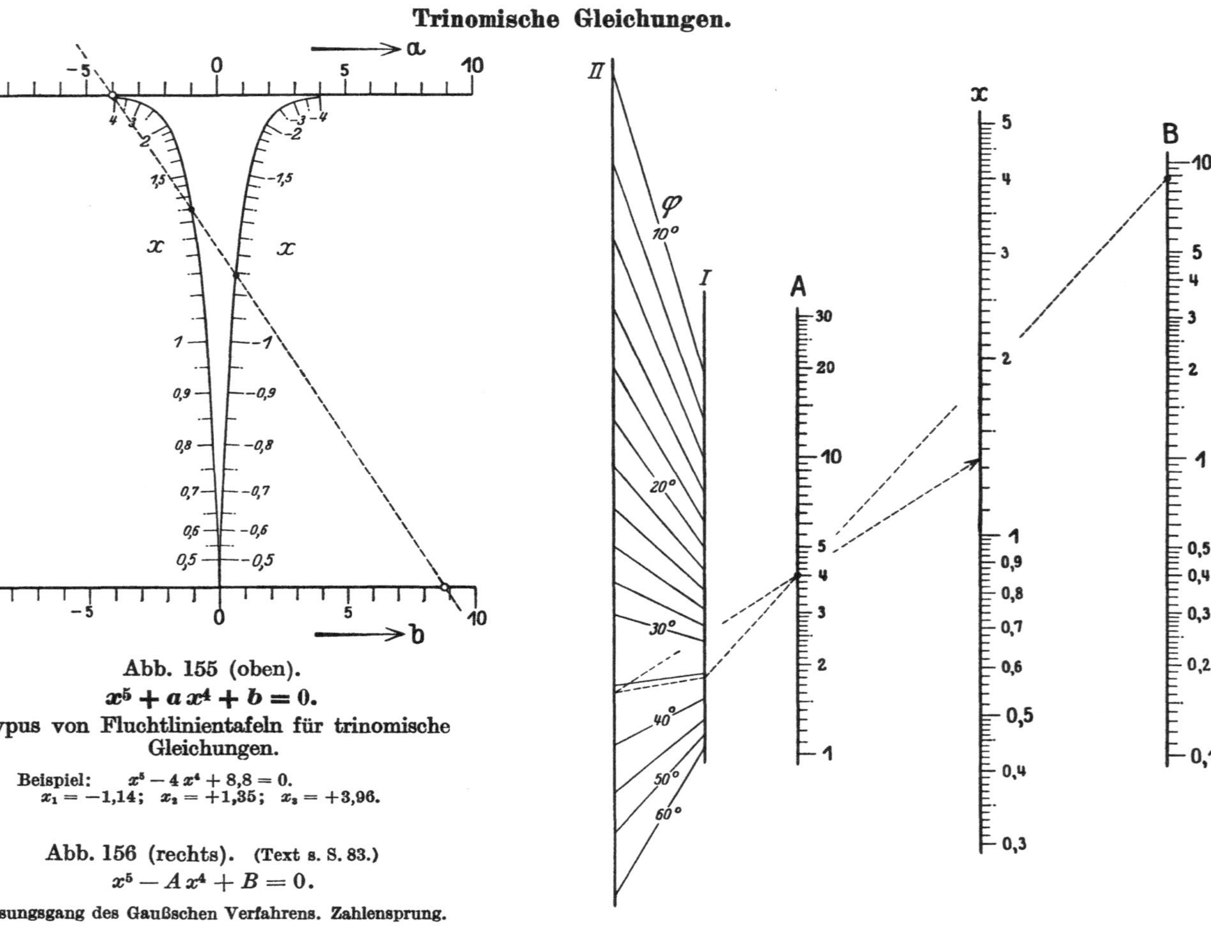

Abb. 155 (oben).
$$x^5 + a\,x^4 + b = 0.$$

Typus von Fluchtlinientafeln für trinomische Gleichungen.

Beispiel: $x^5 - 4\,x^4 + 8{,}8 = 0.$
$x_1 = -1{,}14;\quad x_2 = +1{,}35;\quad x_3 = +3{,}96.$

Abb. 156 (rechts). (Text s. S. 83.)
$$x^5 - A\,x^4 + B = 0.$$

Lösungsgang des Gaußschen Verfahrens. Zahlensprung.

Beispiel: $x^5 - 4\,x + 8{,}8 = 0.\qquad \varphi = 35^1/_2{}^\circ;\quad x = 1{,}35.$

Gaußsche Lösung trinomischer Gleichungen.

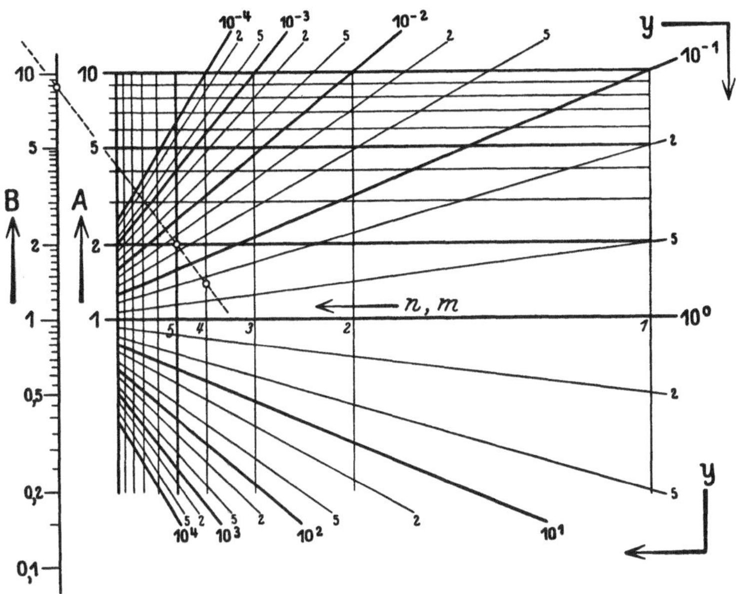

Abb. 158. $x^n + A x^m + B = 0.$ **Hilfswert** $y = B^{n-m} \cdot A^{-n}.$

Beispiel: $A = 2$; $B = 8{,}83$; $u = 5$, $m = 4$; $y = 0{,}276.$

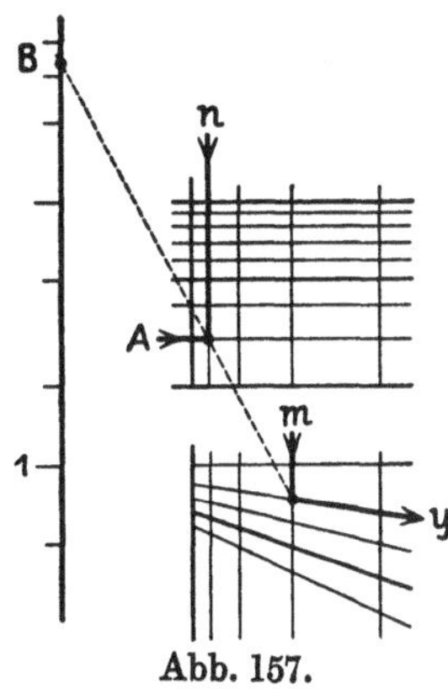

Abb. 157.

Ableseschema zu Abb. 158.

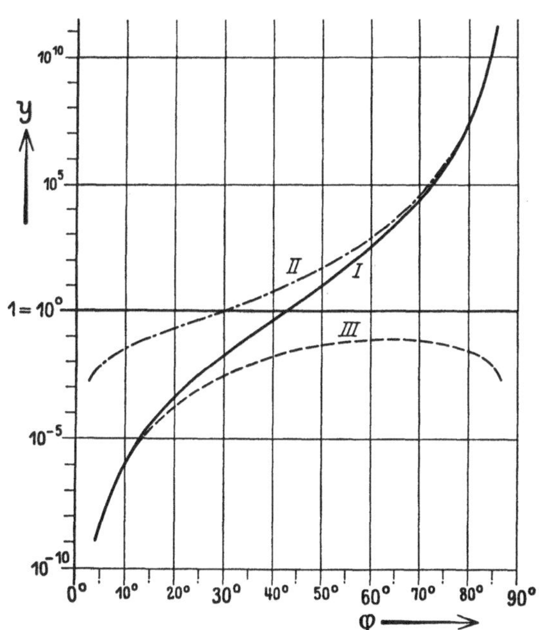

Abb. 159. Sonderfall $x^5 + a x^4 + b = 0.$

I. $\sqrt{y} = \sin^4 \varphi \cdot \cos^{-5} \varphi,$

II. $\sqrt{y} = \sin \varphi \cdot \cos^{-5} \varphi,$

III. $\sqrt{y} = \sin^4 \varphi \cdot \cos \varphi.$

Logarithmische Darstellung.

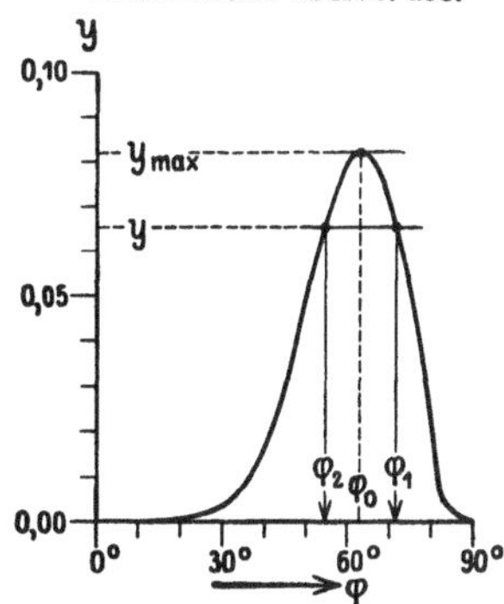

Abb. 160.

Reguläres Bild von Kurve III

aus Abb. 159.

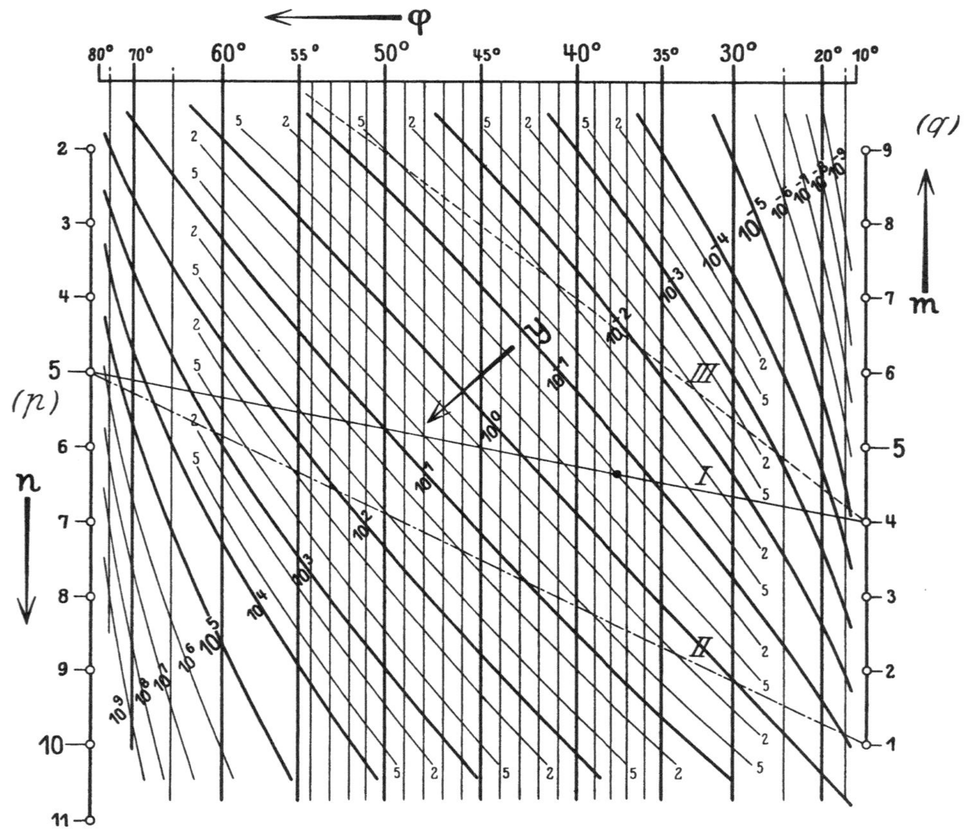

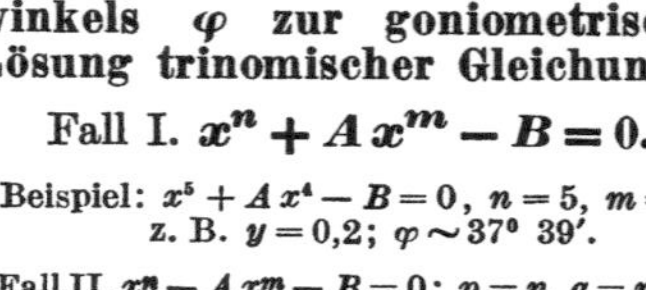

Abb. 161. Bestimmung des Hilfs-
winkels φ zur goniometrischen
Lösung trinomischer Gleichungen.

Fall I. $x^n + A x^m - B = 0$.

Beispiel: $x^5 + A x^4 - B = 0$, $n = 5$, $m = 4$;
z. B. $y = 0{,}2$; $\varphi \sim 37^0\ 39'$.

Fall II. $x^n - A x^m - B = 0$; $p = n$, $q = n - m$.
Fall III. $x^n - A x^m + B = 0$; $p = m - n$, $q = m$.

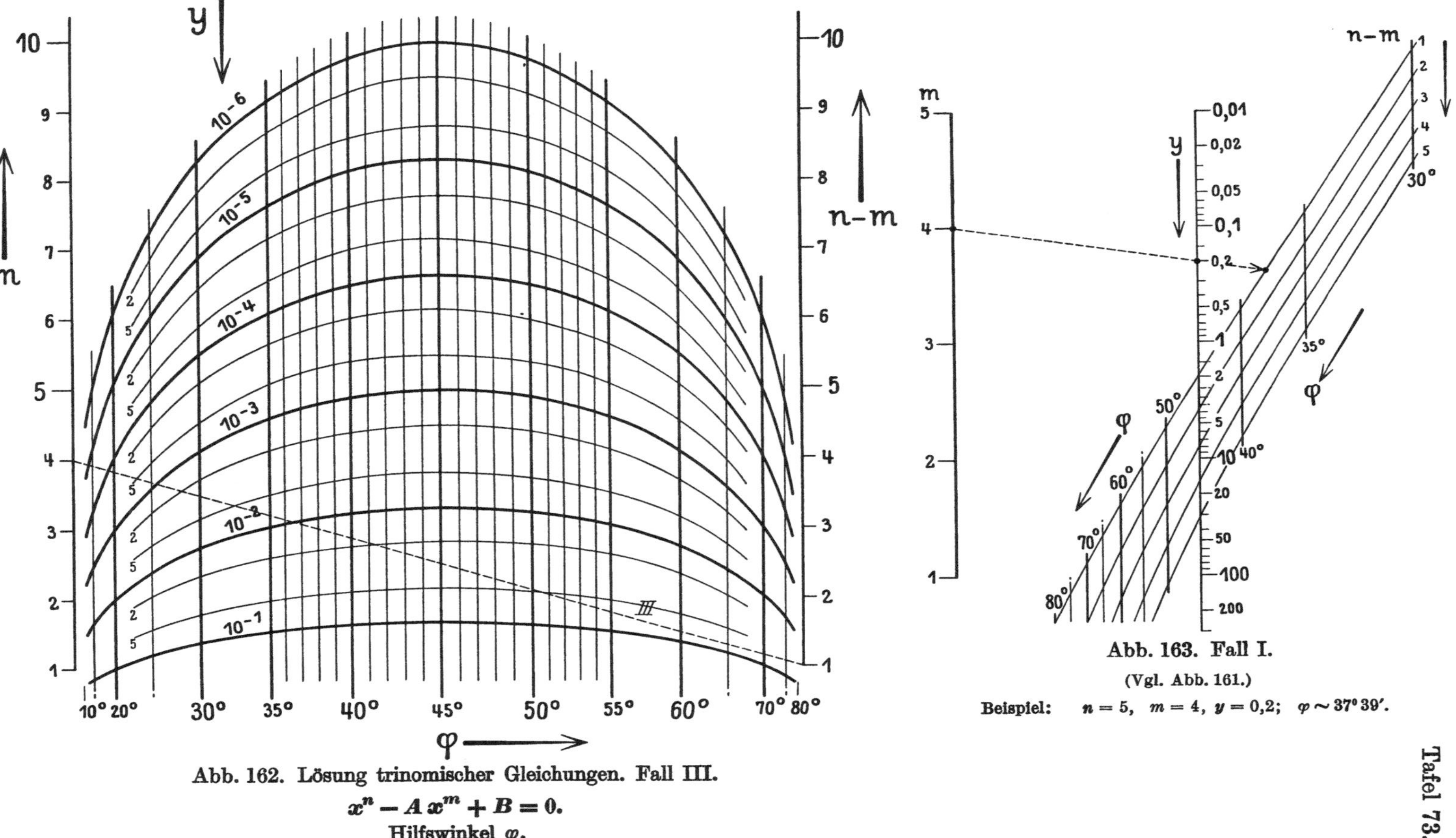

Abb. 162. Lösung trinomischer Gleichungen. Fall III.
$$x^n - A x^m + B = 0.$$
Hilfswinkel φ.

Abb. 163. Fall I.
(Vgl. Abb. 161.)

Beispiel: $n = 5$, $m = 4$, $y = 0{,}2$; $\varphi \sim 37° 39'$.

E 2

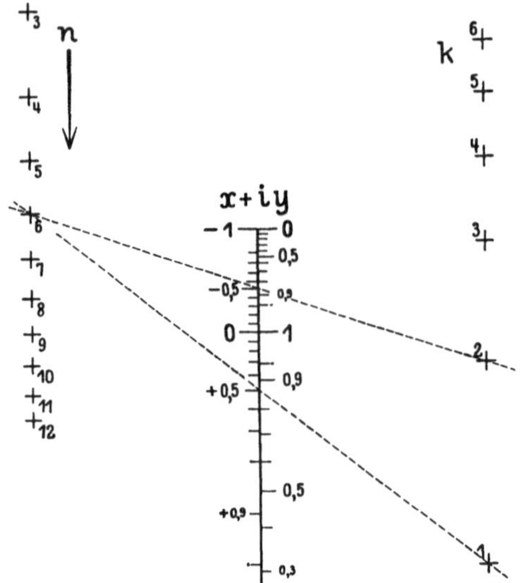

Abb. 164. **Einheitswurzeln.**

$$(x + iy)^n = 1.$$

Beispiel: $(x + iy)^6 = 1$.
$k = 1: + 0,5 + 0,866\,i$.
$k = 2: -0,5 + 0,866\,i$.
$k = 3: -1$.

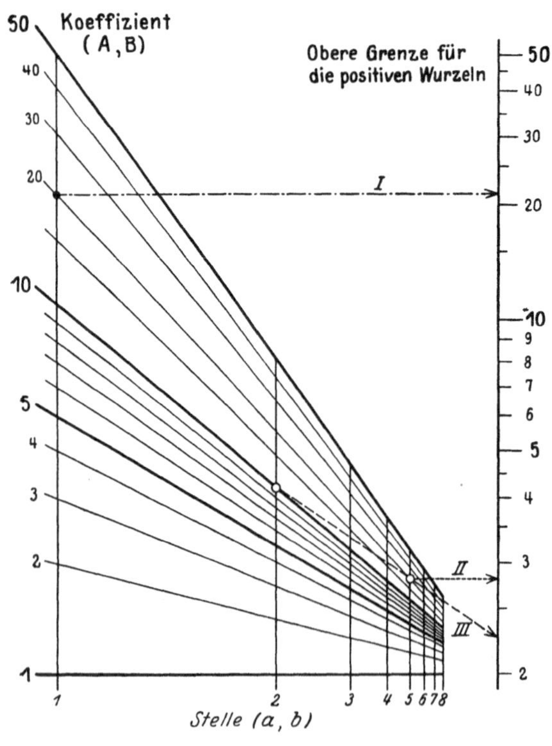

Abb. 165. **Abschätzungen** für eine
obere Grenze der positiven Wurzeln
algebraischer Gleichungen.

Maclaurin I.
Lagrange II.
Tillot III.

Regula falsi.

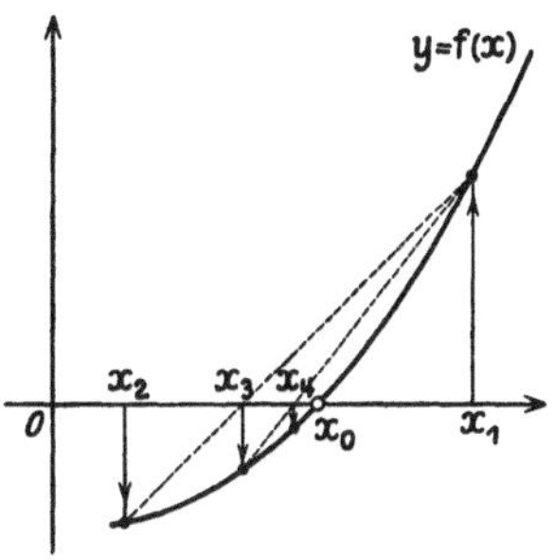

Abb. 166.

Schema für eine Näherungsfolge nach
der Regula falsi.

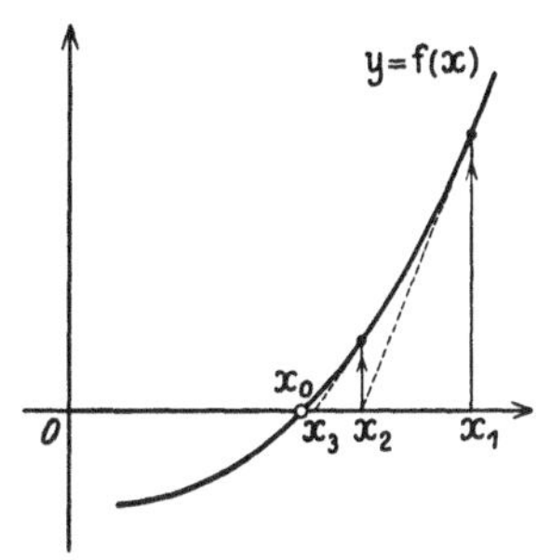

Abb. 168.

Schema für eine Näherungsfolge nach
dem Newtonschen Verfahren.

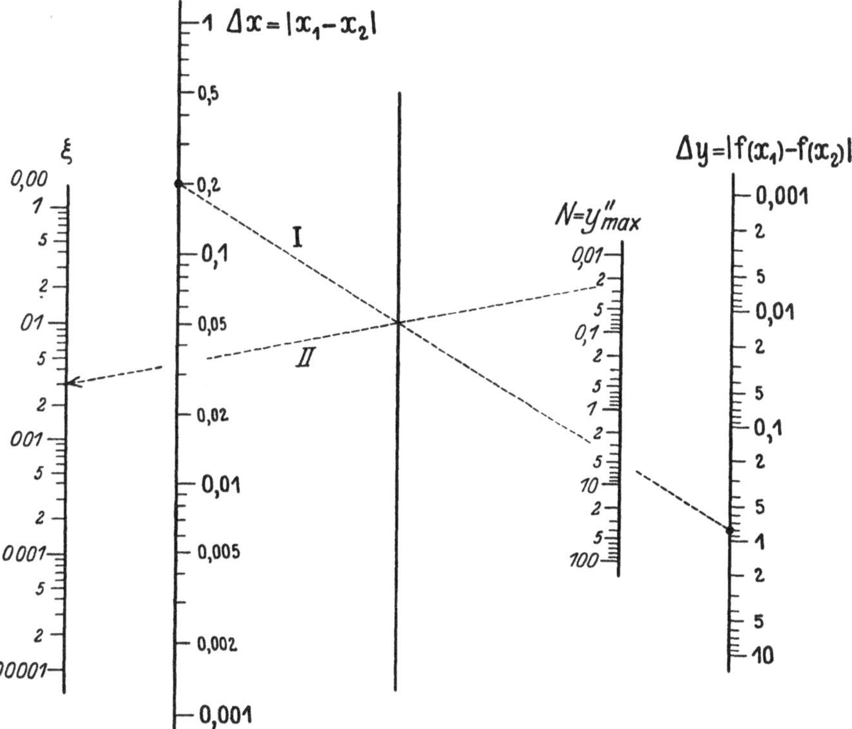

Abb. 167. Abschätzung der Güte eines nach der Regula falsi ermittelten Näherungswertes.

$$\xi \leqq \left| \frac{(\Delta x)^3 \cdot y''_{\max}}{8 \cdot \Delta y} \right|.$$

Beispiel: $\Delta x = x_1 - x_2 = 0{,}2$; $f(x_1) - f(x_2) = \Delta y = 0{,}8$. Ableselinie I.

$y''_{\max} = N \sim 0{,}02 \ldots 0{,}03$; $\xi \sim 0{,}00003$. Ableselinie II.

Iterationen.

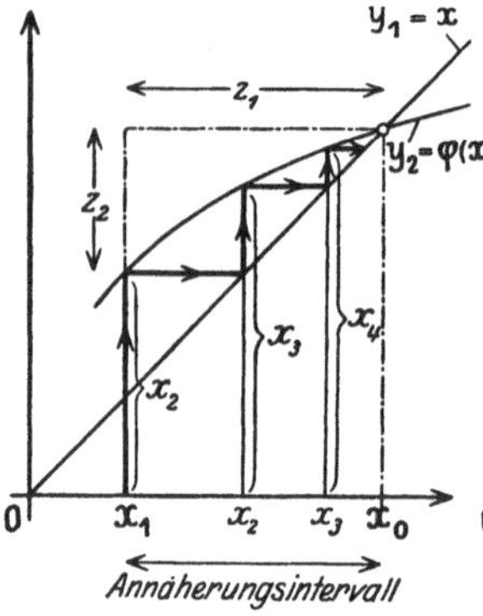

Abb. 169.

$0 < \varphi'(x) < 1.$

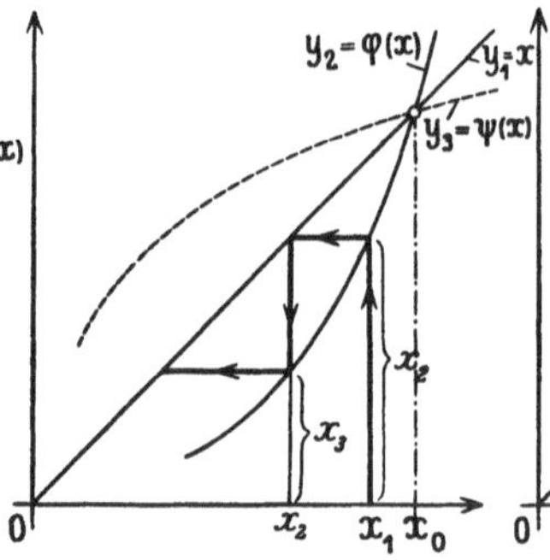

Abb. 170.

Schemata für Iterationsfolgen.

$\varphi'(x) > 1.$

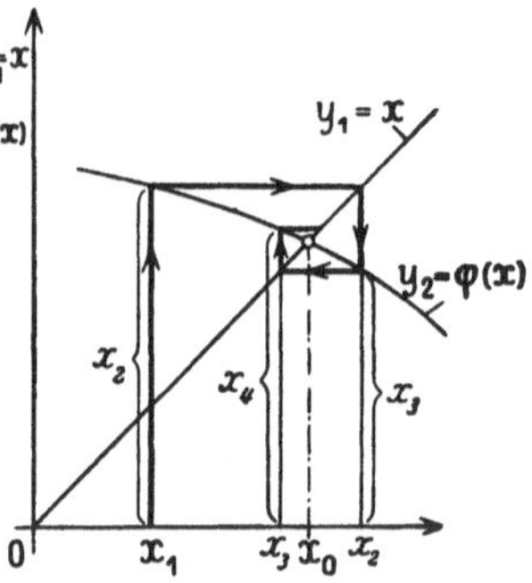

Abb. 171.

$-1 < \varphi'(x) < 0.$

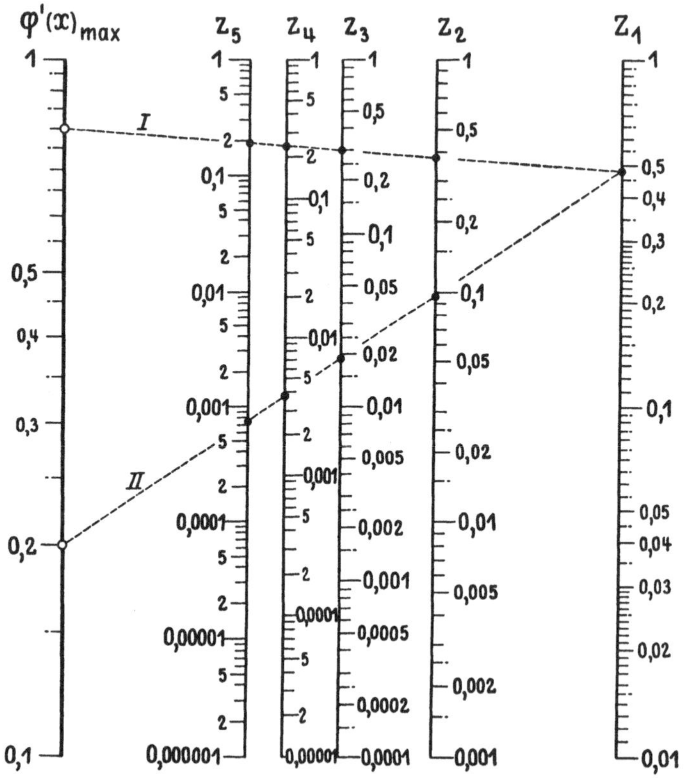

Abb 172. Abschätzung des Fehlers bei Iterationen.

Beispiel I: $\varphi'(x)_{max} = 0{,}8$. Fehler: $z_1 \sim 0{,}5$; $z_2 \sim 0{,}4$; $z_3 \sim 0{,}3$; $z_4 \sim 0{,}25$; $z_5 \sim 0{,}2$.

Liegt φ'_{max} dicht bei 1, so arbeitet das Verfahren langsam.

Beispiel II: $\varphi'(x)_{max} = 0{,}2$. Fehler: $z_1 \sim 0{,}5$; $z_2 \sim 0{,}1$; $z_3 \sim 0{,}02$; $z_4 \sim 0{,}004$; $z_5 \sim 0{,}0008$.

Für kleine Werte $\varphi'(x)_{max}$ konvergiert das Verfahren rasch.

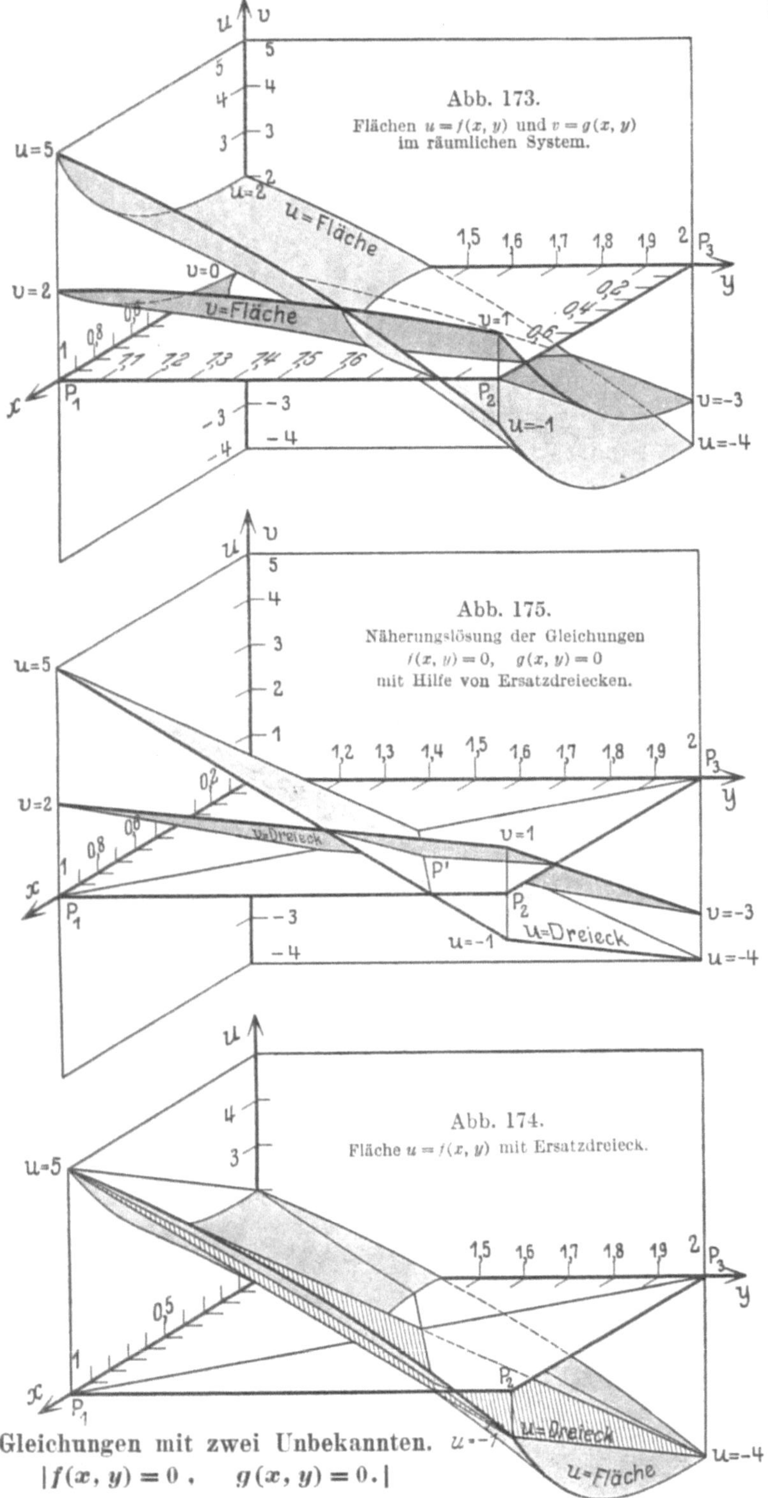

Gleichungen mit zwei Unbekannten.
$$|f(x, y) = 0, \quad g(x, y) = 0.|$$

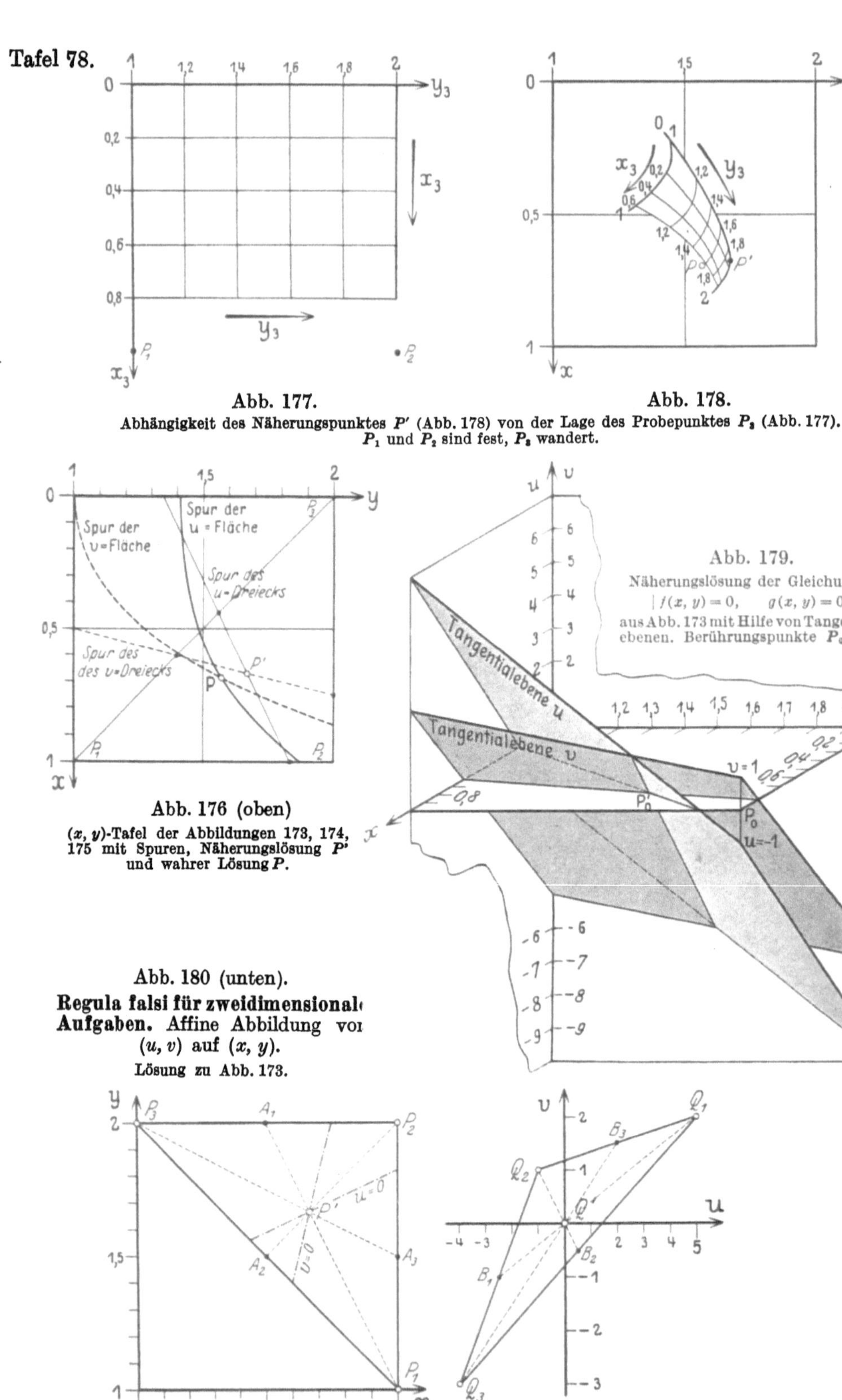

Abb. 177.

Abb. 178.

Abhängigkeit des Näherungspunktes P' (Abb. 178) von der Lage des Probepunktes P_3 (Abb. 177). P_1 und P_2 sind fest, P_3 wandert.

Abb. 176 (oben)

(x, y)-Tafel der Abbildungen 173, 174, 175 mit Spuren, Näherungslösung P' und wahrer Lösung P.

Abb. 179.

Näherungslösung der Gleichungen
$$| f(x, y) = 0, \qquad g(x, y) = 0 |$$
aus Abb. 173 mit Hilfe von Tangentialebenen. Berührungspunkte $P_0 =$

Abb. 180 (unten).

Regula falsi für zweidimensionale Aufgaben. Affine Abbildung von (u, v) auf (x, y).

Lösung zu Abb. 173.

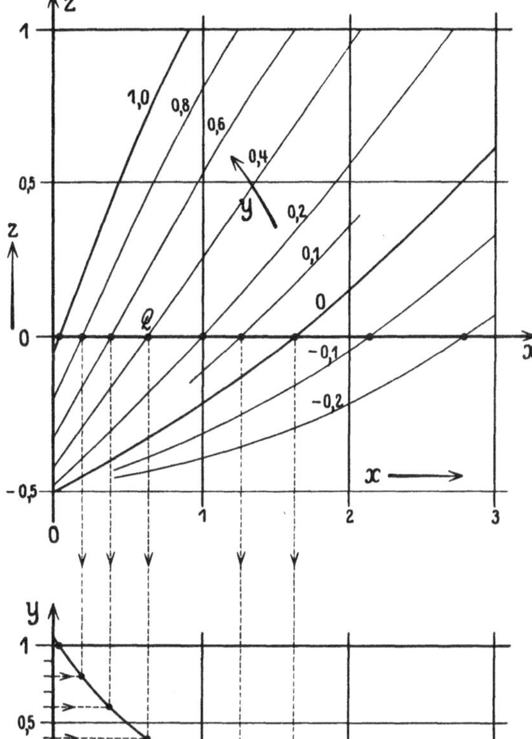

Abb. 181 und 182.
Zeichnung von $f(x, y) = 0$
mit Hilfe einer Netztafel $z = f(x, y)$.

Zweitafelprojektion von $z = f(xy)$.

Beispiel:

$$e^{0,25x} + \sin(x \cdot y) - \cos y - \tfrac{1}{2} = 0.$$

Abb. 181. Konstruktion unter Erhaltung der Abszissen.

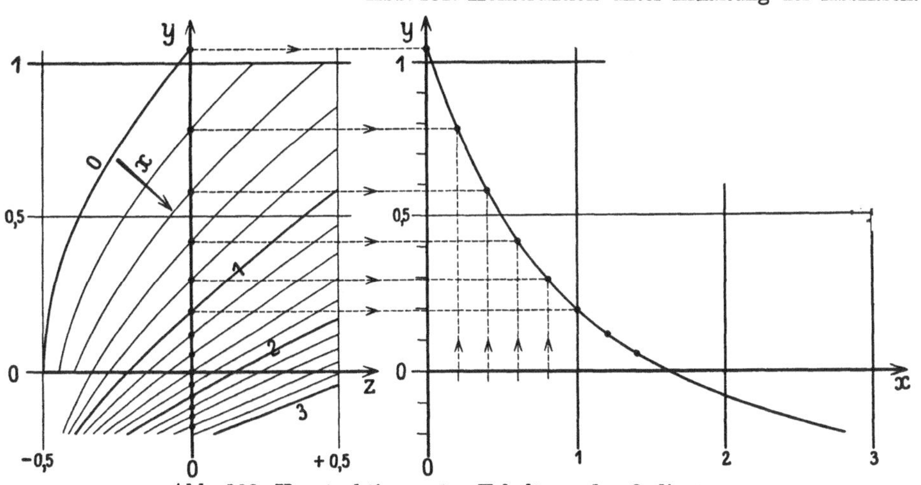

Abb. 182. Konstruktion unter Erhaltung der Ordinaten.

Komplexe Wurzeln beliebiger Gleichungen.

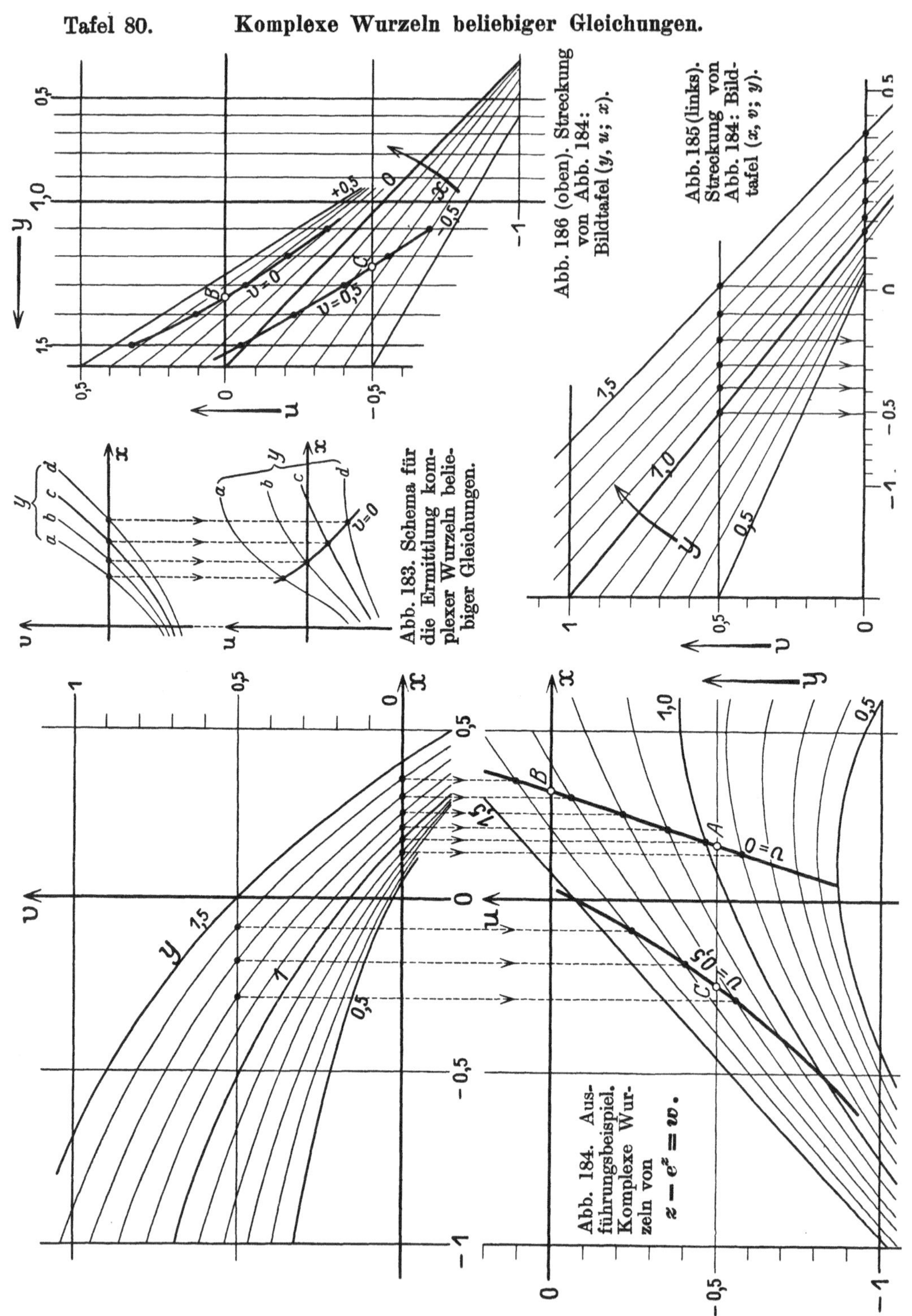

Regula falsi in der komplexen Ebene.

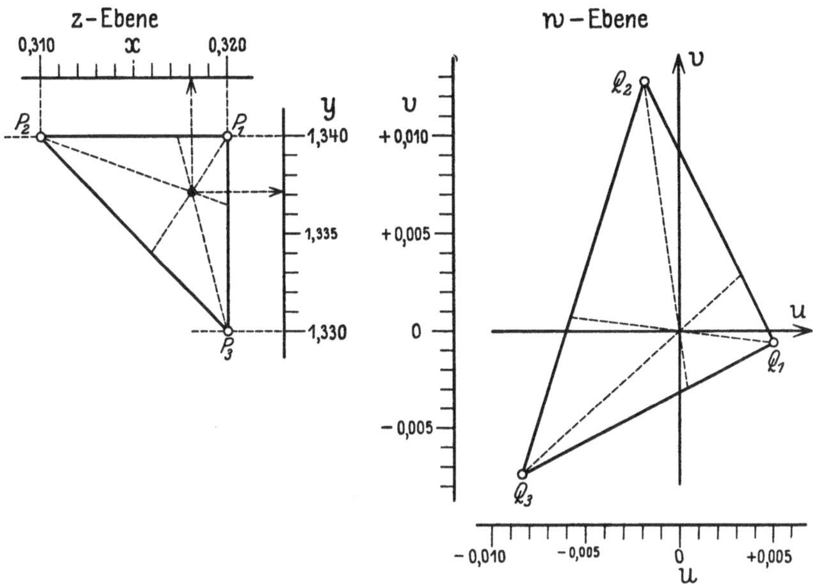

Abb. 187. Ausführungsbeispiel $z - e^z = 0$.
(Vgl. Abb. 184.)

Verbesserung der Wurzel $z = 0,32 + 1,34\,i$.

	z		w
P_1	$0,320 + 1,340\,i$	Q_1	$+\,0,0050 - 0,0006\,i$
P_2	$0,310 + 1,340\,i$	Q_2	$-\,0,0019 + 0,0127\,i$
P_3	$0,320 + 1,330\,i$	Q_3	$-\,0,0084 - 0,0074\,i$
	Verbesserte Wurzel:		
	$\mathbf{0,3181 + 1,3372\,i}$		$\mathbf{-\,0,00006 + 0,00002\,i}$

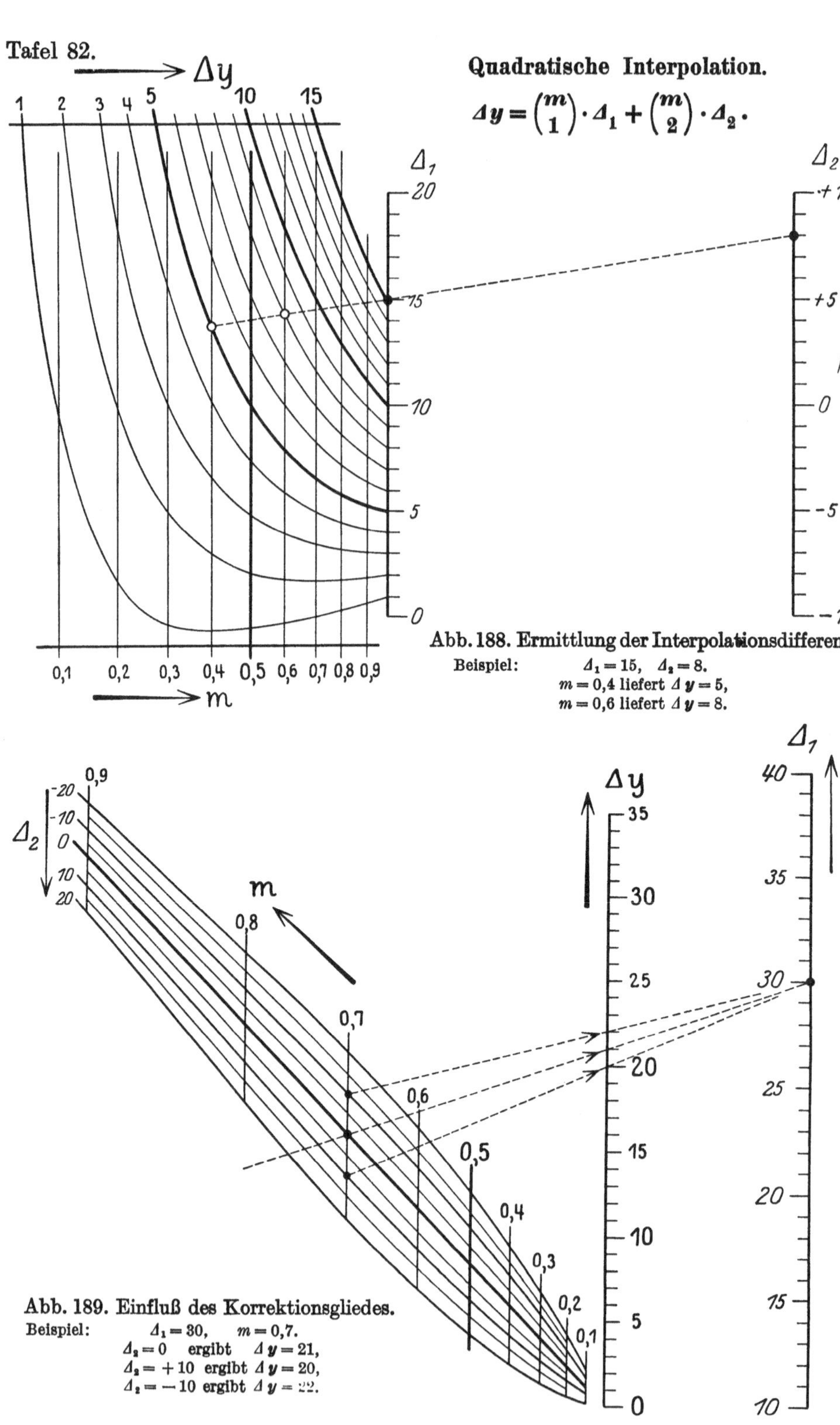

Quadratische Interpolation.

$$\varDelta y = \binom{m}{1} \cdot \varDelta_1 + \binom{m}{2} \cdot \varDelta_2.$$

Abb. 188. Ermittlung der Interpolationsdifferenz.

Beispiel: $\varDelta_1 = 15$, $\varDelta_2 = 8$.
$m = 0{,}4$ liefert $\varDelta y = 5$,
$m = 0{,}6$ liefert $\varDelta y = 8$.

Abb. 189. Einfluß des Korrektionsgliedes.

Beispiel: $\varDelta_1 = 30$, $m = 0{,}7$.
$\varDelta_2 = 0$ ergibt $\varDelta y = 21$,
$\varDelta_2 = +10$ ergibt $\varDelta y = 20$,
$\varDelta_2 = -10$ ergibt $\varDelta y = 22$.

Tabellenrechnungen.

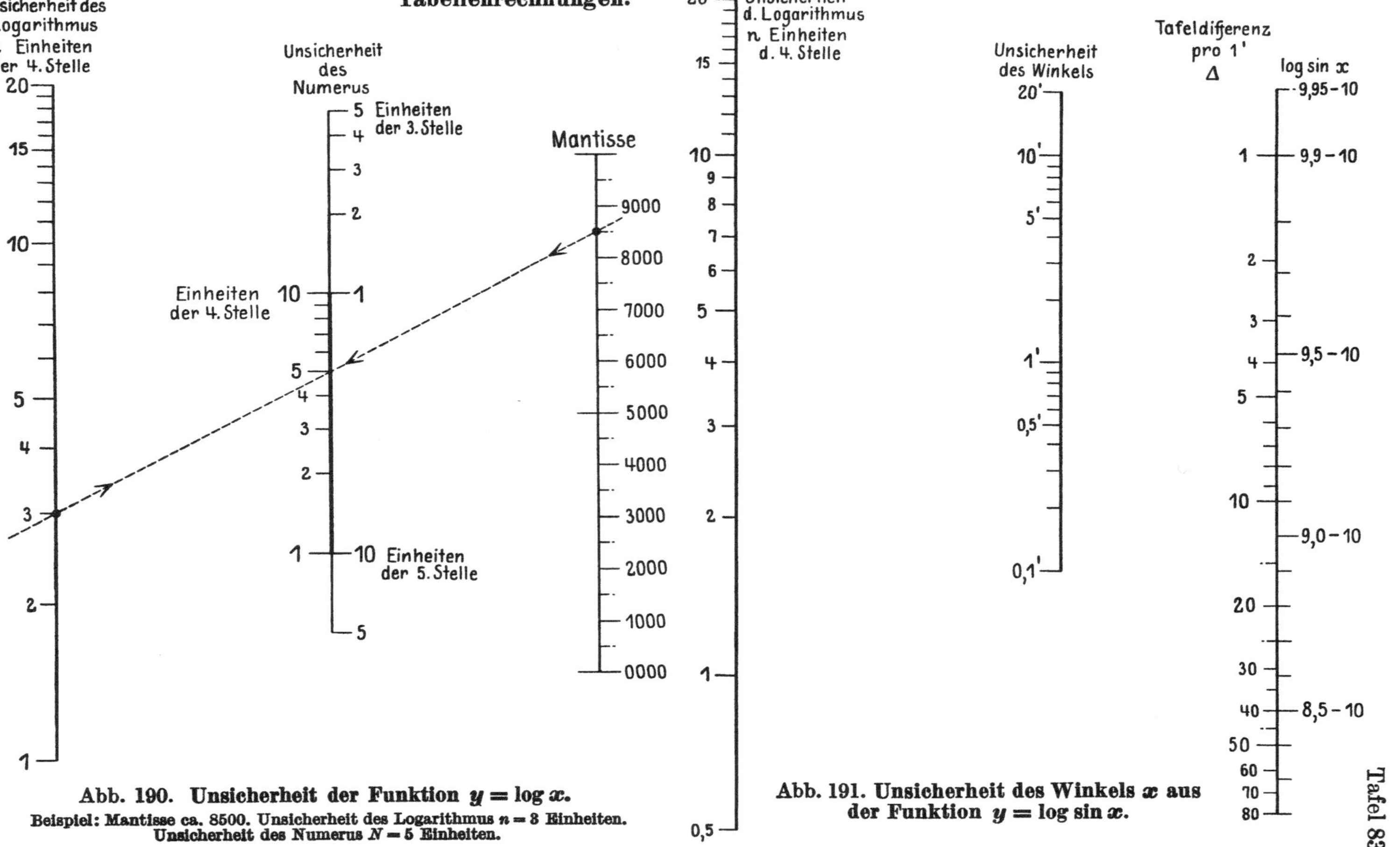

Abb. 190. Unsicherheit der Funktion $y = \log x$.

Beispiel: Mantisse ca. 8500. Unsicherheit des Logarithmus $n = 3$ Einheiten.
Unsicherheit des Numerus $N = 5$ Einheiten.

Abb. 191. Unsicherheit des Winkels x aus
der Funktion $y = \log \sin x$.

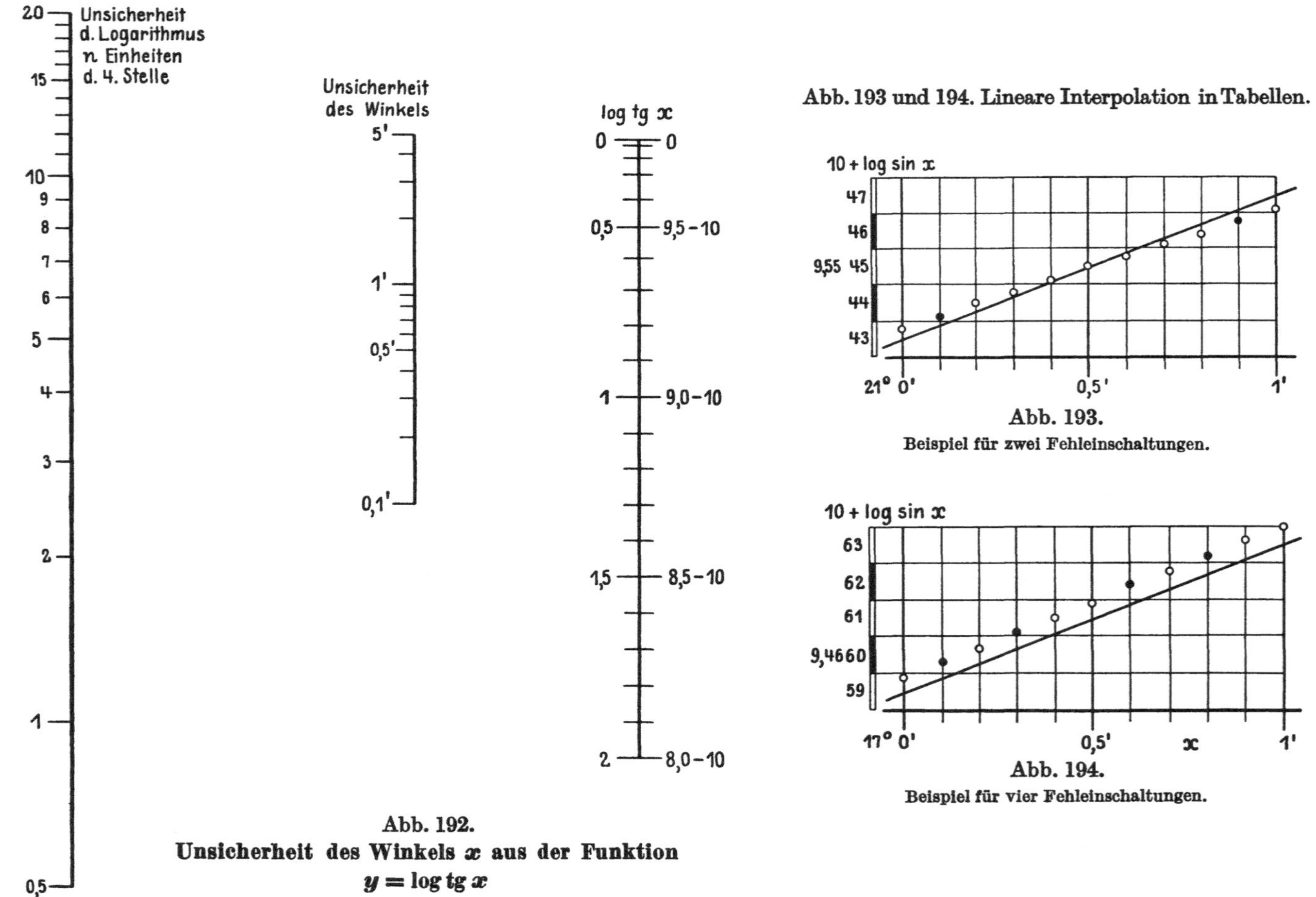

Abb. 192.
Unsicherheit des Winkels x aus der Funktion
$$y = \log \operatorname{tg} x$$

Abb. 193.
Beispiel für zwei Fehleinschaltungen.

Abb. 194.
Beispiel für vier Fehleinschaltungen.

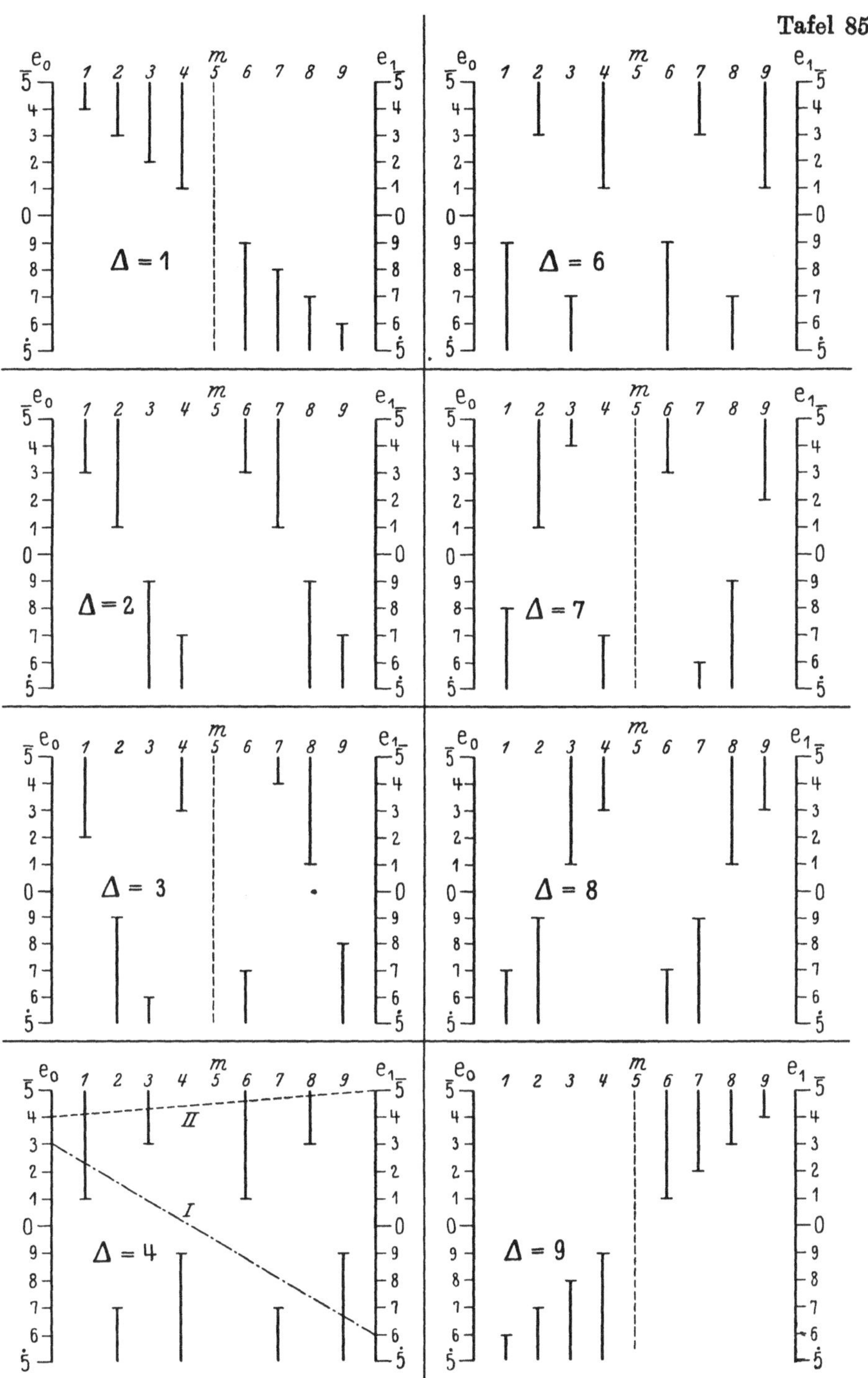

Abb. 195. Prüfung der linearen Interpolation.

Mittelwerte.

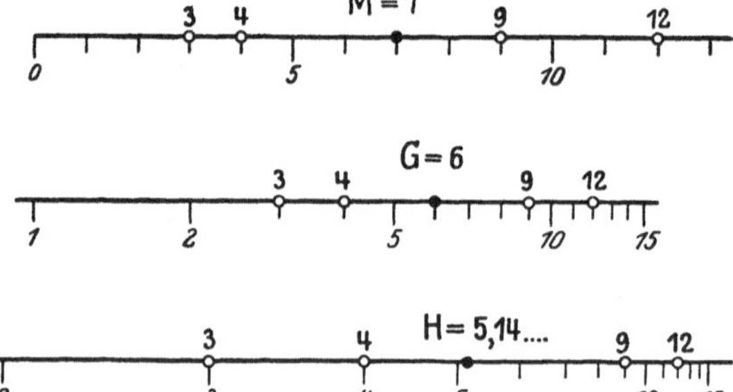

Abb. 196. Arithmetisches Mittel M, geometrisches Mittel G und harmonisches Mittel H als Schwerpunkte auf Funktionsleitern.

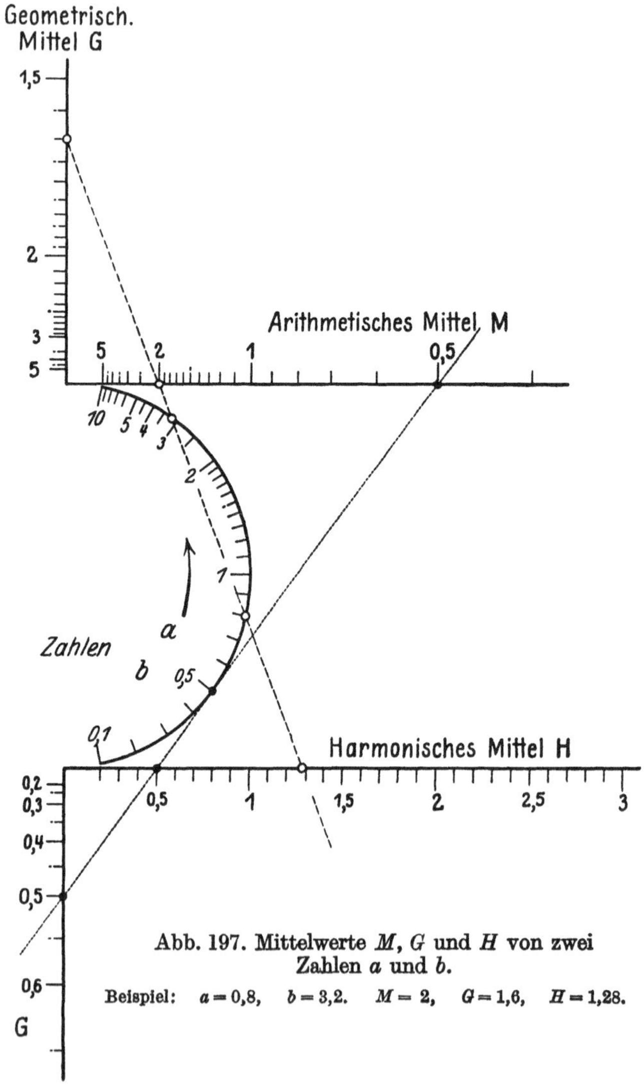

Abb. 197. Mittelwerte M, G und H von zwei Zahlen a und b.

Beispiel: $a = 0{,}8$, $b = 3{,}2$. $M = 2$, $G = 1{,}6$, $H = 1{,}28$.

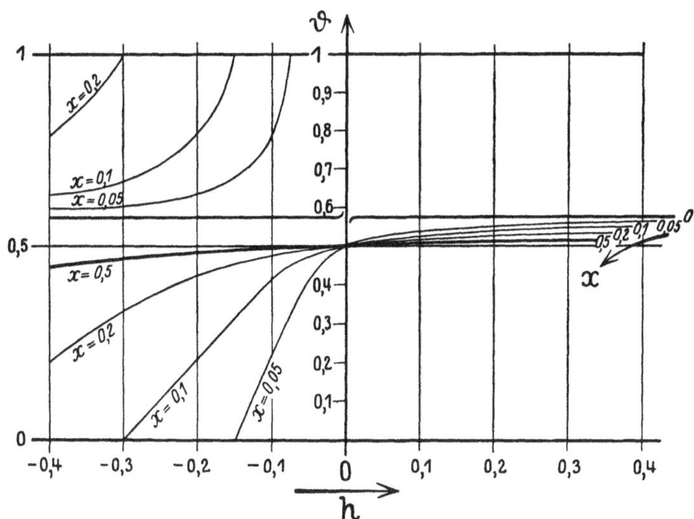

Abb. 198. **Mittelwertsatz** $f(x + h) - f(x) = h \cdot f'(x + \vartheta h)$.
Darstellung für die Funktion $f(x) = \sin x$.

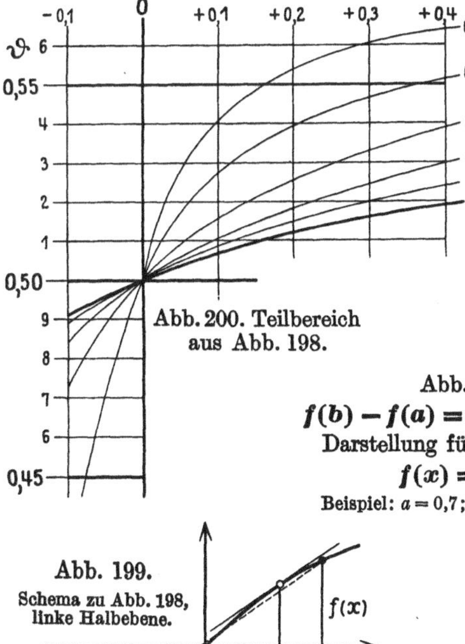

Abb. 200. Teilbereich
aus Abb. 198.

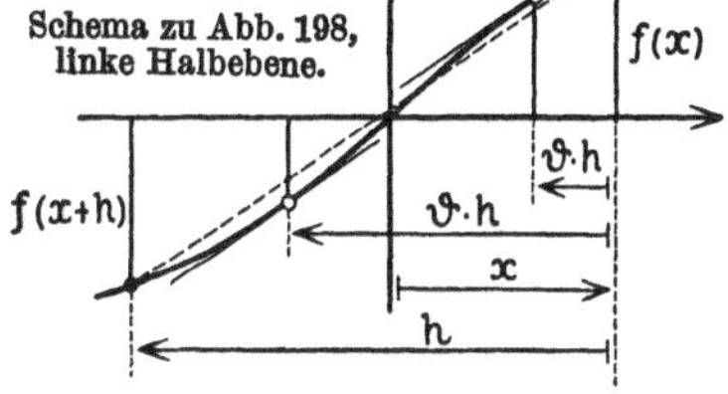

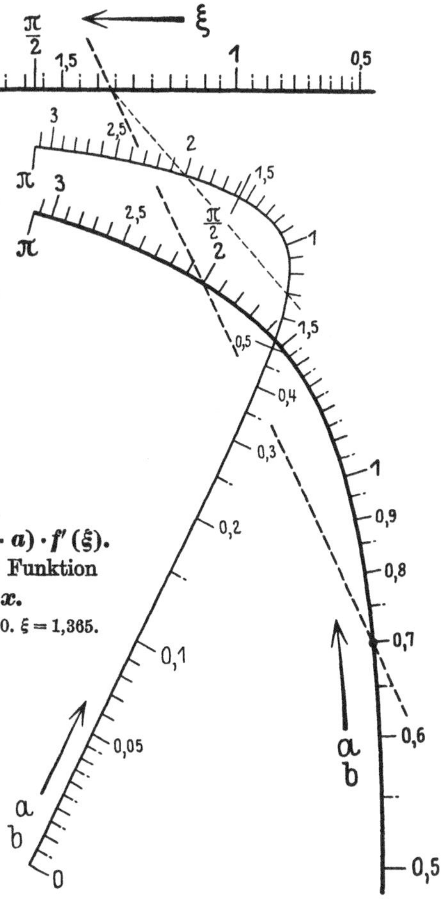

Abb. 201.

$$f(b) - f(a) = (b - a) \cdot f'(\xi).$$

Darstellung für die Funktion
$$f(x) = \sin x.$$

Beispiel: $a = 0{,}7;\ b = 2{,}0.\ \xi = 1{,}365.$

Abb. 199.

Schema zu Abb. 198,
linke Halbebene.

Annäherung einer Funktion durch eine Potenzreihe.

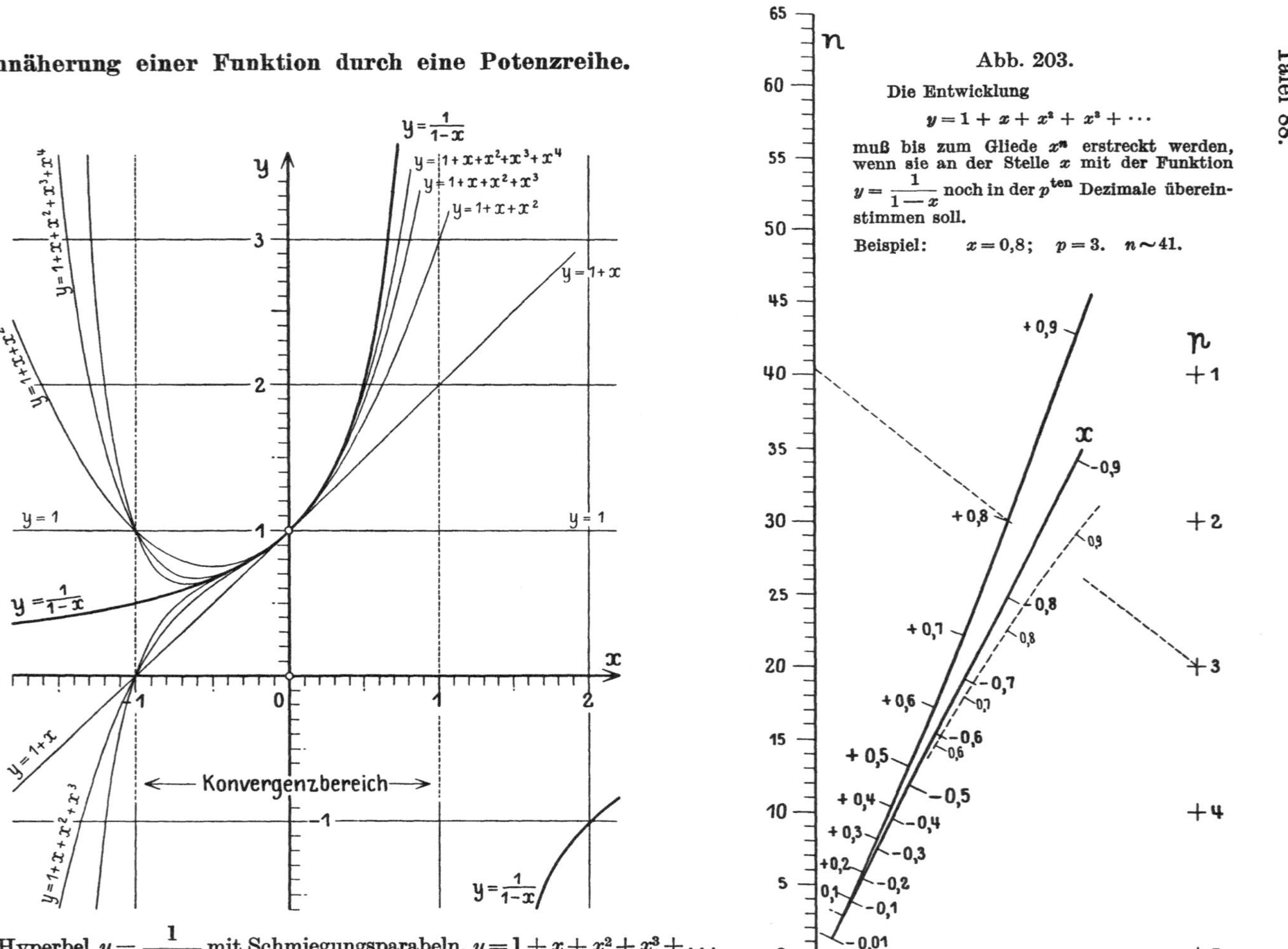

Abb. 202. Hyperbel $y = \dfrac{1}{1-x}$ mit Schmiegungsparabeln. $y = 1 + x + x^2 + x^3 + \cdots$

Abb. 203.

Die Entwicklung

$$y = 1 + x + x^2 + x^3 + \cdots$$

muß bis zum Gliede x^n erstreckt werden, wenn sie an der Stelle x mit der Funktion $y = \dfrac{1}{1-x}$ noch in der p^{ten} Dezimale übereinstimmen soll.

Beispiel: $x = 0{,}8$; $p = 3$. $n \sim 41$.

Das Gaußsche Fehlergesetz.

$$\varphi(\varepsilon) = \frac{h}{\sqrt{\pi}} \cdot e^{-h^2 \varepsilon^2}.$$

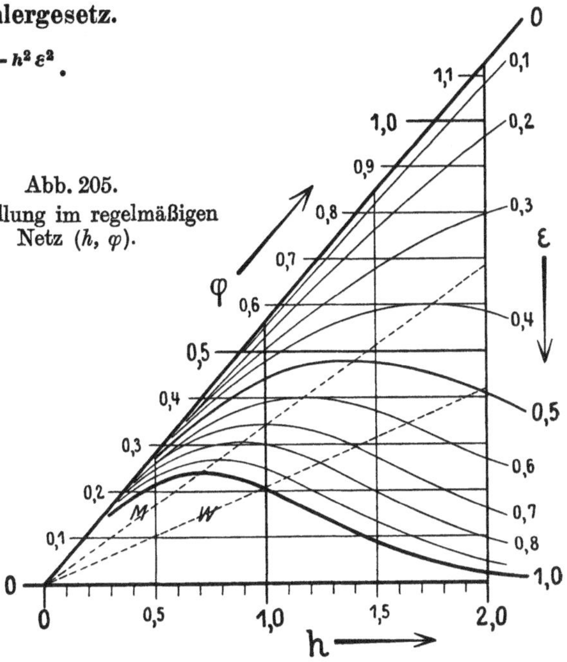

Abb. 205.
Darstellung im regelmäßigen
Netz (h, φ).

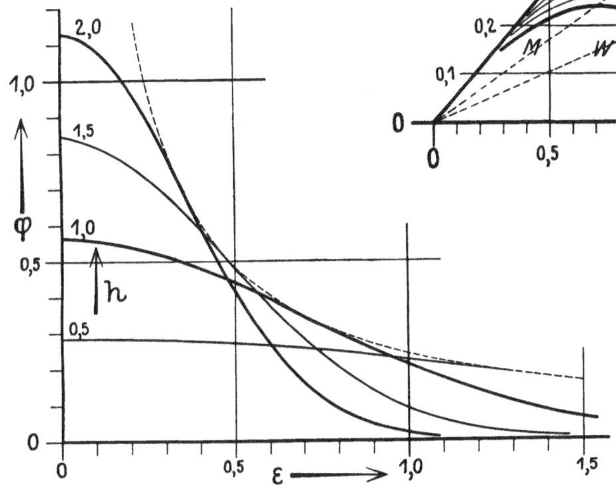

Abb. 204 (oben).
Gaußsche Fehlerkurven im
regelmäßigen Netz (ε, φ)
(Glockenkurven).

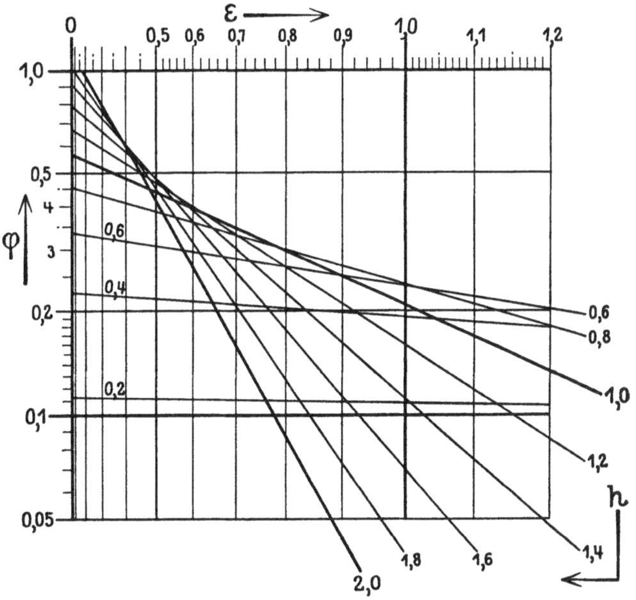

Abb. 206 (rechts).
Streckung aller Glockenkurven
im Funktionsnetz
$(\xi = \varepsilon^2, \eta = \log \varphi)$.

F 2

Fluchtlinientafel für das Gaußsche Fehlergesetz. $\varphi = \dfrac{h}{\sqrt{\pi}} e^{-h^2 \varepsilon^2}$.

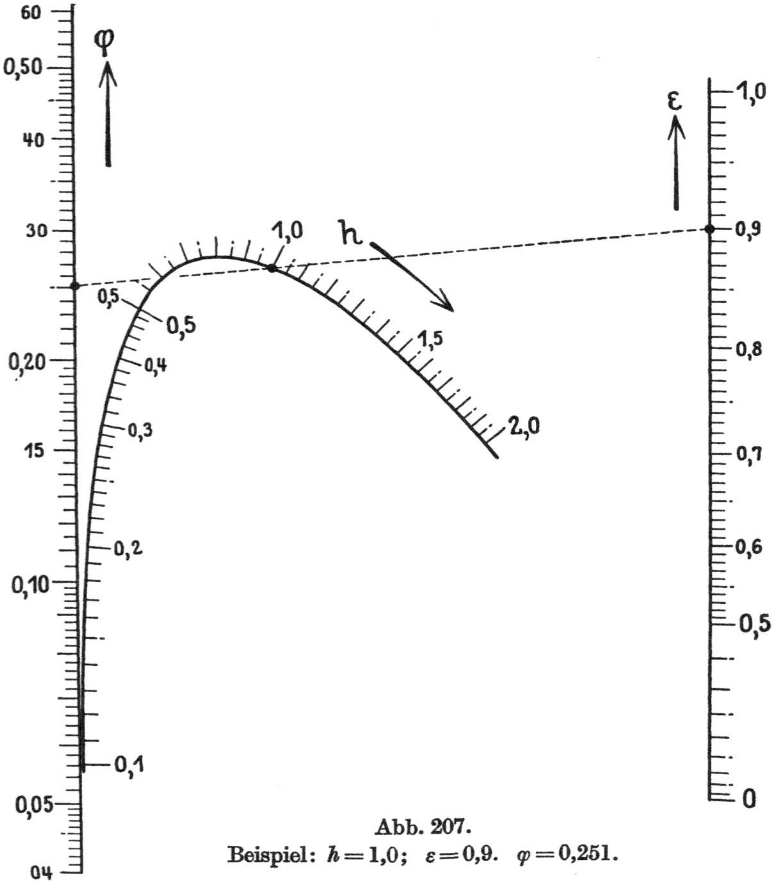

Abb. 207.
Beispiel: $h = 1,0$; $\varepsilon = 0,9$. $\varphi = 0,251$.

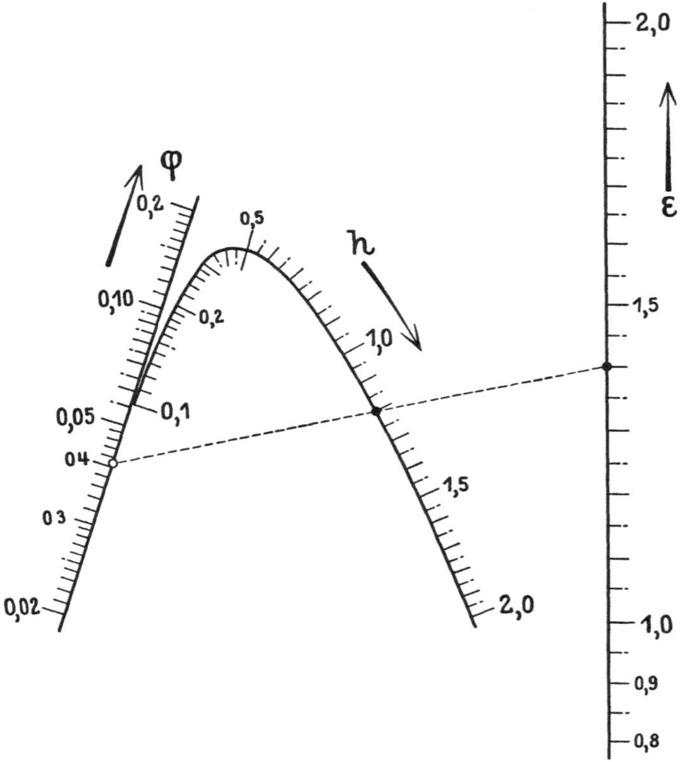

Abb. 208.
Beispiel: $h = 1,2$; $\varepsilon = 1,4$. $\varphi = 0,0403$.

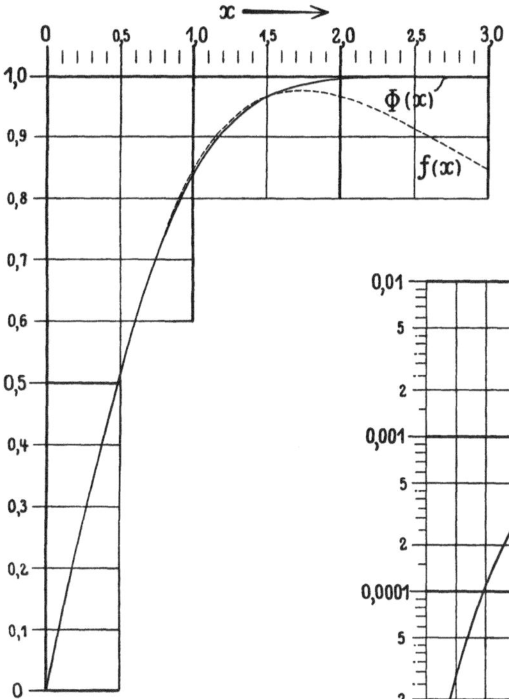

Abb. 209 (links).

$$\Phi(x) = \frac{2}{\sqrt{\pi}} \cdot \int_0^x e^{-x^2}\, dx$$

und Näherungsfunktion

$$f(x) = \frac{6}{\sqrt{\pi}} \cdot \frac{x}{3 + x^2}$$

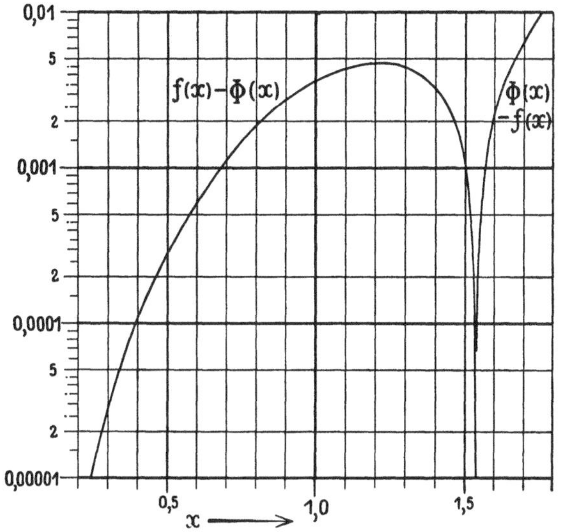

Abb. 210. Abweichung zwischen $\Phi(x)$ und $f(x)$. (Einfach-logarithmisches Netz.)

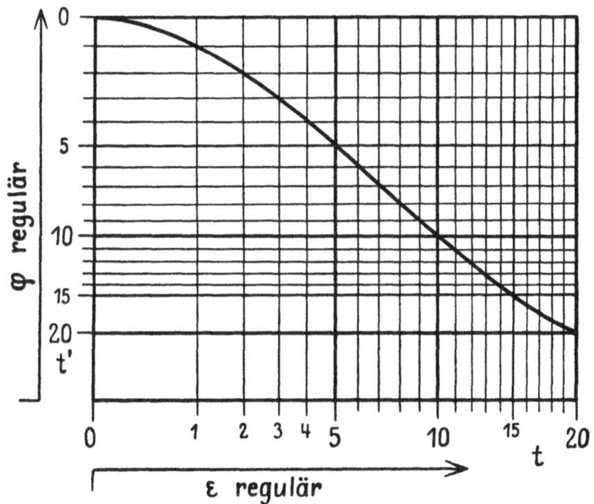

Abb. 211. Konstruktion einer Fehlerkurve nach F. Wolf.
Hilfsnetz: Abszissenteilung: Wurzelleiter. Ordinatenteilung; Exponentialleiter.
Überlagert ist ein reguläres Netz (ε, φ).

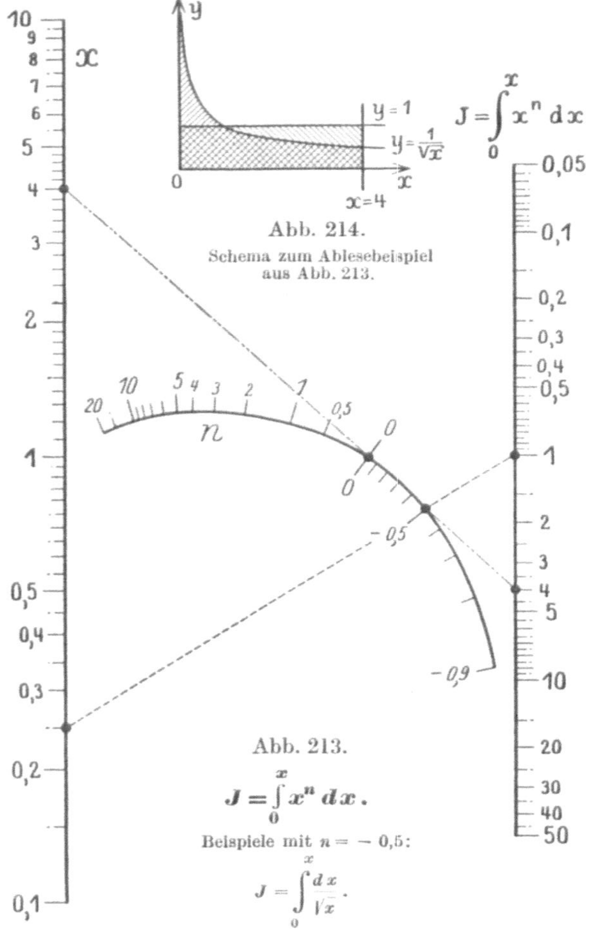

$$J = \int_0^x x^n\, dx.$$

Beispiele mit $n = -0,5$:

$$J = \int_0^x \frac{dx}{\sqrt{x}}.$$

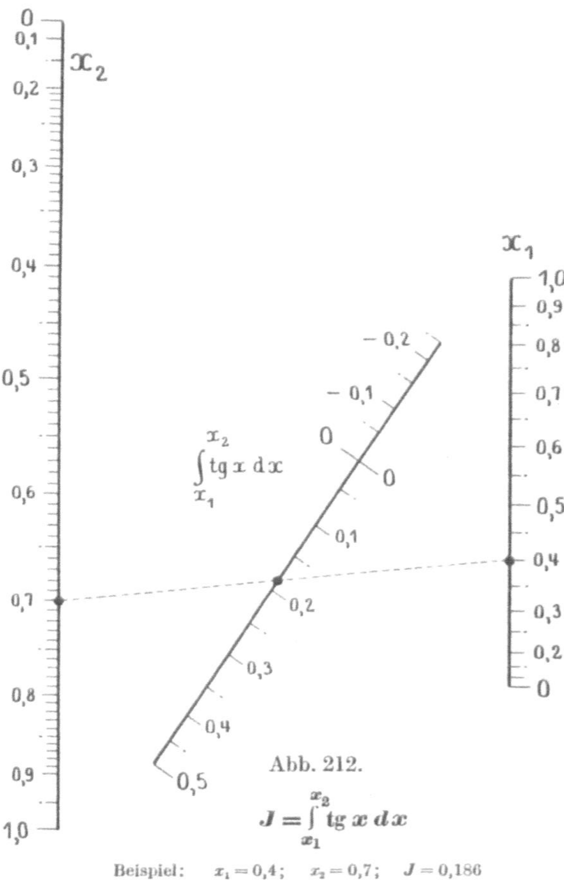

$$J = \int_{x_1}^{x_2} \mathrm{tg}\, x\, dx$$

Beispiel: $x_1 = 0,4$; $x_2 = 0,7$; $J = 0,186$

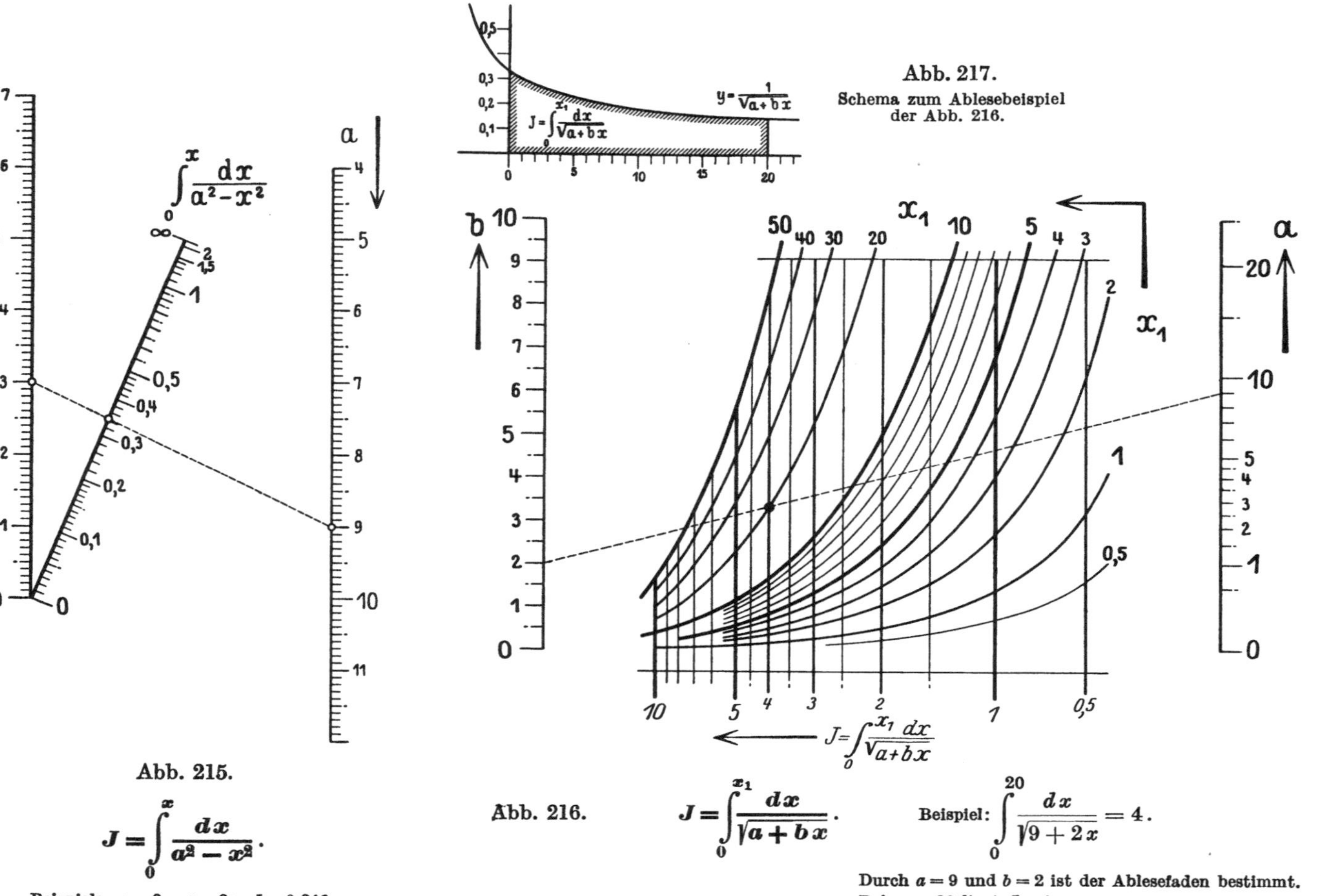

Abb. 217.

Schema zum Ablesebeispiel
der Abb. 216.

Abb. 215.

$$J = \int_0^{x} \frac{dx}{a^2 - x^2}.$$

Beispiel: $a = 9$, $x = 3$; $J = 0{,}346$.

Abb. 216.

$$J = \int_0^{x_1} \frac{dx}{\sqrt{a + bx}}.$$

Beispiel: $\int_0^{20} \frac{dx}{\sqrt{9 + 2x}} = 4.$

Durch $a = 9$ und $b = 2$ ist der Ablesefaden bestimmt.
Bei $x_1 = 20$ liegt $J = 4$.

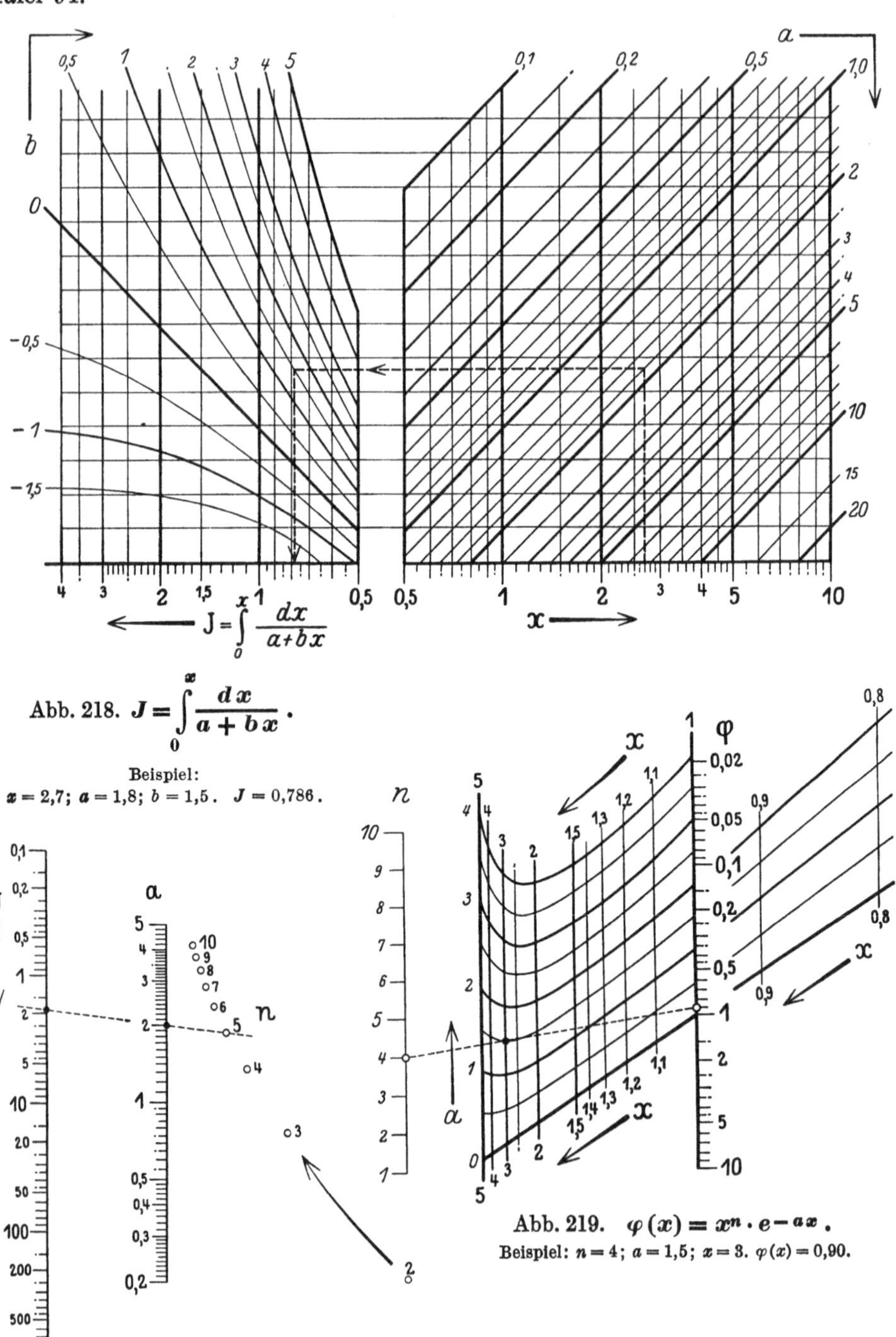

Abb. 218. $J = \int_0^x \dfrac{dx}{a + bx}$.

Beispiel:
$x = 2,7$; $a = 1,8$; $b = 1,5$. $J = 0,786$.

Abb. 219. $\varphi(x) = x^n \cdot e^{-ax}$.

Beispiel: $n = 4$; $a = 1,5$; $x = 3$. $\varphi(x) = 0,90$.

Abb. 220. $\displaystyle\int_0^\infty x^n \cdot e^{-ax}\, dx = J$.

Beispiel: $n = 5$, $a = 2$; $J = 1,875$.

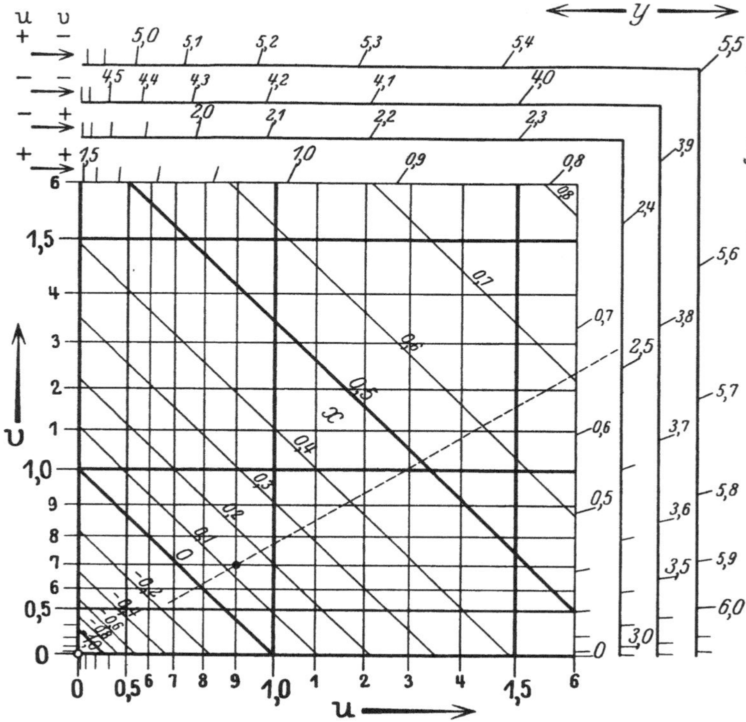

Exponentialfunktion und Logarithmus.

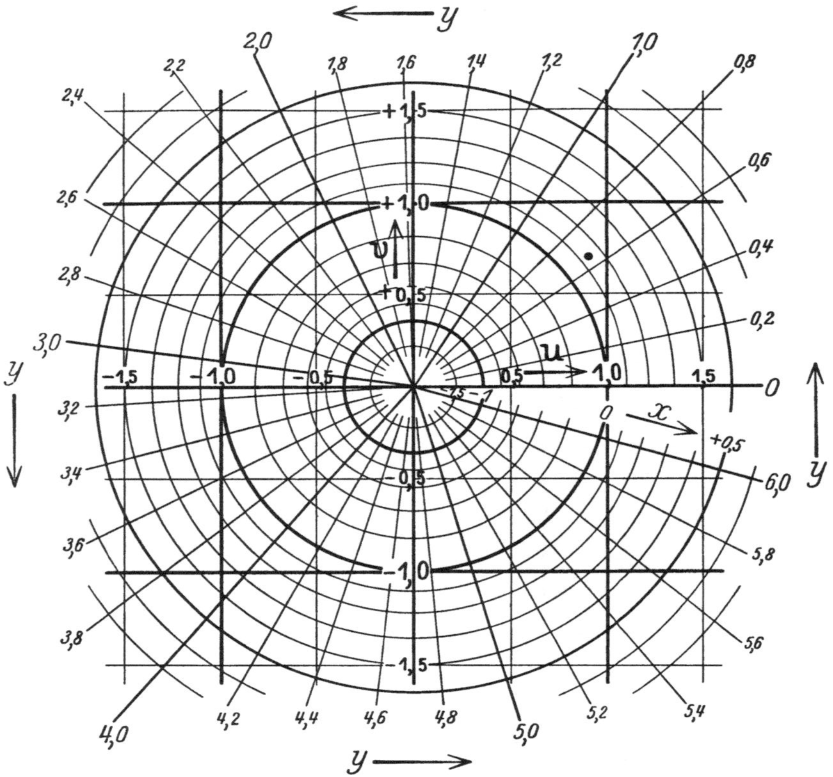

Abb. 221. Reguläre w-Ebene.

$$w = e^z.$$
$$u + iv = e^{x+iy}.$$
$$z = \ln w.$$
$$x + iy = \ln(u + iv).$$

Abb. 222.

Verzerrung der w-Ebene. Doppelt-quadratisches Netz.

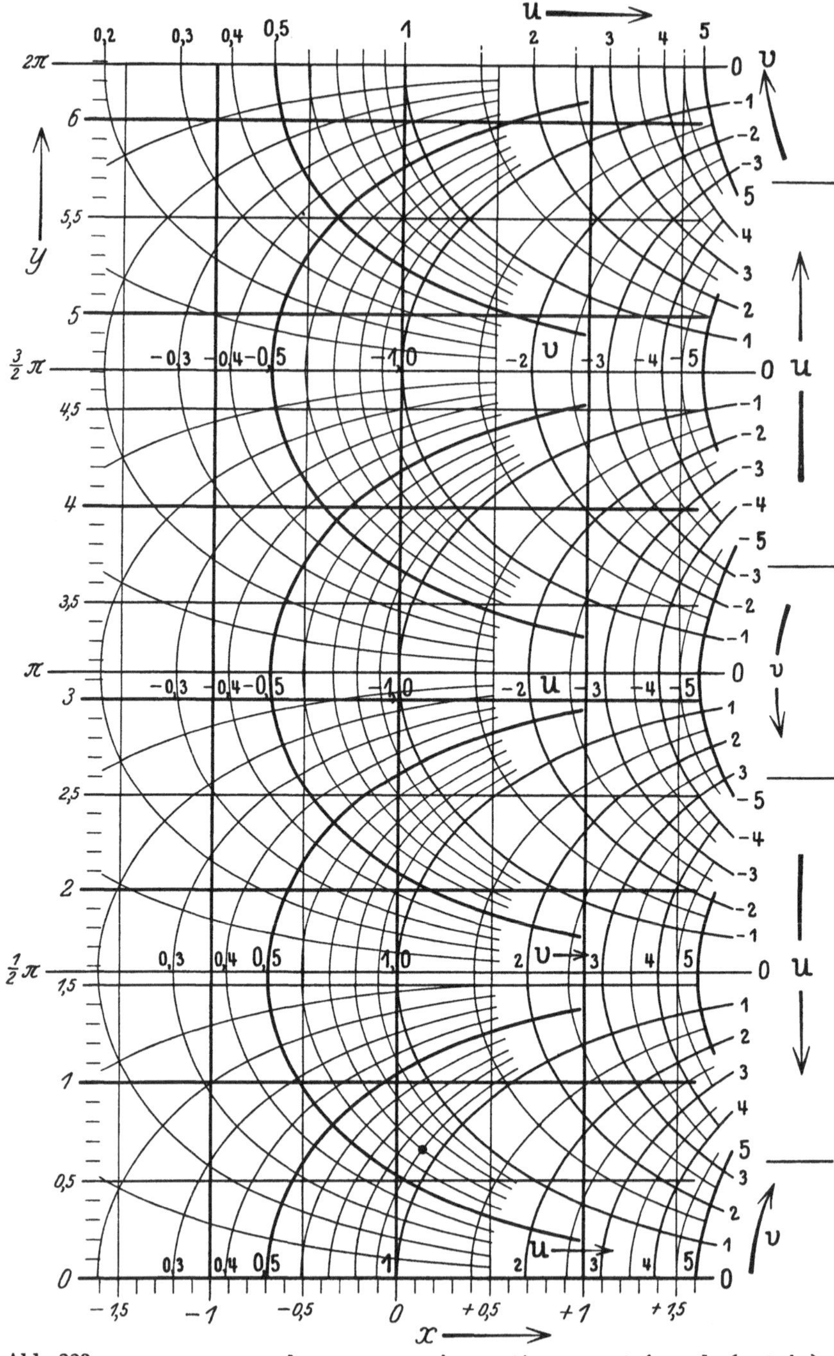

Abb. 223. $w = e^z$. $z = \ln w$. $u + iv = e^{x+iy}$. $x + iy = \ln(u + iv)$.

Reguläre z-Ebene.

Beispiel: $x = 0,13$; $y = 0,66$. $u = +0,9$; $v = +0,7$.

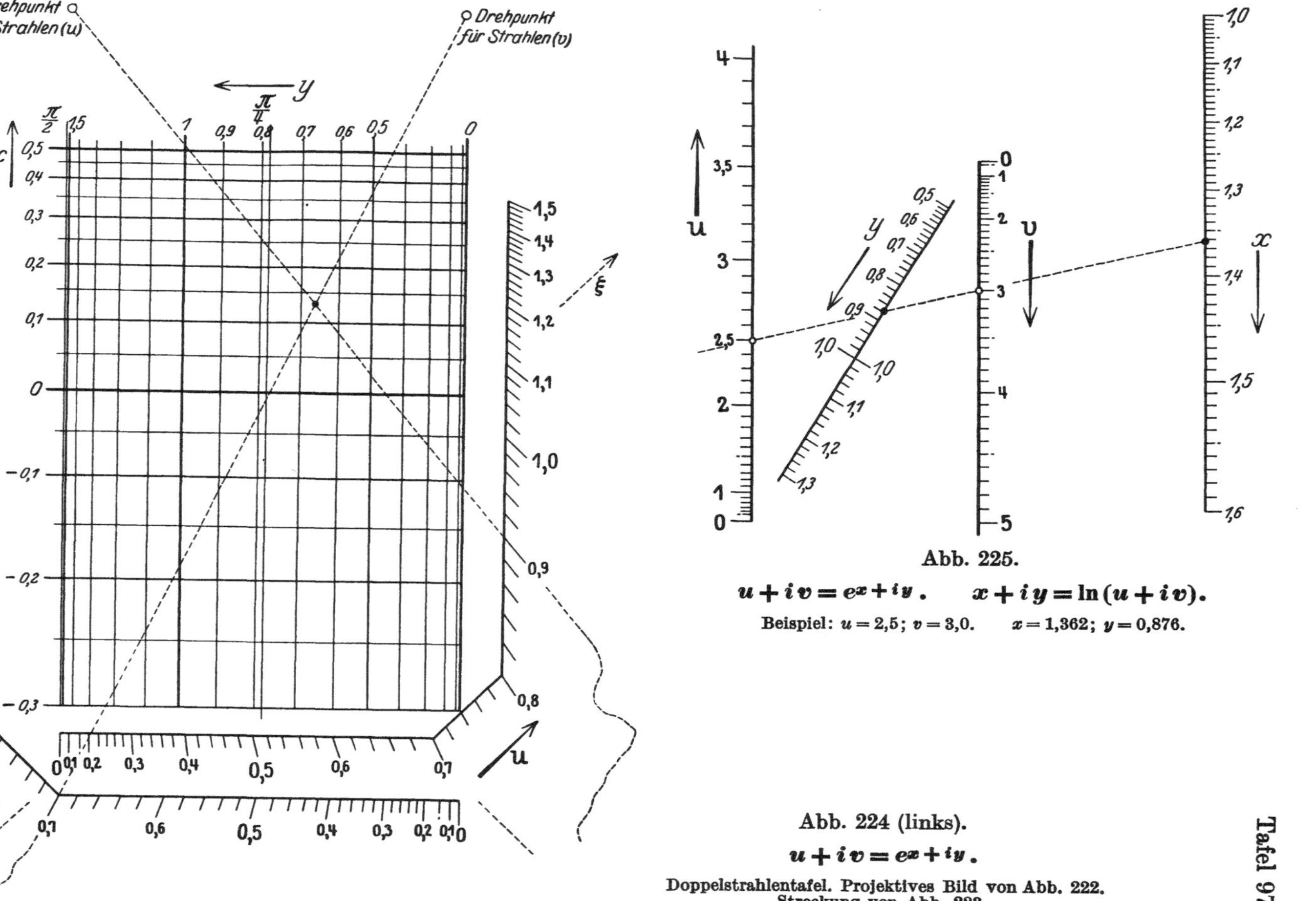

$u + iv = e^{x+iv}.$ $x + iy = \ln(u+iv).$

Abb. 225.

Beispiel: $u = 2,5$; $v = 3,0$. $x = 1,362$; $y = 0,876$.

Abb. 224 (links).

$u + iv = e^{x+iv}.$

Doppelstrahlentafel. Projektives Bild von Abb. 222. Streckung von Abb. 223.

Sinusfunktion.

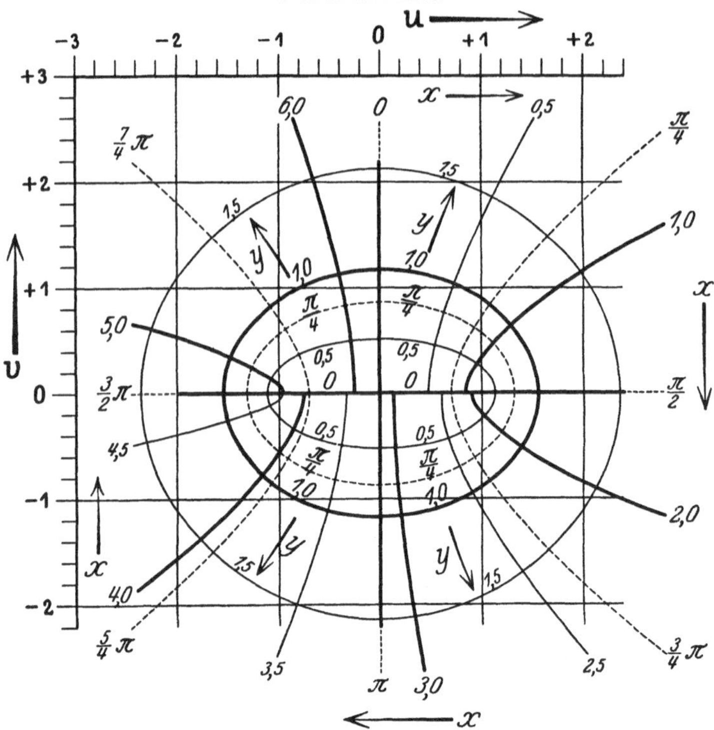

Abb. 226. $w = \sin z$. $z = \text{arc sin } w$. $u + iv = \sin(x + iy)$.
Reguläre w-Ebene.

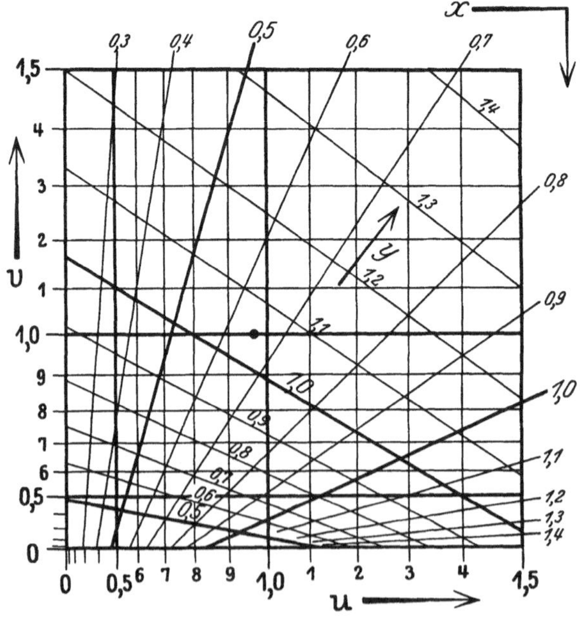

Abb. 227.
Streckung von Abb. 226.
Doppelt-quadratisches Netz.
Beispiel:
$x = 0{,}65$; $y = 1{,}05$.
$n = 0{,}97$; $v = 1{,}00$.

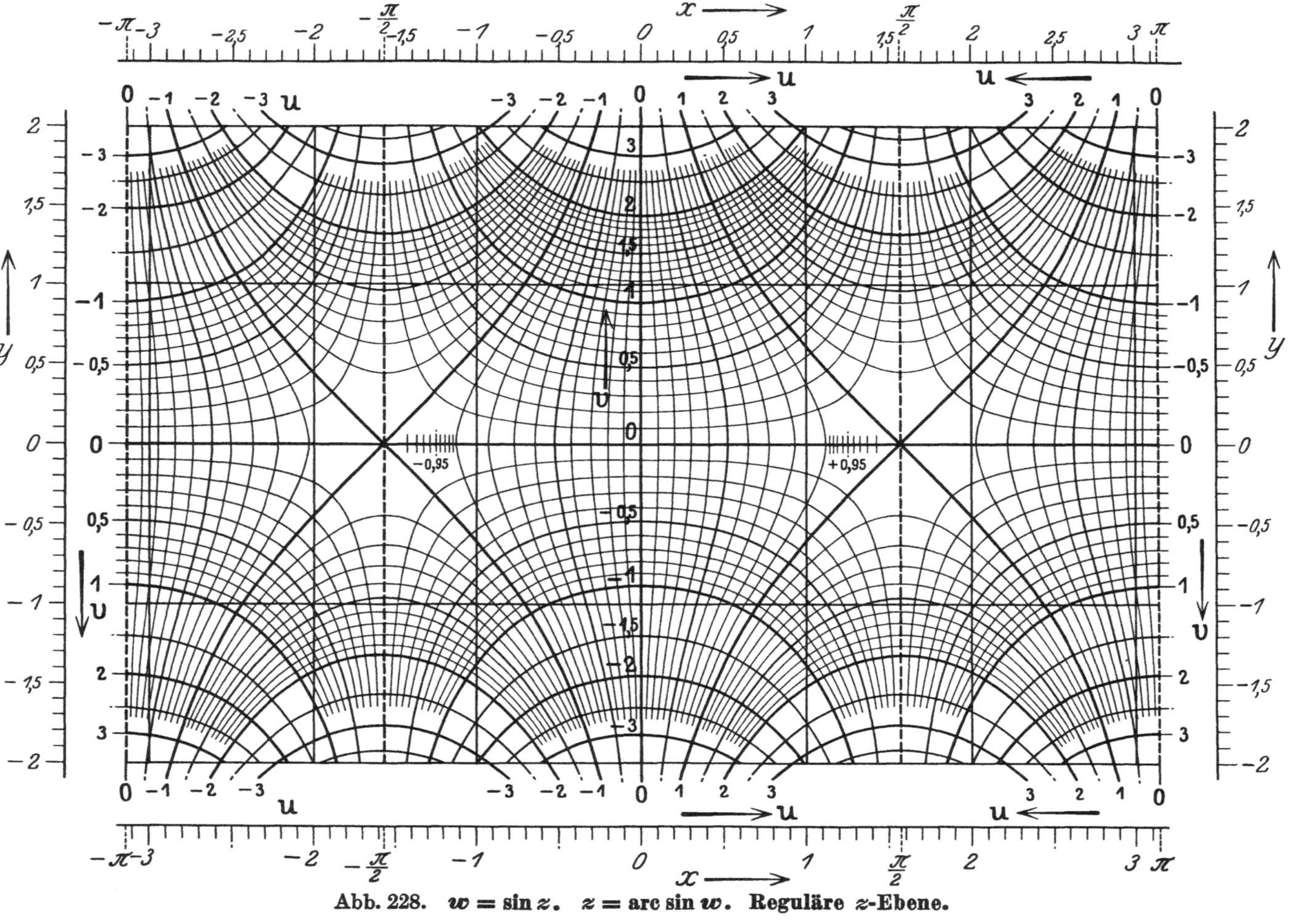

Abb. 228. $w = \sin z$. $z = \arcsin w$. Reguläre z-Ebene.

Abb. 229.

$$u + iv = \sin(x + iy).$$
$$x + iy = \operatorname{arc\,sin}(u + iv).$$

Beispiel: Die vier Werte
$x = 0{,}65$; $y = 1{,}05$; $u = 0{,}97$; $v = 1{,}00$
werden einander durch eine Lage des Ablesilineals zugeordnet.

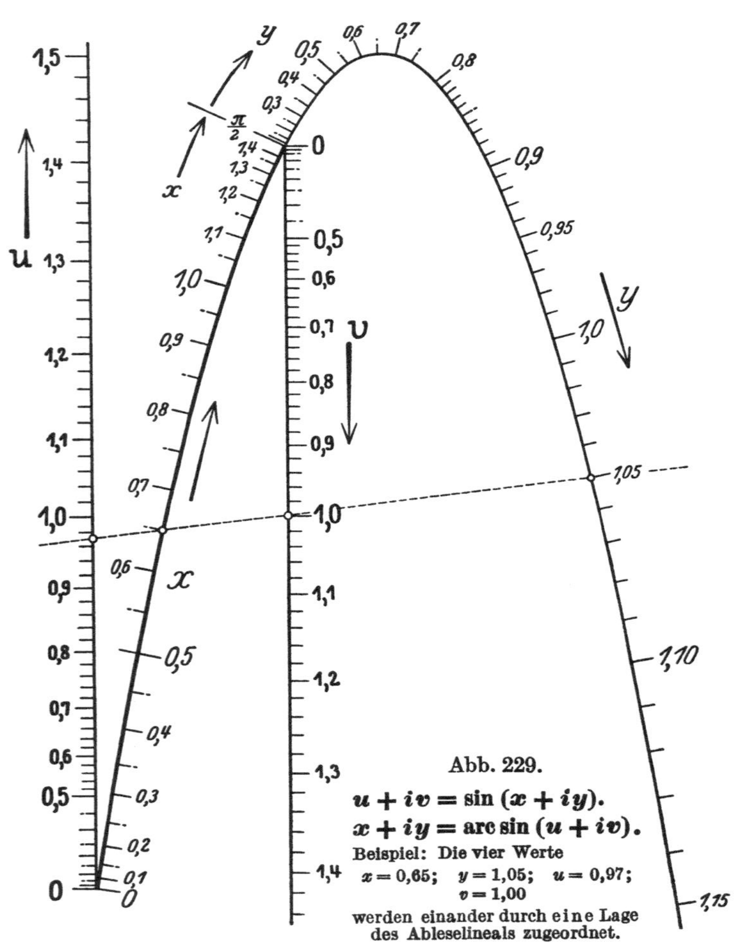

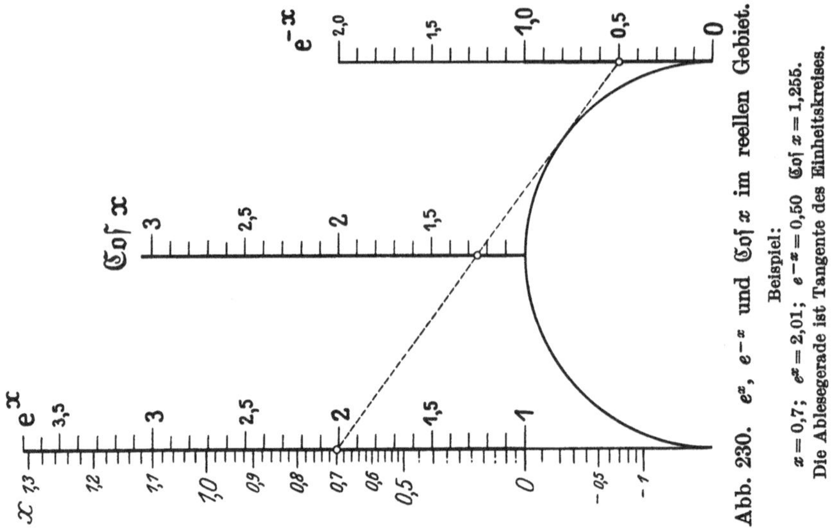

Abb. 230. e^x, e^{-x} und $\mathfrak{Cof}\, x$ im reellen Gebiet.

Beispiel:
$x = 0{,}7$; $e^x = 2{,}01$; $e^{-x} = 0{,}50$ $\mathfrak{Cof}\, x = 1{,}255$.
Die Ablesegerade ist Tangente des Einheitskreises.

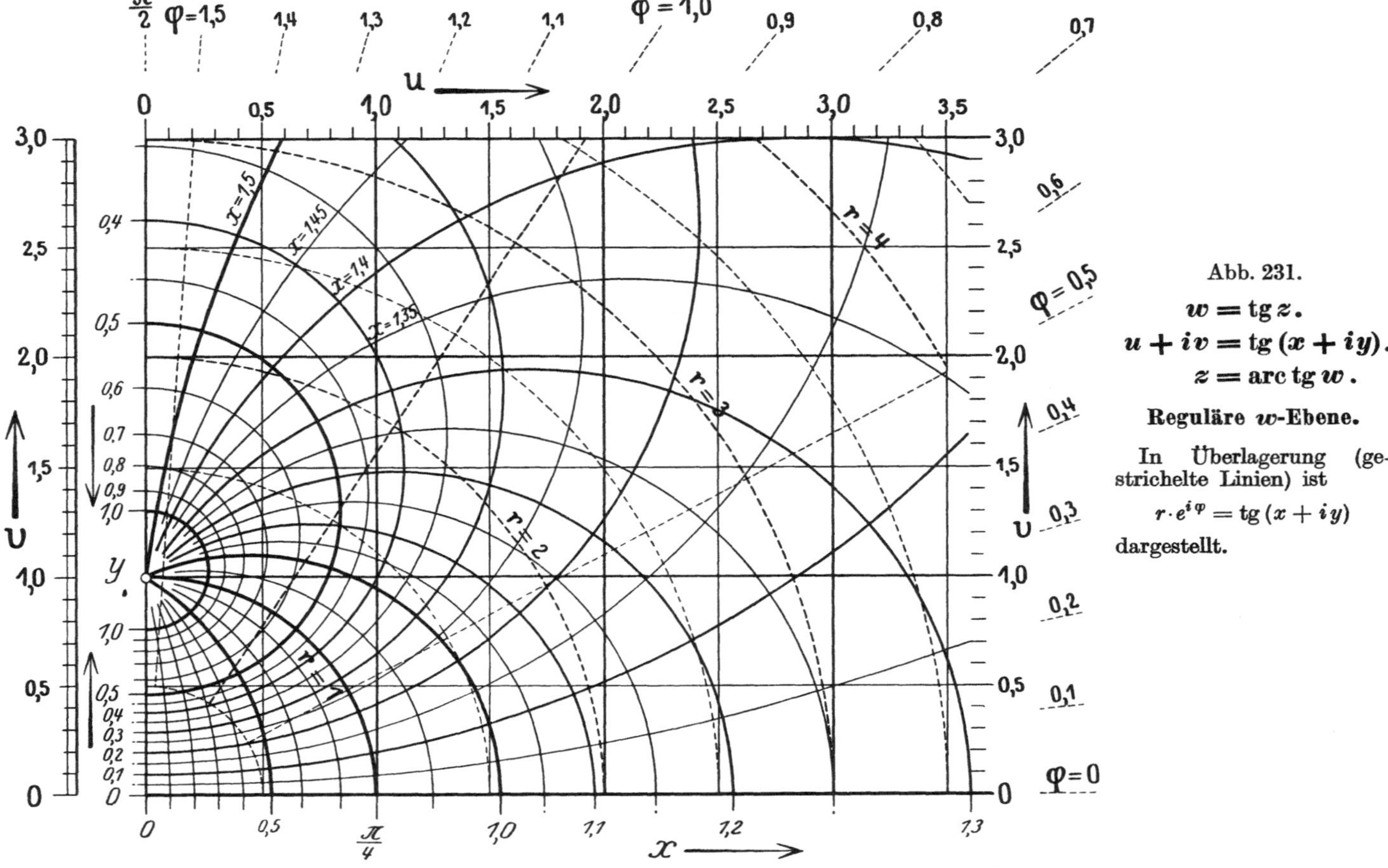

Abb. 231.

$$w = \operatorname{tg} z.$$
$$u + iv = \operatorname{tg}(x + iy).$$
$$z = \operatorname{arc} \operatorname{tg} w.$$

Reguläre w-Ebene.

In Überlagerung (ge-strichelte Linien) ist $r \cdot e^{i\varphi} = \operatorname{tg}(x + iy)$ dargestellt.

Abb. 232 und 233.

$$u + iv = \mathrm{tg}\,(x + iy)$$
$$x + iy = \mathrm{arc\,tg}\,(u + iv)$$

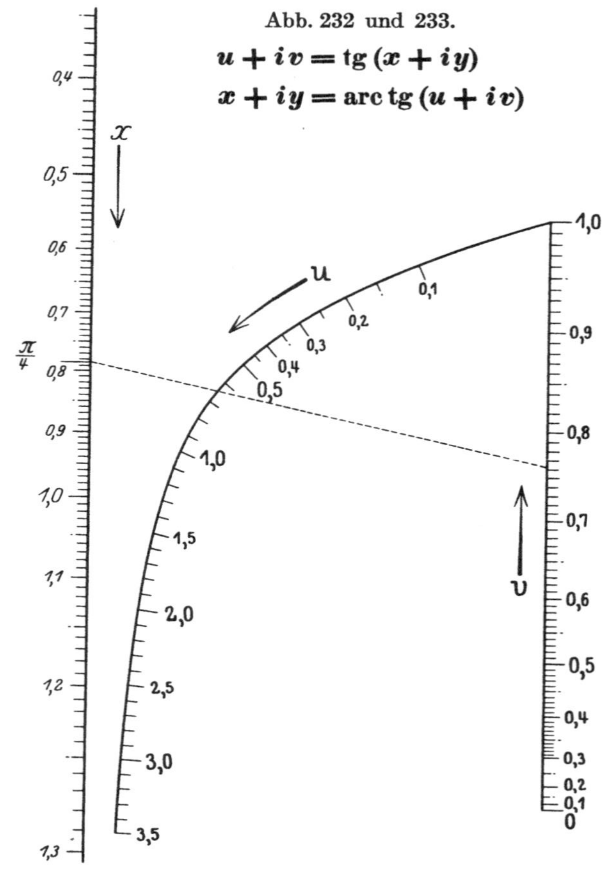

Abb. 233.

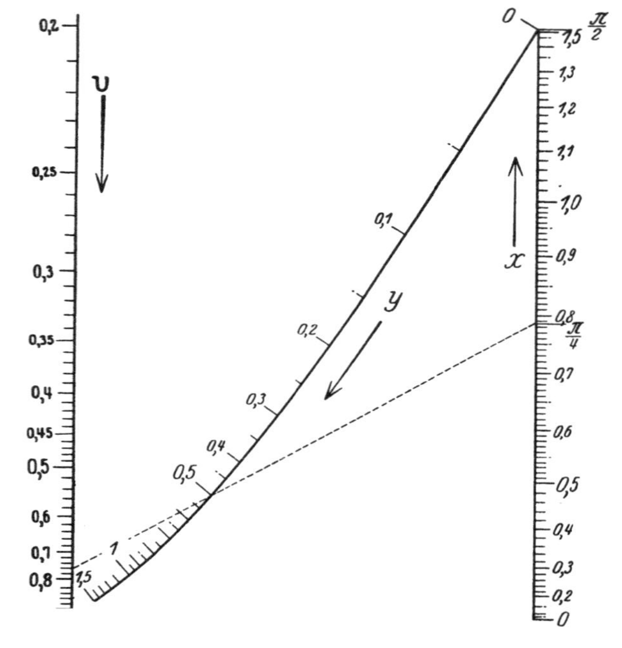

Abb. 232.

Ablesevorschrift.

I. Gegeben x, y. Aus Abb. 232 zunächst v, aus Abb. 233
   mit v und x dann u.

II. Gegeben u, v. Aus Abb. 233 zunächst x, aus Abb. 232
    mit v und x dann y.

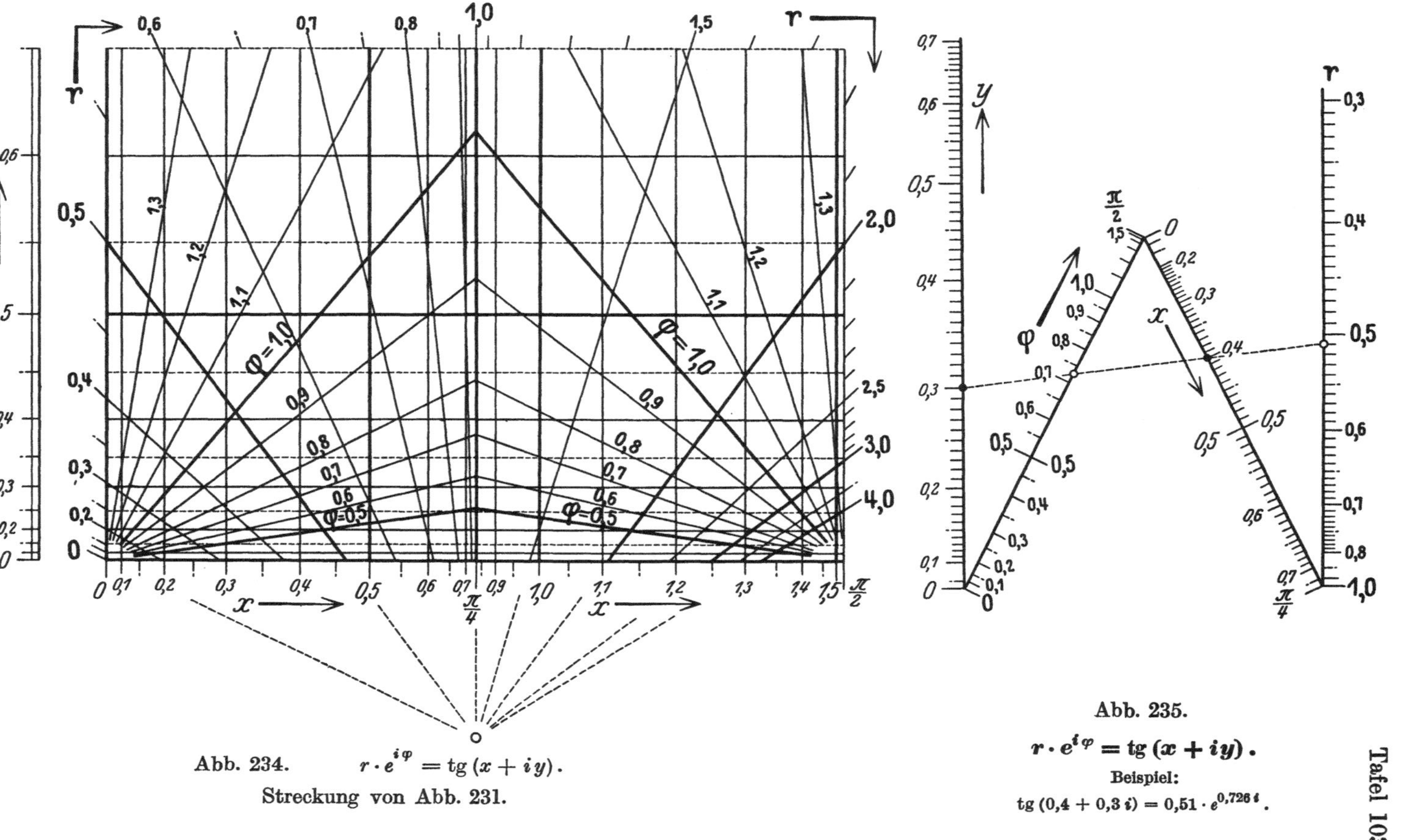

Abb. 234. $r \cdot e^{i\varphi} = \operatorname{tg}(x+iy).$

Streckung von Abb. 231.

Abb. 235.

$$r \cdot e^{i\varphi} = \operatorname{tg}(x+iy).$$

Beispiel:

$$\operatorname{tg}(0,4+0,3\,i) = 0,51 \cdot e^{0,726\,i}.$$

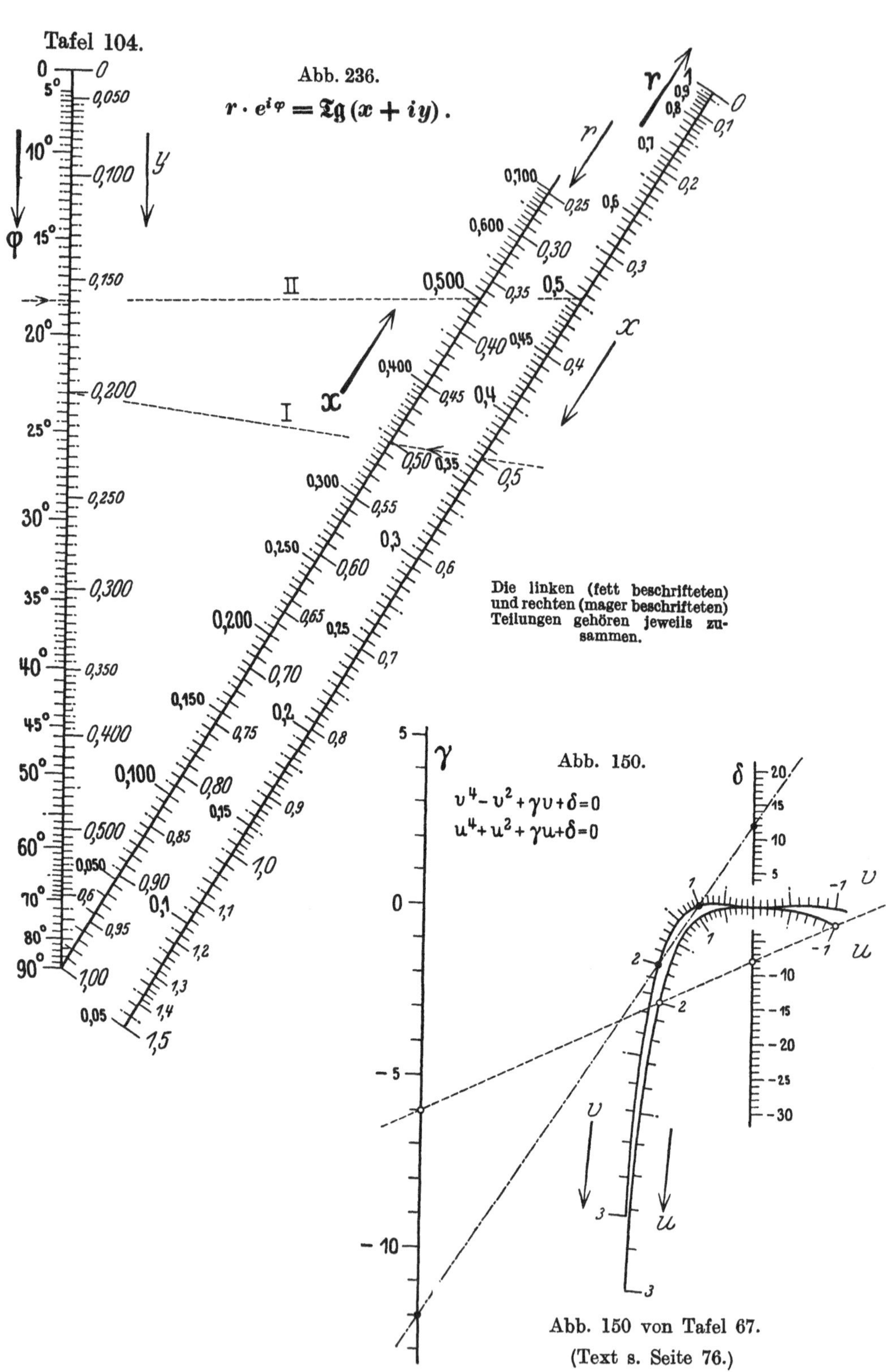

Tafel 104.
Abb. 236.
$r \cdot e^{i\varphi} = \mathfrak{Tg}\,(x + iy)\,.$
Die linken (fett beschrifteten) und rechten (mager beschrifteten) Teilungen gehören jeweils zusammen.
Abb. 150.
$v^4 - v^2 + \gamma v + \delta = 0$
$u^4 + u^2 + \gamma u + \delta = 0$
Abb. 150 von Tafel 67.
(Text s. Seite 76.)